E. UTZ ORLOPP
MARTIN BREUNINGER

Alles über den VW-Bus

MOTORBUCH VERLAG STUTTGART

Einbandgestaltung: Siegfried Horn

Fotos: Archiv Breuninger, Orlopp

ISBN 3-87943-893-5

1. Auflage 1983

Eine Abteilung des Buch- und Verlagshauses Paul Pietsch GmbH & Co. KG.

Satz und Druck: studiodruck, 7440 NT-Raidwangen.
Bindung: Verlagsbuchbinderei Wilhelm Nething, 7315 Weilheim.
Printed in Germany.

Inhalt

Vorwort

Es gibt nur wenige Autos, die so vielseitig sind wie der VW-Transporter. Ob als Bus, Kasten- oder Pritschenwagen: Er hat sich weltweit bereits 5,5 Millionen mal bewährt. Wer schon einmal auf afrikanischen Straßen oder in der Einsamkeit Alaskas unterwegs war, ist ihm neben Geländewagen sogar auf schlimmsten Pisten begegnet. Denn auch dort, wo gute Straßen aufhören, kommt der Typ 2 mit seinem Heckmotor dank beachtlicher Bodenfreiheit und guter Traktion immer noch durch.
Aber nicht nur Weltenbummler schwören auf den Transporter. Als Wohnmobil oder Familienbus glänzt er mit Fahrleistungen und einem Komfort, der sich bei keinem der Frontmotor-Konkurrenten finden läßt. Mit dem neuen wassergekühlten Boxermotor im Heck erreicht der Innengeräuschpegel Werte, die einen Vergleich mit Luxuslimousinen nicht zu scheuen brauchen.
Trotz all dieser Vorteile ist der Transporter in der Serienausstattung des Volkswagenwerks noch längst kein Auto für individuelle Bedürfnisse. In Wolfsburg werden Nutzfahrzeuge gebaut. Die Verkäufer haben zunächst den Metzgermeister Müller im Visier, der mit dem Kastenwagen seine Bratwürste ausfahren will; oder den Schlosser Maier, der mit der Doppelkabine vier Monteure und ein Bündel Eisenrohre transportieren muß.
Mit dem Gedanken, parallel zum Nutzfahrzeug eine Transporter-Variante für die Ansprüche und Komfortwünsche des Privatmanns zu bauen, tragen sich Marketing- und Entwicklungs-Leute im VW-Werk zwar bereits seit etlichen Jahren – doch mit Sicherheit wird noch einige Zeit verstreichen, bis das Ergebnis dieser eingehenden

Überlegungen endlich beim V.A.G.-Händler im Schaufenster steht. Die Entwicklung des Transporters bis in die achtziger Jahre hinein gehört ebenso zu den Themen dieses Buches, wie eine Übersicht der Möglichkeiten, die sich bereits jetzt für den Umbau oder Ausbau bieten.
In den folgenden Kapiteln findet der Leser wichtige technische Daten und Details des Typ 2 sowie alle uns bisher bekannten Ausbauten zum Wohnmobil, die es auf dem deutschen Markt gibt. Viel Wissenswertes über Motor- und Showtuning, Selbstausbau und Zubehör wird vermittelt. Auf den letzten Seiten sind sechs Checklisten, ein Ausbau-Merkblatt und nützliche Fernreisetips zusammengestellt, die auch unterwegs recht brauchbar sind. Abgeschlossen wird dieser Informationsteil mit einem umfangreichen Anschriften-Verzeichnis wichtiger Informations- und Einkaufsquellen.

Dank

Für die Mitarbeit an diesem Buch möchten wir uns besonders bedanken bei:
Antje Landmann,
Dipl.-Ing. Hartmut Bürger,
Dipl.-Ing. Henning Duckstein,
Prof. Dr. Peter Hofbauer,
Richard Köbberling,
Gustav Mayer
(alle Volkswagenwerk AG)
Gabi Stecher,
Wilhelm Hölter,
Dr. Hermann Köbe,
Peter Schwerdtmann
(alle Westfalia Werke KG)
Heinz Binder, Reinhardt Schmid
(Fotos),
Renè Fessler, Martin Taler
(Zeichnungen)
Außerdem danken wir allen im Anschriften-Verzeichnis aufgeführten Firmen, die uns mit Arbeitsunterlagen unterstützt haben.

Die erste Transporter-Generation: 1950 bis 1967

Der Ende 1949 fertig entwickelte VW-Transporter ging im März 1950 in Serie. Die Technik: luftgekühlter Heckmotor, Kurbelachse vorn und Pendelachse hinten. Aerodynamische Karosseriegestaltung war schon damals.

Die zweite Transporter-Generation: 1967 bis 1979

Nach 17jähriger Bauzeit und rund 1,8 Millionen produzierten Fahrzeugen kommt im Herbst 1967 ein neuer Transporter auf den Markt. Die großflächig verglaste Karosserie bietet gute Sicht für Fahrer und Beifahrer.

Die dritte Transporter-Generation: seit August 1979

Die Karosserie wurde völlig neu entwickelt. Der Wagen ist breiter und handlicher. Typisch sind die heruntergezogene Gürtellinie und die ins Grill integrierten Scheinwerfer. Seit Ende 1982 gibt es nur noch wassergekühlte Motoren.

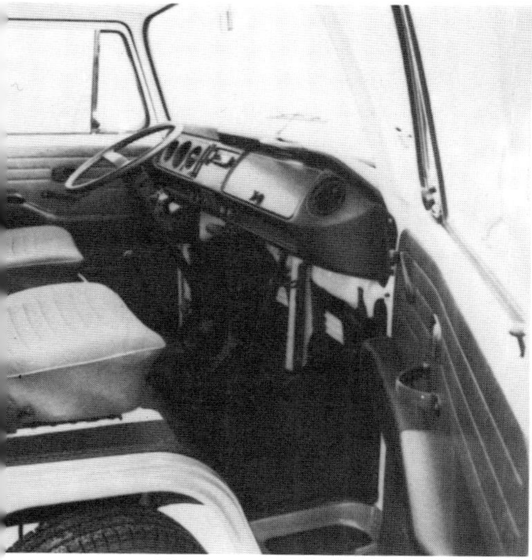
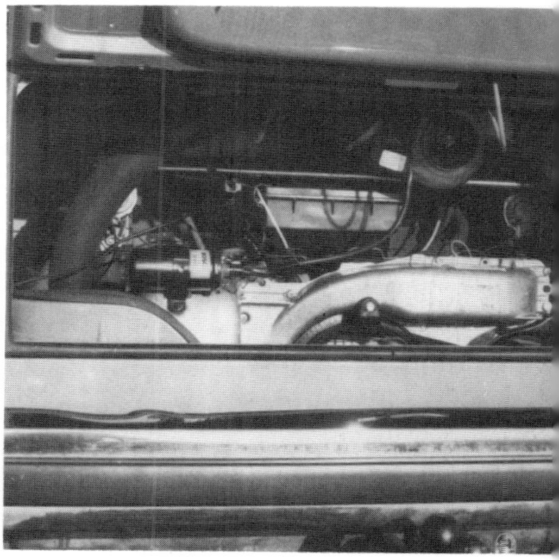

1

Der VW-Transporter

In der Geschichte des Lieferwagenbaus ist das Projekt Volkswagen-Transporter einmalig. Über 5,5 Millionen Typ 2, wie die Transporter-Reihe werksintern bezeichnet wird, wurden seit dem Produktionsbeginn im Jahr 1950 weltweit hergestellt. Das unverwechselbare Konzept des Heckmotor-Lieferwagens mit den Komfortmerkmalen eines Personenwagens wurde über drei Modell-Generationen beibehalten.
An Aktualität und Attraktivität hat der Bully, so seine volkstümliche Bezeichnung, dank regelmäßiger Modellpflege ständig zugenommen. Die Stationen seiner über 30jährigen Entwicklung zeigen den Werdegang des Transporters, vom spartanischen Prototyp auf Käfer-Fahrgestell zum leistungsstarken Luxusbus.

Die historische Hausmitteilung

In den Aktenbeständen des Volkswagen-Archivs schlummert eine interne Hausmitteilung von historischer Bedeutung. Sie enthält die älteste noch erhaltene Erwähnung des Entwicklungs-Projekts VW-Transporter. Am 11. November 1948 fordert der technische Leiter des Werks für die Sonderkonstruktion Typ 29, so die Werksbezeichnung des Projekts, zusätzliche Mitarbeiter an.
Tatsächlich jedoch reicht die Transporter-Geschichte noch ein gutes Jahr weiter zurück. 1947, als die Stadt Wolfsburg und das Volkswagenwerk noch unter der Hoheit der Britischen Armee stand, werden für den Werksverkehr einige Plattenwagen gebastelt. Die Fahrzeuge bestehen aus der Käfer-Bodengruppe mit einer Fahrerkabine über dem Heckmotor.

Der VW-Plattenwagen lieferte die Idee für den Transporter.

Die Idee eines Importeurs

Als Ben Pon aus Amersfoort in Holland – er war der erste VW-Importeur – bei einem seiner Werksbesuche Anfang 1948 solch einen Plattenwagen sieht, bemüht er sich in den Niederlanden sofort um eine Straßenfreigabe für das Vehikel. Er ist fest davon überzeugt, dieser Leichtlastwagen muß sich gut verkaufen lassen. Doch die aus der Not der Nachkriegszeit geborene Konstruktion hat keine Chancen, eine Zulassung zu bekommen.

Doch Ben Pon gibt nicht auf und skizziert, wie ein straßentauglich modifizierter Transporter auf Käferbasis aussehen müßte. Er ist seiner Sache sicher: für diesen Kleinlaster besteht ein Markt. Und so trägt er seine Überlegung dem Generaldirektor des Volkswagenwerks, Professor Heinrich Nordhoff, vor. Bereits im Herbst 1948 fassen Nordhoff und sein Entwicklungschef Dr. Ing. Alfred Haesner auf einer gemeinsamen Autofahrt den Entschluß, einen Transporter zu entwickeln.

Die Entwicklung beginnt

Am 20. November 1948, also nur wenige Tage nach der Hausmitteilung an die Personalabteilung, bekommt Nordhoff bereits die ersten Konstruktions-Zeichnungen auf seinen Tisch. Sie stellen zwei fast gleiche Modelle dar, die sich lediglich im Führerhaus unterscheiden und mit den Kennbuchstaben A und B versehen sind.

Die Ausführung B zeigt eine leicht geneigte Front des Führerhauses, ohne vorstehendes Dach. Nach dieser Zeichnung wird ein Ansichtsmodell hergestellt. Parallel zu diesen Konstruktionsarbeiten sind bereits einzelne Fahrzeugteile in der Erprobung. Insbeson-

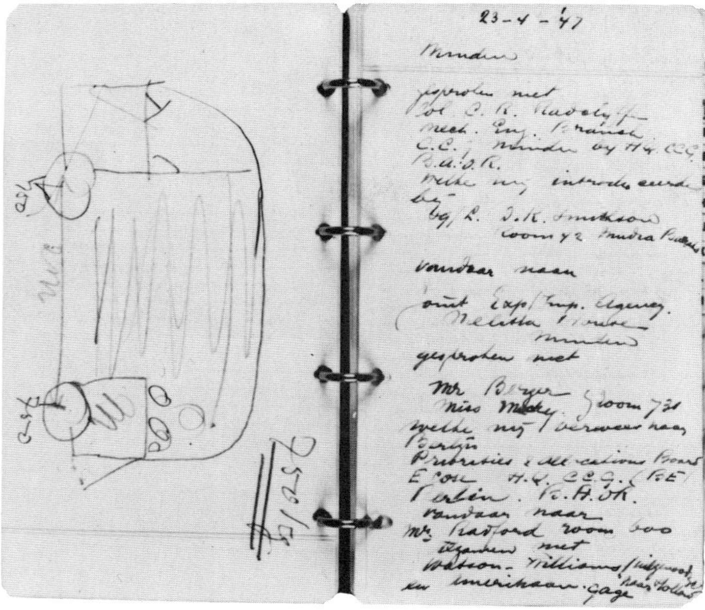

Ben Pons Skizze. So stellte er sich 1948 einen VW-Transporter vor.

dere werden Fahrwerksteile wie Stoßdämpfer und Federstäbe getestet.

In einer Besprechung am 7. Februar 1949 macht Nordhoff am Ansichtsmodell den Vorschlag, die dreisitzige Bank im Fahrerhaus zu unterteilen: in einen einzelnen Fahrsitz und eine danebenliegende Doppelsitzbank. Diese Aufteilung hätte den Vorteil, daß der Doppelsitz bei Bedarf herausgenommen werden kann.

Bereits nach zwei Tagen lehnt die Technische Entwicklung diesen Vorschlag als undurchführbar ab. Der Sitzkasten liegt über der Vorderachse und erstreckt sich als unteilbare Brücke, die zum Aufbau gehört, über die gesamte Wagenbreite, einschließ ich der Vorderachs-Einbauten.

Erste Musterwagen

Die Fahrversuche mit den ersten Musterfahrzeugen müssen am 5. April abgebrochen werden. Das unverändert übernommene Personenwagen-Fahrgestell verkraftet nicht die wesentlich größeren Beanspruchungen. Torsionskräfte machen den Konstrukteuren besonders zu schaffen, und es zeigt sich, daß die Aufgabe ohne tiefgreifende Änderungen nicht gelöst werden kann.

Also wird sofort mit der Entwicklung einer selbsttragenden Karosserie auf geeignetem Unterbau begonnen. Gleichzeitig soll nun das Verhältnis Gesamtgewicht zu Leergewicht von 1,85 beim ersten

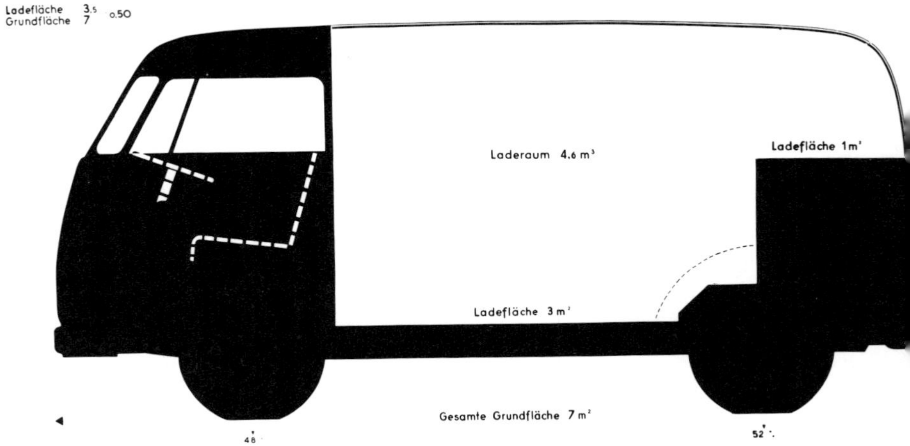

Ladefläche und Grundfläche des Transporters von 1950.

Musterwagen auf 1,91 bei der selbsttragenden Konstruktion angehoben werden. Weitere Ziele sind verstärkte Bremsen sowie ein geringerer Kraftstoffverbrauch durch aerodynamische Optimierung der Karosserieform.

Windkanalmessungen an der Technischen Hochschule in Braunschweig vermitteln den VW-Technikern die Erkenntnis, daß bereits eine relativ geringe Wölbung der Wagenfront den Luftwiderstand um 40 Prozent reduziert. Das entspricht einer rechnerischen Verbrauchssenkung von zwei Liter Kraftstoff auf 100 Kilometer. Parallel zur Verbrauchssenkung bringen die aerodynamischen Maßnahmen auch eine höhere Endgeschwindigkeit mit sich.

Die verstärkte Federung an der neuen Vorderachse und größere Stoßdämpfer erweisen sich im Fahrversuch als brauchbar. Beim Übergang auf die selbsttragende Karosserie entscheiden sich die Konstrukteure, auch an der Hinterachse doppelte Torsionsfederpakete vorzusehen. Nicht zuletzt um Kosten zu sparen wählen sie die gleichen Bauteile wie an der Vorderachse.

Ritzelantrieb, Stahlblechboden und Schiebetür

Eine technische Besonderheit ist der Ritzelantrieb der Hinterräder wie beim ehemaligen Wehrmachts-Kübelwagen. Dieses Vorgelege sorgte für eine größere Übersetzung und erhöhte die Bodenfreiheit des Fahrzeugs. Beim Bau des zweiten Musterwagens werden folgende Vorgaben berücksichtigt:

mehr Freiraum für die Pedale durch eine gewölbte Vorderfront,

Motorraum des Prototyps mit stehendem Reserverad.

Zusammenfassung der Wagenheizung auf die linke Frontscheibe und den Fahrer,
verbessertes Sitzprofil,
leichtere und trotzdem steifere Fahrerhaustüren,
Herabsetzen der Ladebodenhöhe und bessere Abdichtung durch einen Stahlblechboden,
Beseitigen ungünstiger Ecken und Winkel im Laderaum und Vergrößerung des Gepäckraumes über dem Motor,
mit Blick auf die ausländische Konkurrenz wird eine Schiebetür im Laderaum vorgesehen.

12000 Testkilometer

Die Versuche mit diesem Wagen verlaufen recht erfolgreich. Insgesamt werden über 12000 Testkilometer auf der mit Schlaglöchern übersähten Strecke Volkswagenwerk – Warmenau – Wittlingen – Hankensbüttel – Luttern – Lachendorf – Gifhorn – Volkswagenwerk gefahren. Schon am 19. Mai 1949 kann Nordhoff einen Ersatztermin für die Transporter-Produktion festlegen. Die Fertigung soll am 1. November, spätestens aber am 1. Dezember 1949 anlaufen, damit der Typ 29 voraussichtlich zum Jahresanfang 1950 in größeren Stückzahlen hergestellt werden kann.
Somit stehen der Produktion bis zum 1. November noch etwa vier Monate zur Verfügung. Diese Zeitspanne wird zwar als äußerst kurz, aber dennoch realisierbar angesehen.

Der Versuchsbau erhält nun den Auftrag, neben zwei weiteren Testfahrzeugen, die ersten vier Vorführwagen herzustellen: einen normalen Kastenwagen, zwei Wagen mit Sondereinbauten sowie einen Omnibus für acht bis neun Personen. Als Termin für diese Fahrzeuge ist der 15. Oktober 1949 vorgesehen.

Motorraum niedriger

Noch vor Fertigung der Werkzeuge macht Nordhoff folgenden Vorschlag: »Trotz aller mir bekannten und verständlichen Abneigung gegen eine solche Äußerung scheint mir am Typ 29 eine Verkleinerung des Motorraumes doch noch möglich und notwendig. Es ist im ganzen gesehen doch wenig einleuchtend, daß nur dem Durchmesser des Reserverads zuliebe, die jetzige Höhe beibehalten werden soll. Zumal glaube ich, daß selbst dann, wenn das Reserverad flach über dem Motor liegt, noch ein Niedriglegen des jetzigen Motorraumdaches möglich sein dürfte. Womit man zwanglos die Zwischenschicht bekäme, die den Wageninnenraum gegen Motorwärme isoliert.«

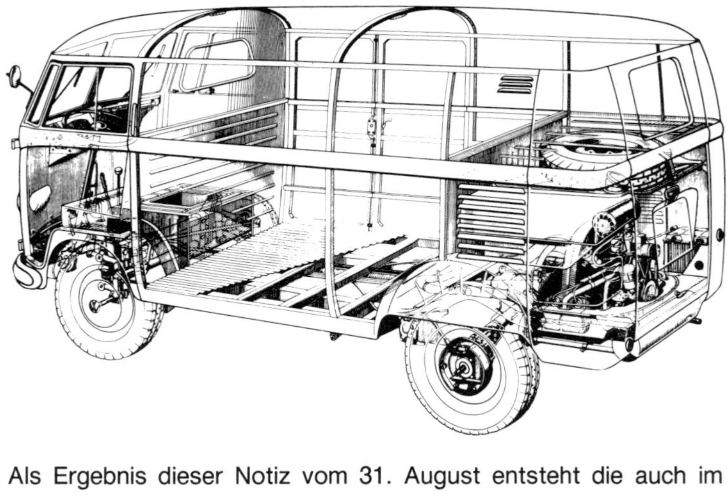

Die Transporter-Technik, wie sie ab 1950 in Serie ging.

Als Ergebnis dieser Notiz vom 31. August entsteht die auch im Aufbau deutlich veränderte zweite Prototypenvariante des Volkswagen-Transporters. Die Abteilung Technische Entwicklung stellt am 17. September fest:

1949: Formoptimierung im Windkanal

»Die neue Formgebung für den Aufbau des Typ 29 erfolgte bekanntlich sowohl aus herstellungstechnischen Gründen im Zusammenhang mit dem Fortfall des Zentral-Rohr-Rahmens, als auch besonders aus fahrtechnischen Gründen, weil der Kraftstoff-

Der serienreife Kastenwagen.

verbrauch und die Beschleunigung nicht befriedigen. Bei der im März 1949 begonnenen Neukonstruktion stützten wir uns auf die Ergebnisse des ersten Anblasversuchs im Windkanal, die an den Seiten der vorderen Wagenpartie starke Unterdruckgebiete ohne rechtzeitige Beruhigung der abgerissenen Strömung aufzeigten.
Der Widerstandsbeiwert cw konnte durch die neue Formgebung von 0,75 auf 0,44 gesenkt werden. Der am Volkswagenmodell vergleichbare Wert beträgt cw = 0,39 (am Original infolge herausragender Anbauteile usw. cw = 0,48).
Damit scheint am Typ 29 das für einen Lieferwagen mit äußerster Raumausnutzung erzielbare Optimum erreicht zu sein. Wie das Anblasbild des Instituts für Strömungstechnik der TH Braunschweig zeigt, ist eine überall gut anliegende Luftströmung am Fahrzeug vorhanden.
Durch die aerodynamisch verbesserte Form wird voraussichtlich eine Drosselung des Motors erforderlich werden, denn die praktisch erreichbare Höchstgeschwindigkeit ist beim belasteten Wagen bis auf 86 km/h und beim unbelasteten Wagen auf 92 km/h heraufgegangen. Bei der letztgenannten Geschwindigkeit liegt die Drehzahl des Motors zu hoch. Eine Heraufsetzung der Hinterachs-Übersetzung auf beispielsweise 5:27 kommt jedoch wahrscheinlich aus Gründen der Drehzahl, des Verbrauchs und der Herstellungsmöglichkeiten nicht in Frage.«

Der Transporter wird vorgestellt

Auf einer Pressekonferenz am 12. November 1949 wird der erste Volkswagen-Transporter von Generaldirektor Nordhoff der Öffentlichkeit vorgestellt. Hier einige Zitate aus seiner Rede:
»So wie der Volkswagen ein Automobil ohne Kompromisse ist, so soll auch unser Lieferwagen ohne Kompromisse sein. Deshalb gingen wir nicht von einem vorhandenen Fahrgestell aus, das uns notwendigerweise aufs stärkste an einer konsequenten Lösung behindert hätte, sondern – eigentlich viel zu naheliegend, um originell zu sein – vom Laderaum. Dieser Laderaum trägt vorn den Fahrersitz und hinten das Antriebsaggregat – das ist die klare, kompromißlose Idee unseres Lieferwagens.

Laderaum zwischen den Achsen

Bei diesem Wagen, und nur bei diesem Wagen, liegt der Laderaum genau zwischen den Achsen. Vorn der Fahrer, hinten das gleiche Gewicht von Motor und Tank gleichen sich aufs beste aus. Die Achsbelastung ist immer eins zu eins, ganz gleich, ob der Wagen leer oder voll beladen ist. Das läßt Federabstimmungen zu, die bei variablen Achsbelastungen eben einfach nicht erreichbar sind. Das ergibt überdies völlig gleichmäßige Ausnutzung der Reifentragfähigkeit und der Bremsen.

Der serienreife Neunsitzer-Bus.

Wir haben die Heckmotor-Anordnung bei diesem Lieferwagen nicht deshalb gewählt, weil wir uns dazu moralisch verpflichtet hielten. Wir hätten unbedenklich den Motor nach vorn geholt, wenn das die bessere Lösung ergeben hätte. Wir sind da nicht technisch-weltanschaulich gebunden. Aber die berühmte cab-over-engine Anordnung gibt bei leerem Wagen so schauerliche Lastverteilungs-Verhältnisse, daß das gar nicht in Frage kam. Sie können es an den Chausseebäumen der gesamten britischen Zone ablesen, wie sich die nach diesem Prinzip gebauten Lastwagen der englischen Armee bei nasser Straße verhalten, wenn sie unbeladen sind.«
Erst am 8. März 1950 beginnt in Wolfsburg die Serienproduktion des Transporters.

ZAHLEN UND FAKTEN

1948

Oktober: Beginn der Planungs- und Entwicklungsphase des Typ 29 auf der Grundlage des von Professor Porsche geschaffenen Personenwagen-Konzepts mit Heckmotor und Hinterradantrieb.

1949

November: Der erste Musterwagen des VW-Transporters wird vorgestellt. Werksintern trägt er nun die Bezeichnung Typ 2. Motor und Fahrwerksteile stammen weitgehend vom Käfer, Typ 1.
Die wichtigsten Daten:

Abmessungen	4150 × 1660 × 1900 mm
Radstand	2400 mm
Hubraum	1131 cm^3
Verdichtung	5,8
Leistung	25 PS bei 3300/min
Drehmoment	6,8 mkp bei 2000/min
Leergewicht	975 kg
Nutzlast	750 kg
Höchstgeschwindigkeit	90 km/h
40 auf 80 km/h (belastet) in	80 s

1950: Die erste Transporter-Generation

Februar: Der erste Volkswagen-Transporter läuft vom Band.
März: Beginn der Serienproduktion des VW-Kastenwagens.
Mai: Es folgt der Kombi, den es mit und ohne Sitzeinrichtung gibt.
Juni: Einführung des Busses. Er kann als Sieben-, Acht- oder Neunsitzer geliefert werden.

1951 **November:** Das Modell Krankenwagen wird serienmäßig hergestellt.

April: Einführung Sonderbus (im Volksmund Samba-Bus). Er ist mit komfortablen Sitzen, verkleideten Innenwänden, Dachhimmel, Golde-Faltschiebedach, Rundum- und Dachrandverglasung sowie mit einer Armaturentafel über die ganze Fahrerhausbreite ausgestattet.

Der Typ 2 als Kastenwagen von 1950 bis 1954.

1952 **September:** Einführung des Pritschenwagens.

Oktober: Das Programm wird ergänzt durch einen vom Kastenwagen abgeleiteten Pritschenwagen. Bei diesem Modell liegt das Reserverad hinter dem Beifahrersitz. Der Tank wird aus dem Motorraum rechts vor die Hinterachse verlegt. Alle Modelle werden mit einem neuen, vom 2. bis zum 4. Gang synchronisierten Getriebe geliefert.

1954 **Januar:** 30 PS-Motor mit mehr Hubraum und Muldenkolben.

Die wichtigsten Daten:

Hubraum:	1192 cm^3
Bohrung:	77 mm
Hub:	64 mm
Verdichtung:	6,1
Leistung:	22 kW (30 PS) bei 3400/min
Drehmoment:	7,7 mkp bei 2000/min

Der Sonderbus mit Dachverglasung, genannt Samba-Bus.

August: Der 30 PS-Motor bekommt Flachkolben und eine Verdichtung von 6,6.

März: Auch beim Kastenwagen und Bus liegt der Tank nicht mehr über dem Motor, sondern rechts über der Hinterachse, das Reserverad kommt hinter den Fahrersitz. Alle Modelle erhalten eine durchgehende Armaturentafel, wie bisher nur das Achtsitzer-Sondermodell hatte. Weitere Änderungen: Seitliche Tankeinfüllung, hydraulischer Lenkungsdämpfer, durch Überarbeitung der Kühlgebläse-Anordnung kann die Motorraumabdeckung abgesenkt werden. Einführung verstärkter Bremsen in Duplexausführung vorn und als Simplexbremsen hinten. 15 Zoll- statt 16 Zoll-Räder. **1955**

März: Die Produktion des Transporters wird von Wolfsburg nach Hannover verlegt. Dort wurde ein neues Karosserie- und Montagewerk errichtet. Start mit 5000 Beschäftigten und einer Tagesproduktion von 250 Wagen. **1956**

November: Ein weiteres Transporter-Modell kommt hinzu, die Doppelkabine. Außerdem ist der Pritschenwagen mit großer Ladefläche lieferbar. **1958**

1959 **Mai:** Der Motor wurde umkonstruiert. Er bekam eine verstärkte Kurbelwelle, ein größeres Kurbelgehäuse, schräghängende Ventile sowie eine neue Auspuffanlage. Die Leistung beträgt weiterhin 30 PS, das Drehmoment stieg auf 8 mkp bei 2000/min. Das Kühlluftgebläse ist nun 1:1,8 statt 1:2 untersetzt. Das Viergang-Getriebe ist nun voll synchronisiert und anders übersetzt. Die Karosserie bekam stärkere Stoßstangen.

1960 In den ersten zehn Transporter-Jahren rollen insgesamt 678000 Fahrzeuge von den Bändern. Von ihnen entfallen auf:

Kastenwagen	243000 Einheiten oder 35,8%
Kombi	152000 Einheiten oder 22,4%
Busse	148000 Einheiten oder 21,8%
Pritschenwagen	129000 Einheiten oder 19,0%

Das restliche eine Prozent sind Sondermodelle.
März: Alle Modelle erhalten Blinkleuchten statt Winker.
August: Der Motor bekommt mehr Leistung und einen Vergaser mit Startautomatik.

Die wichtigsten Motordaten:

Hubraum:	1192 cm^3
Bohrung:	77 mm
Hub:	64 mm
Verdichtung:	7,0
Leistung:	25 kW (34 PS) bei 3600/min
Drehmoment:	8,4 mkp bei 2000/min

Kastenwagen Modell 1959, mit abgesenktem Motorkasten seit 1955.

August: Der 1000000. Transporter wird ausgeliefert. Ein neues vollsynchronisiertes Schaltgetriebe wird eingebaut. **1961**

August: Der Fahrersitz wird vom Doppelsitz abgeteilt. Fahrersitz und -lehne sind verstellbar, die Sitzbank ist vorklappbar. Karosserie mit flacheren Scheinwerfermulden und tieferer Reserveradmulde. **1962**
Der Fahrzeug-Export steigt von Jahr zu Jahr. Für den US-Markt kommt eine stärkere Motorvariante.

Die wichtigsten Daten:

Hubraum:	1493 cm^3
Bohrung:	83 mm
Hub:	69 mm
Verdichtung:	7,8
Leistung:	31 kW (42 PS) bei 3800/min
Drehmoment:	9,7 mkp bei 2200/min

Die Heizung wird verbessert. Auf Wunsch kann eine Eberspächer-Zusatzheizung geliefert werden. Einführung des Hochraum-Kastenwagens mit hoher Laderaumtür und 6 m^3 Transportraum.

März: Alle Personen-Transporter werden gegen Aufpreis mit dem 1,5 Liter-Motor, 42 PS, geliefert. **1963**

VW-Bus, Modell 1960 bis 1963.

Mai: Der Kastenwagen erhält gegen Aufpreis statt der zweiflügeligen Seitentür eine in drei Schienen geführte Schiebetür.
August: Alle Transporter mit 42 PS-Motor sind jetzt als Eintonner lieferbar, mit verstärkten Achsen, Antrieb und Bremsen sowie Bereifung in der Größe 7.00-14. Weitere Änderungen: Kurbelgehäuse-Entlüftung des Motors mit Wasserabscheider wie beim Käfer, größere Heckklappe mit großem Rückfenster, größere vordere Blinkleuchten.

1964 **August:** Drehzahlbegrenzer. Stärkerer Scheibenwischermotor und größere Wischerblätter, neu ist die Scheibenwaschanlage und der Innenspiegel. Alle Bus-Modelle bekommen einen Plastik-Dachhimmel.

Der Pritschenwagen von 1960 hat jetzt Blinkleuchten, wie alle anderen Modelle auch.

1965 **August:** Alle Modelle mit vorderem Stabilisator, zweistufigem Scheibenwischer, Motorklappe mit Druckknopfschloß. Pritschenwagen mit großem Heckfenster. Der 1,5 Liter-Motor bekommt größere Ventile und mehr Leistung.

Die wichtigsten Daten:

Hubraum:	1493 cm^3
Bohrung:	83 mm
Hub:	69 mm
Verdichtung:	7,5
Leistung:	32 kW (44 PS) bei 4000/min
Drehmoment:	10,4 mkp bei 2000/min

Oktober: Die Produktion aller Transporter mit 34 PS-Motor und 750 kg Nutzlast wird beendet. Es gibt nur noch die Eintonner-Ausführungen mit 44 PS.

1966

August: 12 Volt-Anlage und Einschlüsselsystem werden eingeführt. Die Drehfallenschlösser an den Türen werden mit einer verstärkten Sicherung ausgestattet. Als Mehr-Ausstattung werden Befestigungsanschlüsse für Sicherheitsgurte im Fahrerhaus eingebaut.

1967: Die zweite Transporter-Generation

August: Nach 17jähriger Produktionszeit und 1,8 Millionen gebauten Transportern kommt ein wesentlich geänderter Typ 2 auf den Markt. Die Hauptmerkmale sind:

- Neu gestalteter Aufbau mit durchgehender, stark gerundeter Frontscheibe, Lufteinlaßgitter vorn, Luftdüsen in Fahrerhaus und Fahrgastraum, Bowdenzug-Luftregulierung
- Fahrzeug nach vorn und hinten um jeweils 100 mm verlängert
- Scheibenwaschanlage mit Druckluftbetätigung
- Schiebetür zum Fahrgast- oder Laderaum für alle Modelle serienmäßig.
- Großraum-Kastenwagen mit Kunststoffdach und einer hohen Schiebetür
- Neue Doppelgelenk-Hinterachse mit Dreiecklängslenkern
- Wesentlich verbesserte Straßenlage, höherer Federungs- und Fahrkomfort
- Wartungsarme Vorderachslagerung
- Zweikreisbremsanlage

Die Transporter-Technik der zweiten Generation.

- 1,6 Liter-Motor mit 47 PS bei 4000/min
- Kraftstofftank auf 55 Liter (die Prospekte behaupteten 60 Liter) vergrößert
- Das neue Bus-Sondermodell heißt zunächst Clipper L, danach Achtsitzer L. Es erhält statt des Faltschiebedachs ein Stahlkurbeldach. Bei allen Modellen mit Fahrerhaus-Rückwand liegt das Reserverad unter den vorderen Sitzen. Beim Bus und beim Kombi mit Durchgang nach hinten steht das Reserverad hinten links auf dem Motorkasten.

Die wichtigsten Daten des neuen Motors:

Hubraum:	1584 cm^3
Bohrung:	85,5 mm
Hub:	69 mm
Verdichtung:	7,7
Leistung:	22 kW (47 PS) bei 4000/min
Drehmoment:	10,6 mkp bei 2200/min

In diesem Jahr wird der 2000000. Transporter hergestellt.

1968 **Januar:** Der Hochraum-Kastenwagen wird nicht mehr mit Stahldach sondern mit einem Kunststoffdach geliefert. Als Mehrausstattung gegen Aufpreis gibt es eine Hochraum-Schiebetür.

1969 **August:** Unter dem Motto »Mehr Sicherheit, mehr Komfort« werden folgende Änderungen eingeführt: Verstärkte Türen, versteifte Rahmenanlage, Lenksäulenbefestigung mit Soll-Knickstelle.

1970 **August:** Die Leistung des 1,6 Liter-Motors wird angehoben. Dazu werden Zylinderköpfe mit Doppeleinlaßkanälen und Gabelansaugrohre eingeführt.

Die wichtigsten Daten:

Hubraum:	1584 cm^3
Bohrung:	85,5 mm
Hub:	69 mm
Verdichtung:	7,5
Leistung:	37 kW (50 PS) bei 4000/min
Drehmoment:	10,8 mkp bei 2800/min

Weitere Änderungen: Scheibenbremsen vorn, Bremskraftregler für die Hinterachse, auf Wunsch Bremskraftverstärker. Stärkere Antriebswellen, breitere Spur. Lochscheibenräder mit flachen Radkappen.

Der 3000000. Transporter wird gebaut.

Die Modellfamilie ab 1967

August: Zum 1,6 Liter-Boxermotor mit stehendem Gebläse kommt ein neuer 1,7 Liter-Flachmotor hinzu. Sein Kühlluftgebläse befindet sich raumsparend auf der Kurbelwelle. **1971**

Die wichtigsten Daten:

Hubraum:	1679 cm^3
Bohrung:	90 mm
Hub:	66 mm
Verdichtung:	7,3
Leistung:	49 kW (66 PS) bei 4800/min
Drehmoment:	11,6 mkp bei 3200/min

Beide Motoren entsprechen den Abgasvorschriften für USA. Transporter mit 1,7 Liter-Maschinen werden serienmäßig mit einem Bremskraftverstärker bestückt. Größere Rückleuchten kommen der gesamten Modellreihe zugute. Wirksamere Geräuschdämpfung. Bei allen geschlossenen Modellen wird die Tankklappe weiter nach hinten verlegt, außerhalb des Bereiches der Schiebetür.

August: Um die passive Sicherheit des Transporters zu verbessern, wird die Bodenanlage im Bereich des Vorderwagens überarbeitet und mit Deformations-Elementen ausgerüstet. Die Stoßstangen bekommen ein neues, stabileres Profil. Vor den Radkästen links und rechts wird eine Trittstufe eingebaut, von den geschlossenen Fahrerhaustüren verdeckt. Die leichtgängige ZF-Gemmerlenkung löst die Roßlenkung ab. Einbau einer Sicherheits-Lenksäule mit Knickgelenk. **1972**

Außer den Pritschen-Modellen können alle Transporter mit Automatik bestellt werden. Der 1,7 Liter-Motor wird für diese Fahrzeuge in der Leistung auf 62 PS gedrosselt. In Transporter-Modellen mit Schaltgetriebe entwickelt der Vergasermotor unverändert 66 PS.
Weitere Änderungen: Die vorderen Blinkleuchten sind größer, sie

Achtsitzer-L-Bus ab 1972 mit vorderen Scheibenbremsen und überarbeitetem Aufbau.

sitzen links und rechts vom vorderen Lufteinlaß. Ein Lenkstockschalter erleichtert die Bedienung, die Scheibenbremsbeläge werden dicker und der Bremsflüssigkeitsbehälter befindet sich nun unter dem Fahrersitz.

1973 Im Werk Hannover läuft der 3000000. VW-Transporter vom Band. Die Tagesproduktion hat die Rekordmarke von 1200 Fahrzeugen erreicht.

August: Die Tankklappe entfällt bei allen Modellen, Sicherheitsgurte sind jetzt serienmäßig eingebaut, das geänderte Schiebetürschloß hat eine automatische Verriegelung, das Getriebegehäuse ist verstärkt, der 1,6 Liter-Motor wird mit Drehstromgenerator geliefert, als Mehrausstattung wird eine Scheinwerfer-Waschanlage angeboten.

Den 1,7 Liter-Motor löst im Zuge weiterer Leistungssteigerungen eine 1,8 Liter-Version ab.

Die wichtigsten Daten:

Hubraum:	1785 cm^3
Bohrung:	93 mm
Hub:	66 mm
Verdichtung:	7,3
Leistung:	50 kW (68 PS) bei 4200/min
Drehmoment:	13,2 mkp bei 3000/min

Das Volkswagenwerk Hannover meldete die Fertigstellung des 4000000. Volkswagen-Transporters. **1975**

August: Auch der Hubraum des 1,8 Liter-Motors wird erweitert.

Die wichtigsten Daten des Motors sind:

Hubraum:	1970 cm^3
Bohrung:	94 mm
Hub:	71 mm
Verdichtung:	7,3
Leistung:	51 kW (70 PS) bei 4200/min
Drehmoment:	14,3 mkp bei 2800/min

Weitere Änderungen: Die Zweikreisbremsanlage wird mit einem Bremskraftregler an der Hinterachse bestückt. Bei einem zulässigen Fahrzeuggesamtgewicht von maximal 2500 kg erreicht der Transporter eine Zuladung von 1200 kg mit Zusatzschraubenfedern an der Hinterachse.

Um den Verstellbereich der Vordersitze zu vergrößern, entfallen die beiden Trennwände. **1976**

Das Kombi-Modell, wahlweise mit Sitzeinrichtung für sieben oder acht Personen.

Die Doppelkabine 1972 bis 1979.

Die Technik des Allrad-Prototyps von 1978.

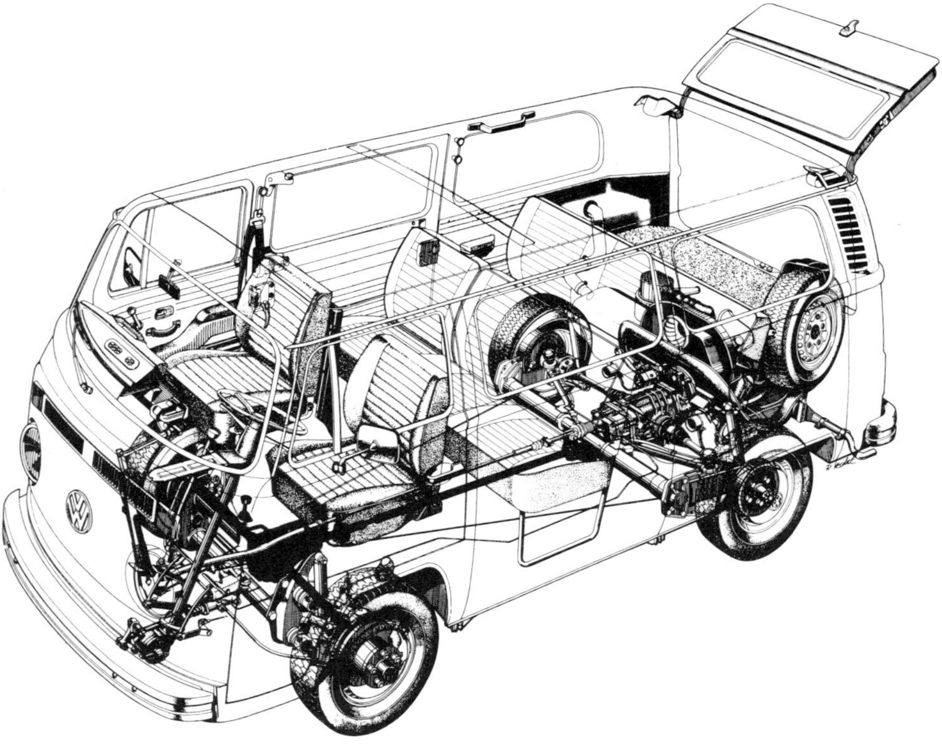

Der 4500000. VW-Transporter ist fertiggestellt. **1977**

1978

Eine Sonderserie des Achtsitzer-Busses wird aufgelegt, mit 2,0 Liter-Motor, Silbermetallic-Lackierung und Komfort-Ausstattung.
In der Versuchsabteilung werden fünf Prototypen mit Vierradantrieb gebaut. Eine Serienproduktion ist zunächst nicht geplant. Die Allrad-Transporter sollen zunächst die Marktchancen eines Typ 2/4x4 testen. Die wichtigsten Merkmale des Wagens: Zuschaltbarer Frontantrieb, Drehmomentwandler und mechanische Kupplung für den Gangwechsel, Viergang-Getriebe, Trommelbremsen, Bodenfreiheit maximal 297 mm.

1979: Die dritte Transporter-Generation

Mai: Nach dreißigjähriger Produktionszeit wird ein neuer Transporter vorgestellt. Allein die Modelle der zweiten Generation brachten es auf 3000000 Stück.
August: Produktionsbeginn der dritten Transporter-Generation. Zwei Motorversionen in Flachbauweise: Hubraum 1,6 Liter, Leistung 37 kW (50 PS) bei 3800/min, Hubraum 2,0 Liter, Leistung 51 kW (70 PS) bei 4200/min.

Transporter der dritten Generation mit wassergekühlten Motoren.

1980

September: Der Dieselmotor des VW Golf wird in modifizierter Form auch in den Transporter eingebaut.

1982

September: Zwei neue wassergekühlte 1,9 Liter-Boxermotoren mit 60 und 78 PS werden vorgestellt. Die Gesamtproduktion des Typ 2 beträgt bisher 5500000 Stück.

TECHNISCHE DATEN FÜR ALLE MODELLE[1]

	60 PS-Benziner	78 PS-Benziner	50 PS-Diesel
Motor			
Hubraum, cm³	1913	1913	1588
Leistung, kW (PS)/min	44 (60)/3700	57 (78)/4600	37 (50)/4200
max. Drehmoment Nm/min	140/2200	141/2600	103/2000
ElektrischeAnlage			
Spannung, Volt	12	12	12
Batteriekapazität, Ah	45	45	63
Drehstromgenerator, A	45	45	45

Kraftübertragung

Vollsynchronisiertes Viergang-Schaltgetriebe, Ausgleichgetriebe und Doppelgelenkwellen auf die Hinterachse. Vollsynchonisiertes Fünfgang-Schaltgetriebe als Mehrausstattung für alle Motoren. Dreistufige Getriebeautomatik für 57 kW-Motor.

Getriebeübersetzungen	4-Gang	5-Gang	4-Gang	5-Gang	4-Gang	5-Gang
1. Gang	3,78	4,11	3,78	4,11	3,78	4,11
2. Gang	2,06	2,33	2,06	2,33	2,06	2,33
3. Gang	1,26	1,48	1,26	1,48	1,26	1,26
4. Gang	0,85	1,02	0,85	1,02	0,85	1,02
5. Gang	–	0,77	–	0,77	–	0,77
R.-Gang	3,67	3,76	3,76	3,76	3,76	3,76
Achsübersetzung	4,57	4,86	4,86	4,86	5,86	5,42
Automatik, 1. bis 3. Stufe	–	–	2,71/1,50/1,00		–	–
R.-Gang			2,43			
Achsübersetzung			4,09			

Fahrwerk	
Rahmen	Rahmen-Bodenanlage im vorderen Bereich mit Stoßdämpfer-Deformationselement und energieumsetzender Frontrahmenkonstruktion.
Radführung	Einzelradaufhängung an beiden Achsen, vorn Doppelquerlenker mit Drehstab-Stabilisator, hinten Schräglenker-Aufhängung.
Federung	Progressive Schraubenfedern vorn, raumsparende Miniblockfedern hinten (superprogressive Schraubenfedern).
Bremsen	Zweikreisbremsanlage, Scheibenbremsen vorn, selbst nachstellende Trommelbremsen hinten, verzögerungsabhängiger Bremskraftregler.
Räder und Reifen	Felgen 5½ J × 14, Stahlgürtelreifen 185 R 14C.
Motor-Getriebe-aufhängung	Dreipunkt-Lagerung in großdimensionierten Gummielementen, schwingungsmäßige Entkoppelung der Antriebseinheit.

[1] Ab Herbst 1982

Die Modellfamilie.

	60 PS-Benziner		78 PS-Benziner		50 PS-Diesel	
Fahrleistungen	4. Gang	5. Gang	4. Gang	5. Gang	4. Gang	5. Gang
Höchstgeschwindigkeit in km/h		118		130	103	110
			Automatik: 125			
Beschleunigung in s						
0–50 km/h	6,9	7,1	6,2	8,0	9,1	
10,00–60 km/h	10,0	10,6	8,9	9,2	13,0	
13,50–80 km/h	18,3	18,1	13,2	13,7	24,4	
25,70–100 km/h	34,1	32,1	21,4	26,8	47,9	54,2
Größte Bergsteigfähigkeit bei voller Zuladung in %	28,0	33,0	30,0	33,8	–	–
			Automatik: 44,0			
Kraftstoffverbrauch						
Stadtzyklus in l/10 km	12,9	11,8	13,9	14,5	9,1	9,6
			Automatik: 12,7			
konstant 90 km/h in l/100 km	9,7	9,7	9,5	9,4	9,1	8,0
			Automatik: 10,7			
Füllmenge						
Kraftstoffbehälter in l	60		60		60	
Kühlflüssigkeit in l	17,5		17,5		16	
Motorölfüllung in l mit/ohne Filterwechsel	4,5/4,0		4,5/4,0		4,0/3,5	

DER BUS

Zweisitziges Fahrerhaus mit Durchgang zum Fahrgastraum. Seitliche Schiebetür und nach oben öffnende, selbstfeststellende Heckklappe. Sitze für fünf oder sechs Personen. Sicherheitsgurte für alle Sitzplätze. Mittelsitzbank auf Führungsschienen. Hintere Bank mit umklappbarer Lehne. Seiten- und Dachverkleidung. Fußboden mit Gummimatte ausgelegt, Gepäckraum mit Teppich ausgelegt. Zusätzlich beim Bus L: Drehfenster in Fahrerhaustüren. Verchromte Stoßfänger mit Gummileisten.

Extras: Automatisches Trittbrett unter Schiebetür, Schiebefenster in der Schiebetür mit Fliegengitter, zwei Schiebefenster im Fahrgastraum, getönte Scheiben, Fußraum mit Teppichboden ausgelegt.

Motorenauswahl:

37 kW-Diesel, 44 kW-Benziner, 57 kW-Benziner

Außenmaße:

Länge 4570 mm, Breite 1845 mm, Höhe 1950 mm

Innenmaße Fahrerhaus:
Breite 1570 mm, Höhe 1350 mm, Einstieghöhe 465 mm
Innenmaße Laderaum:
Länge 2780 mm, Breite 1590 mm, Höhe 1465 mm
Bodenfreiheit:
190 mm bei voller Zuladung
Bauchfreiheit:
115 mm bei voller Zuladung
Überhanglänge:
vorn 1160 mm, hinten 950 mm
Überhangwinkel:
vorn 21 Grad, hinten 19 Grad
Wendekreis:
10,7 m
Spurkreis:
9,3 m
Leergewicht:
1480 kg ohne Fahrer
Zulässige Achslasten:
vorn 1100 kg, hinten 1300 kg
Nutzlast:
910 kg
Zulässiges Gesamtgewicht:
2390 kg
Anhängelast:
ungebremst 600 kg, gebremst 1500 kg
Zulässige Dachlast:
100 kg

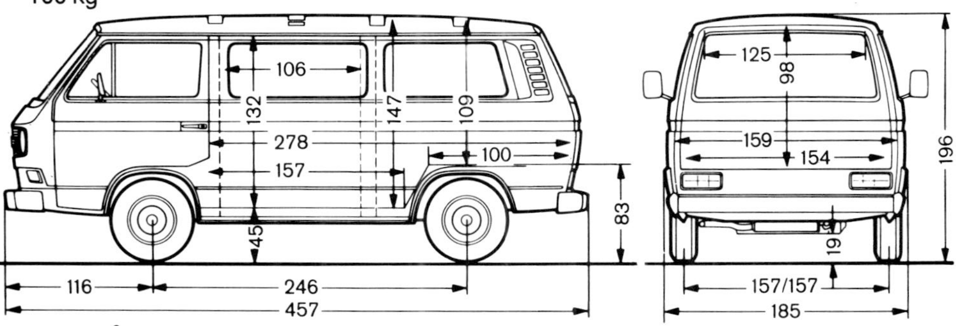

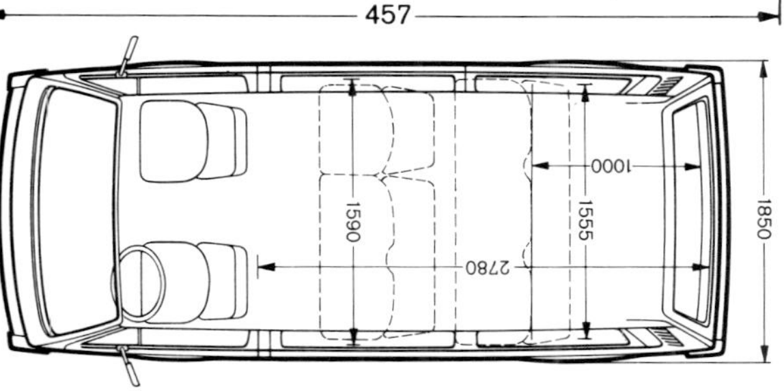

DER KOMBI

Zweisitziges Fahrerhaus mit Durchgang zum Lade- oder Fahrgastraum. Vier Seitenfenster, seitliche Schiebetür und nach oben öffnende, selbstfeststellende Heckklappe. Schraubanschlüsse für nachträglichen Einbau von Sitzbänken und Sicherheitsgurten. Seitenverkleidungen.
Kombi mit Sitzeinrichtung: Sitze für fünf oder sechs Personen im Fahrgastraum. Sicherheitsgurte für alle Sitzplätze. Mittelsitzbank auf Führungsschienen. Hintere Bank mit umklappbarer Lehne. Seiten- und Dachverkleidung. Fußboden mit Gummimatte ausgelegt, Gepäckraum mit Nadelvlies ausgelegt.
Zusätzlich beim Kombi L: Drehfenster in Fahrerhaustüren. Verchromte Stoßfänger mit Gummileisten.
Extras: Automatisches Trittbrett unter der Schiebetür, Schiebefenster in der Schiebetür mit Fliegengitter, zwei Schiebefenster im Fahrgastraum, getönte Scheiben ringsum, Fußraum mit Teppichboden ausgelegt.
Motorenauswahl:
37 kW-Diesel, 44 kW-Benziner, 57 kW-Benziner
Außenmaße:
Länge 4570 mm, Breite 1845 mm, Höhe 1960 mm
Innenmaße Fahrerhaus:
Breite 1570 mm, Höhe 1350 mm, Einstieghöhe 465 mm

Innenmaße Laderaum:
Länge 2780 mm, Breite 1590 mm, Höhe 1465 mm
Bodenfreiheit:
190 mm bei voller Zuladung
Bauchfreiheit:
115 mm bei voller Zuladung
Überhanglänge:
vorn 1160 mm, hinten 950 mm
Überhangwinkel:
vorn 21 Grad, hinten 19 Grad
Wendekreis:
10,7 m
Spurkreis:
9,3 m
Leergewicht:
1395 kg ohne Fahrer
Zulässige Achslasten:
vorn 1100 kg, hinten 1300 kg
Nutzlast:
995 kg
Zulässiges Gesamtgewicht:
2390 kg
Anhängelast:
ungebremst 600 kg, gebremst 1500 kg
Zulässige Dachlast:
100 kg

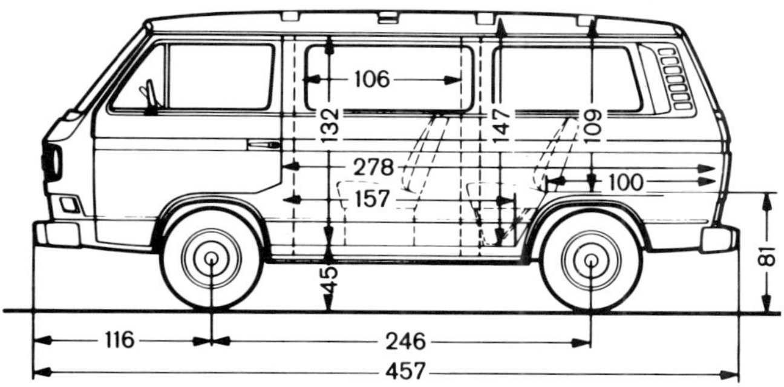

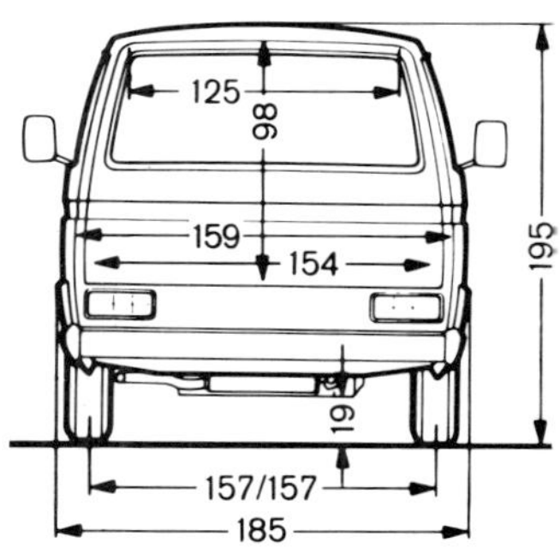

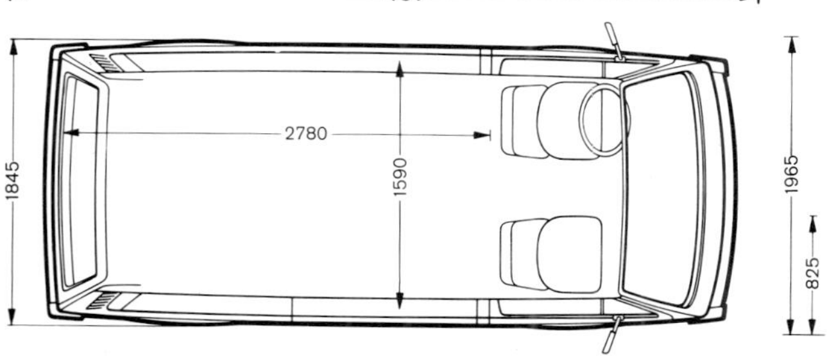

DER HOCHRAUM-KASTEN

Zweisitziges Fahrerhaus mit Durchgang zum Laderaum. Seitliche Schiebetür und nach oben öffnende, selbstfeststellende Heckklappe. Ladeboden aus Stahl. Seitenwände innen und Dach mit Verstärkungsprofilen versehen. Großer Stauraum über Fahrerhaus.

Extras: Erhöhte Schiebetür, Seitenverkleidungen im Laderaum, verschiedene Fahrerhaus-Rückwände, Entlüftungsschlitze für Laderaum.

Motorenauswahl:
37 kW-Diesel, 44 kW-Benziner, 57 kW-Benziner

Außenmaße:
Länge 4570 mm, Breite 1845 mm, Höhe 2365 mm

Innenmaße Fahrerhaus:
Breite 1570 mm, Höhe 1350 mm, Einstieghöhe 475 mm

Innenmaße Laderaum:
Länge 2780 mm, Breite 1590 mm, Höhe 1880 mm

Bodenfreiheit:
190 mm bei voller Zuladung

Bauchfreiheit:
115 mm bei voller Zuladung

Überhanglänge:
vorn 1160 mm, hinten 950 mm
Überhangwinkel:
vorn 21 Grad, hinten 19 Grad
Wendekreis:
10,7 m
Spurkreis:
9,3 m
Leergewicht:
1445 kg mit Fahrer
Zulässige Achslasten:
vorn 1100 kg, hinten 1300 kg
Nutzlast:
945 kg
Zulässiges Gesamtgewicht:
2390 kg
Anhängelast:
ungebremst 600 kg, gebremst 1500 kg
Zulässige Dachlast:
fehlt Angabe

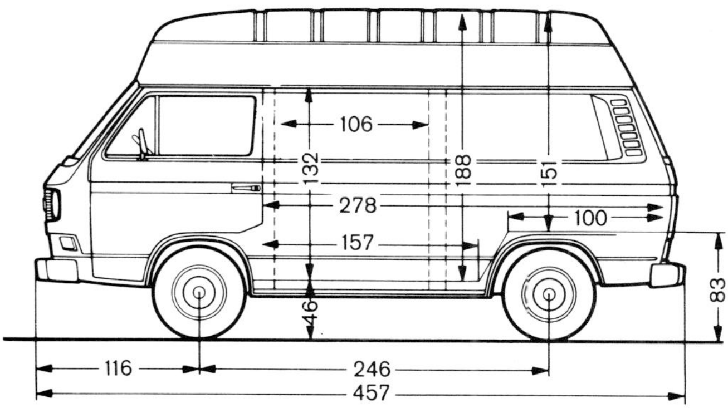

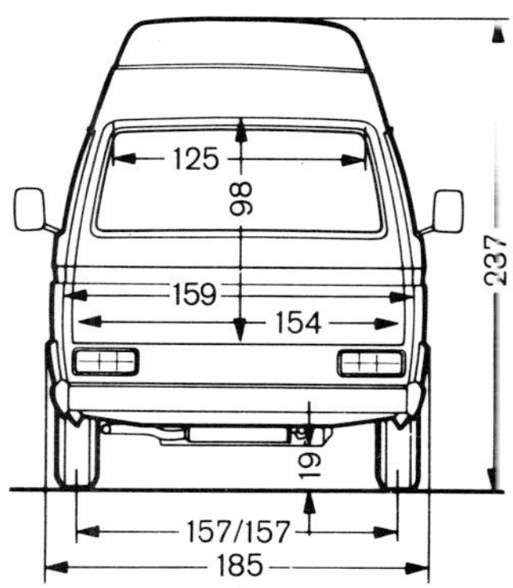

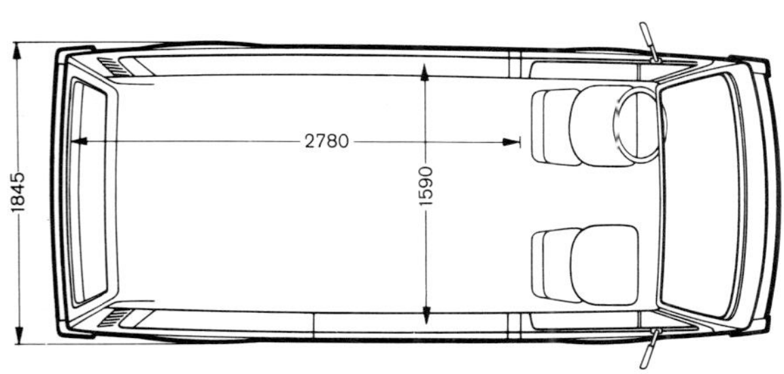

DIE DOPPELKABINE

Zweisitziges Fahrerhaus mit Durchgang zum hinteren Kabinenteil. Zusätzliche Flügeltür hinten rechts. Pritschenboden aus Stahl mit Hartholzleisten. Voll klappbare Ladebordwände aus Stahl mit Trittstufe. Tresorraum mit zwei Klappen unter dem Ladeboden.
Ausstattungsvarianten: Dreisitzige Bank im hinteren Kabinenteil mit darunterliegendem Stauraum. Fußboden mit Gummimatte ausgelegt. Oder: ohne hintere Bank, ohne Stauraum und ohne Gummimatte.
Extras: Abschließbarer Motorraumdeckel, Verdeckgestell mit Kunststoffplane, zweisitzige Beifahrerbank im Fahrerhaus in Verbindung mit halbhoher Trennwand, Schiebefenster in Flügeltür und in der gegenüberliegenden Seitenwand.
Motorenauswahl:
37 kW-Diesel, 44 kW-Benziner, 57 kW-Benziner
Außenmaße:
Länge 4570 mm, Breite 1870 mm, Höhe 1925 mm
Innenmaße Fahrerhaus:
Breite 1570 mm, Höhe 1350 mm, Einstieghöhe 460 mm
Innenmaße Laderaum:
Länge 1880 mm, Breite 1735 mm, Höhe 365 mm
Bodenfreiheit:
190 mm bei voller Zuladung
Bauchfreiheit:
115 mm bei voller Zuladung

Überhanglänge:
vorn 1160 mm, hinten 950 mm
Überhangwinkel:
vorn 21 Grad, hinten 19 Grad
Wendekreis:
10,7 m
Spurkreis:
9,3 m
Leergewicht:
1480 kg mit Fahrer
Zulässige Achslasten:
vorn 1100 kg, hinten 1300 kg
Nutzlast:
910 kg
Zulässiges Gesamtgewicht:
2390 kg
Anhängelast:
ungebremst 600 kg, gebremst 1500 kg
Zulässige Dachlast:
75 kg

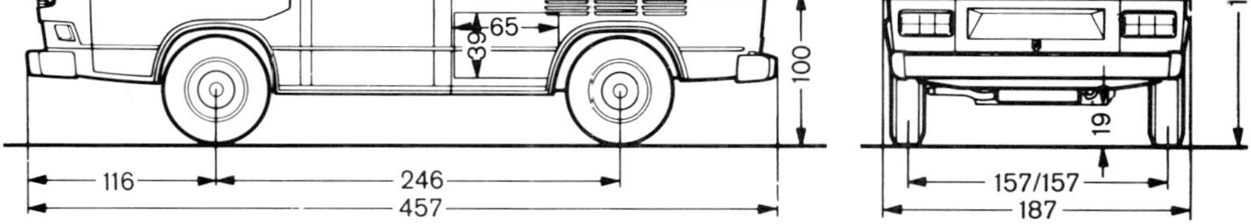

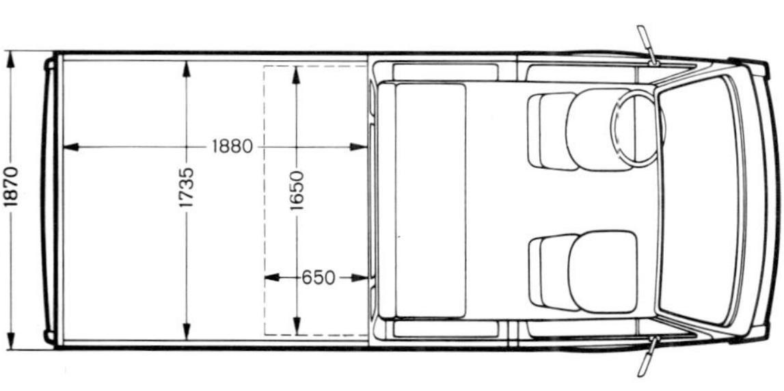

DIE PRITSCHE

Dreisitziges Fahrerhaus. Pritschenboden aus Stahl mit Hartholzleisten. Voll klappbare Ladebordwände aus Stahl mit Trittstufe. Tresorraum mit zwei Klappen unter dem Ladeboden.
Extras: Abschließbarer Motorraumdeckel, Verdeckgestell mit Kunststoffplane.
Motorenauswahl:
37 kW-Diesel, 44 kW-Benziner, 57 kW-Benziner
Außenmaße:
Länge 4570 mm, Breite 1870 mm, Höhe 1930 mm
Innenmaße Fahrerhaus:
Länge 1200 mm, Breite 1570 mm, Höhe 1350 mm, Einstieghöhe 465 mm
Innenmaße Laderaum:
Länge 2730 mm, Breite 1735 mm, Höhe 365 mm
Bodenfreiheit:
190 mm bei voller Zuladung

Bauchfreiheit:
115 mm bei voller Zuladung
Überhanglänge:
vorn 1160 mm, hinten 950 mm
Überhangwinkel:
vorn 21 Grad, hinten 19 Grad
Wendekreis:
10,7 m
Spurkreis:
9,3 m
Leergewicht:
1395 kg mit Fahrer
Zulässige Achslasten:
vorn 1100 kg, hinten 1300 kg
Nutzlast:
995 kg
Zulässiges Gesamtgewicht:
2390 kg
Anhängelast:
ungebremst 600 kg, gebremst 1500 kg
Zulässige Dachlast:
fehlt Angabe

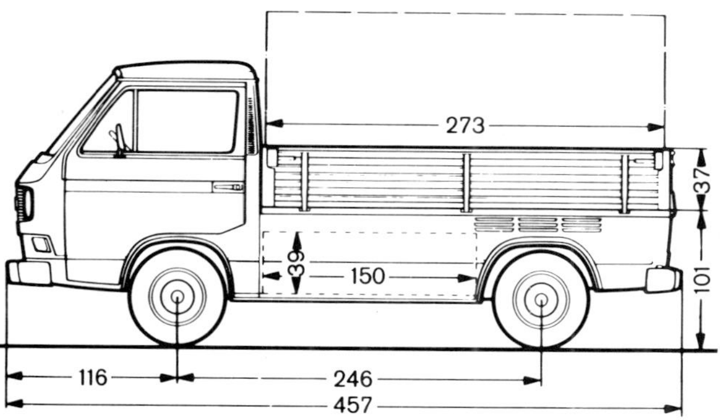

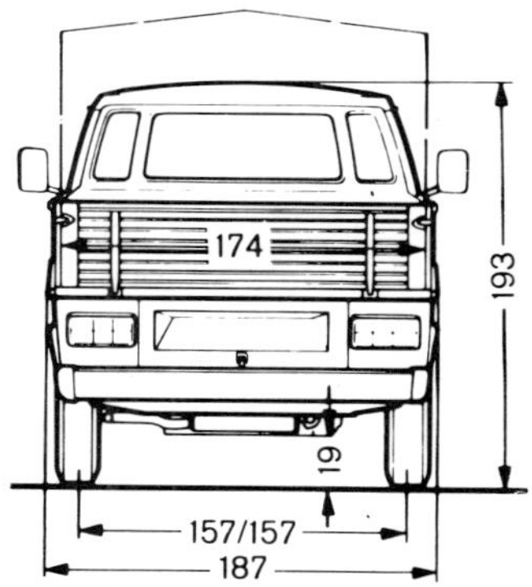

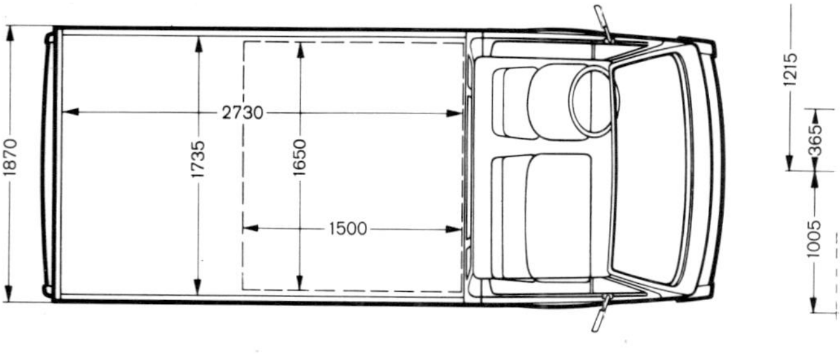

DIESELMOTOR 50 PS

Vierzylinder-Reihenmotor mit Wasserkühlung, Bohrung 76,5 mm, Hub 86,4 mm, Hubraum effektiv 1588 cm^3, Wirbelkammer-Verbrennungsverfahren. Ölwanne aus Aluminiumguß mit Kurbelgehäuse und Kupplungsglocke fest verschraubt, Motor um 50 Grad nach links geneigt. Fünffach gelagerte Kurbelwelle, obenliegende Nockenwelle über Zahnriemen angetrieben, Ventiltrieb über Tassenstößel, Ölkühler am Motorblock, Schnellvorglühanlage

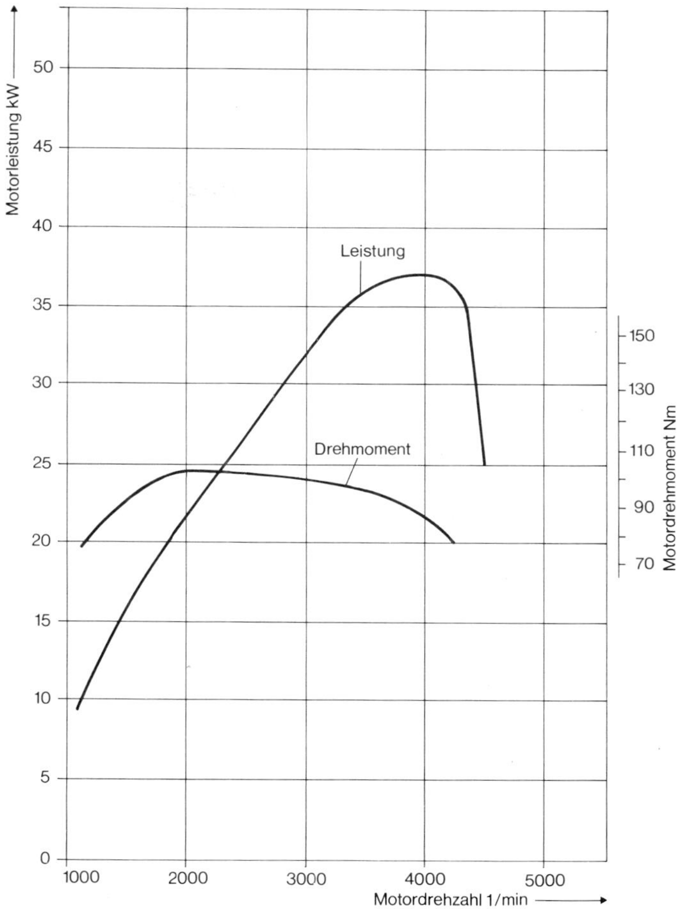

mit elektronischer Zeitsteuerung, Verteiler-Einspritzpumpe mit Kaltstart-Beschleuniger über Zahnriemen angetrieben. Überdruck-Kühlsystem mit Ausgleich- und Nachfüllbehälter im Motorraum, Füllmenge 16 Liter. Wasserkühler und elektrischer Kühlventilator mit thermostatischer Regelung im Wagenbug. Leistung 37 kW (50 PS) bei 4200/min, Drehmoment 103 Nm bei 2000/min, Literleistung 23,3 kW/l, Motorgewicht 133 kg.

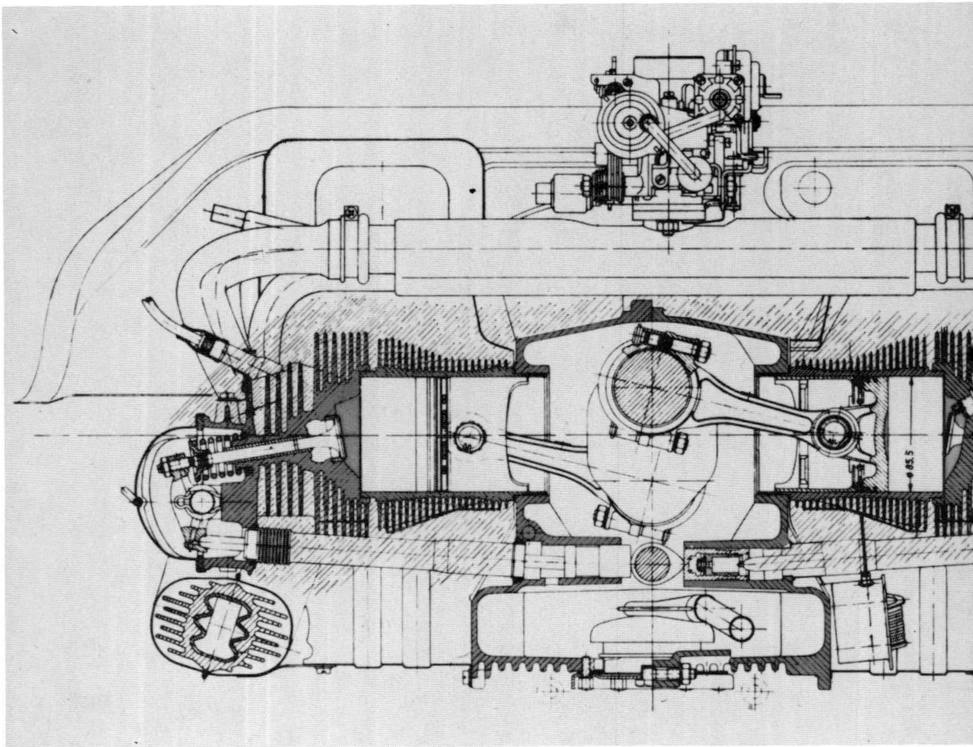

LUFTBOXER-MOTOR 50 PS

Vierzylinder-Boxermotor mit Luftkühlung, Bohrung 85,5 mm, Hub 69,0 mm, Hubraum effektiv 1584 cm³, Verdichtung 7,4. Geteiltes, mit Kühlrippen versehenes Kurbelgehäuse und Zylinderköpfe aus Leichtmetall-Legierung, getrennte Zylinder aus Sondergußeisen mit Kühlrippen, dreifach gelagerte Kurbelwelle. Zentral angeordnete Nockenwelle, über Zahnräder angetrieben, Ventiltrieb über Kipphebel und Stößel mit hydraulischem Ventilspielaus-

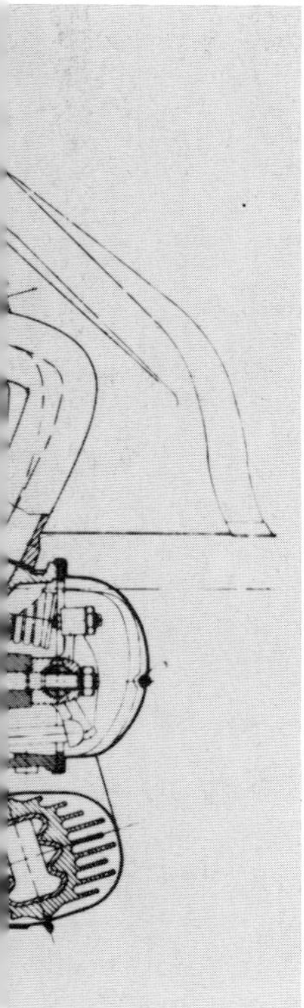

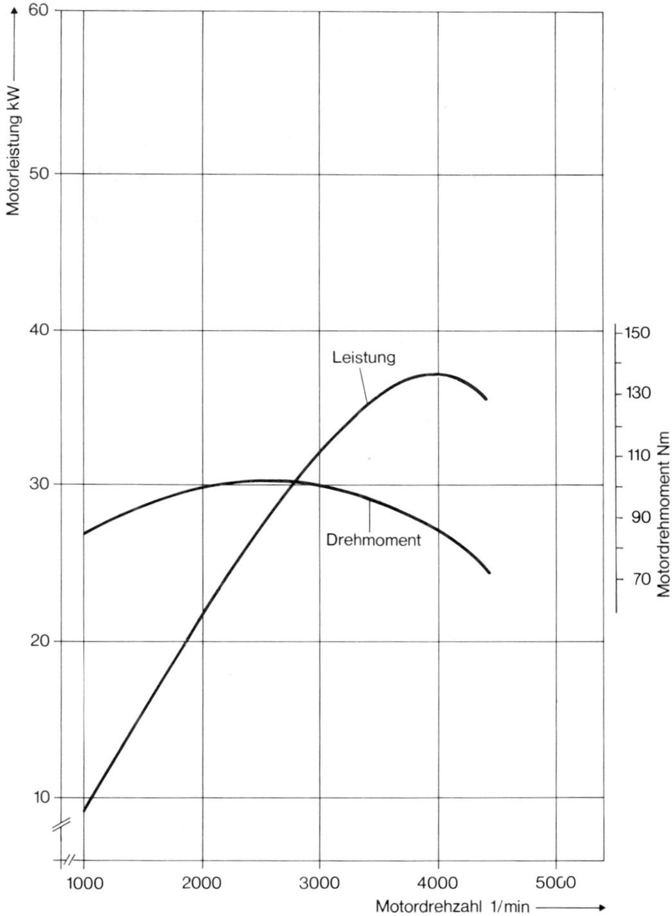

gleich. Gemischaufbereitung mit einem Fallstromvergaser 34 PICI-4 von Pierburg mit Startautomatik. Über Thermostat geregelte Luftkühlung, Radialgebläse auf der Kurbelwelle, vom Gebläsegehäuse wird Kühlluft über Zylinder und Zylinderköpfe geführt, erwärmte Kühlluft strömt nach unten ins Freie. Leistung 37 kW (50 PS) bei 4000/min, Drehmoment 103 Nm bei 2400/min, Literleistung 23,4 kW/l, Motorgewicht 120 kg.

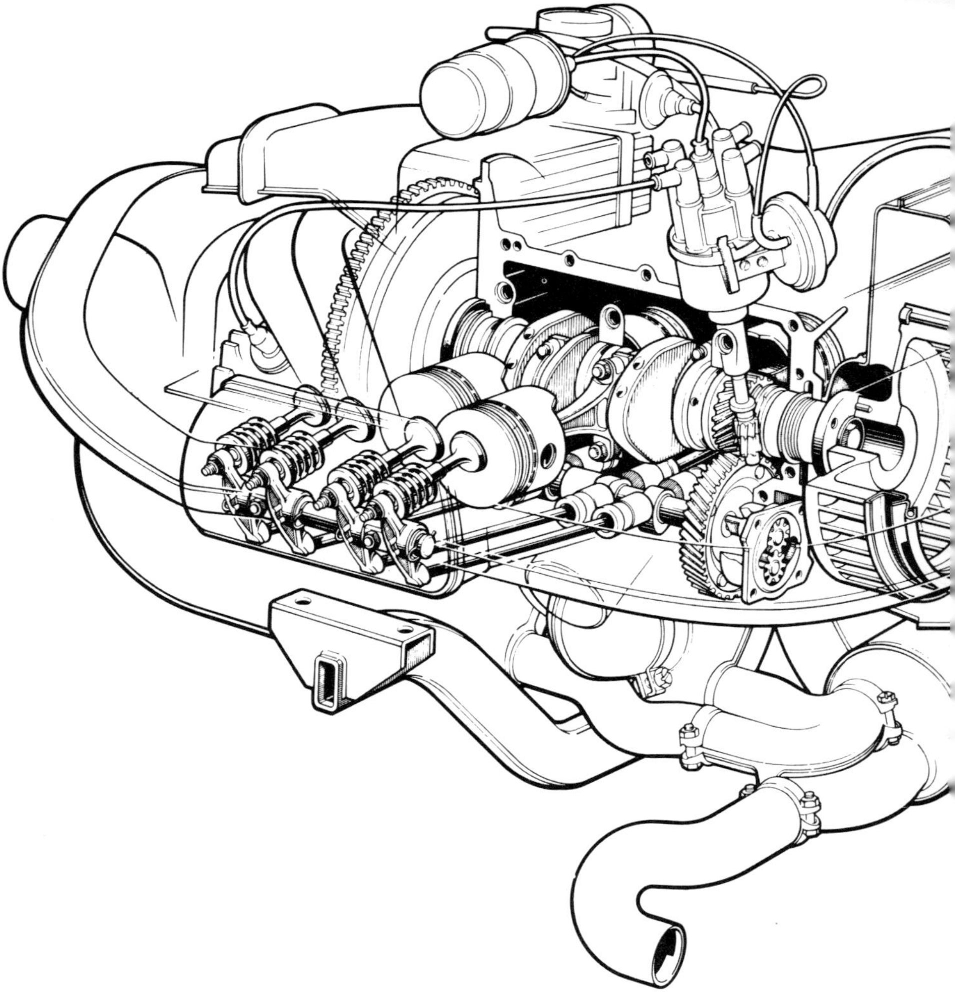

LUFTBOXER-MOTOR 70 PS

Vierzylinder-Boxermotor mit Luftkühlung, Bohrung 94 mm, Hub 71 mm, Hubraum effektiv 1985 cm^3, Verdichtung 7,4. Geteiltes, mit Kühlrippen versehenes Kurbelgehäuse und Zylinderköpfe aus Leichtmetall-Legierung, getrennte Zylinder aus Sondergußeisen mit Kühlrippen, dreifach gelagerte Kurbelwelle. Zentral angeordnete Nockenwelle, über Zahnräder angetrieben, Ventiltrieb über Kipphebel und Stößel mit hydraulischem Ventilspielausgleich. Gemischaufbereitung mit zwei Fallstromvergaser 34 PDSIT-2 und 34 PDSIT-3 von Pierburg mit Startautomatik. Über Thermostat geregelte Luftkühlung, Radialgebläse auf der Kurbelwelle, vom Gebläsegehäuse wird Kühlluft über Zylinder und Zylinderköpfe geführt, erwärmte Kühlluft strömt nach unten ins Freie. Leistung 51 kW (70 PS) bei 4200/min, Drehmoment 137 Nm bei 3000/min, Literleistung 25,7 kW/l, Motorgewicht 120 kg.

lutz ackermann

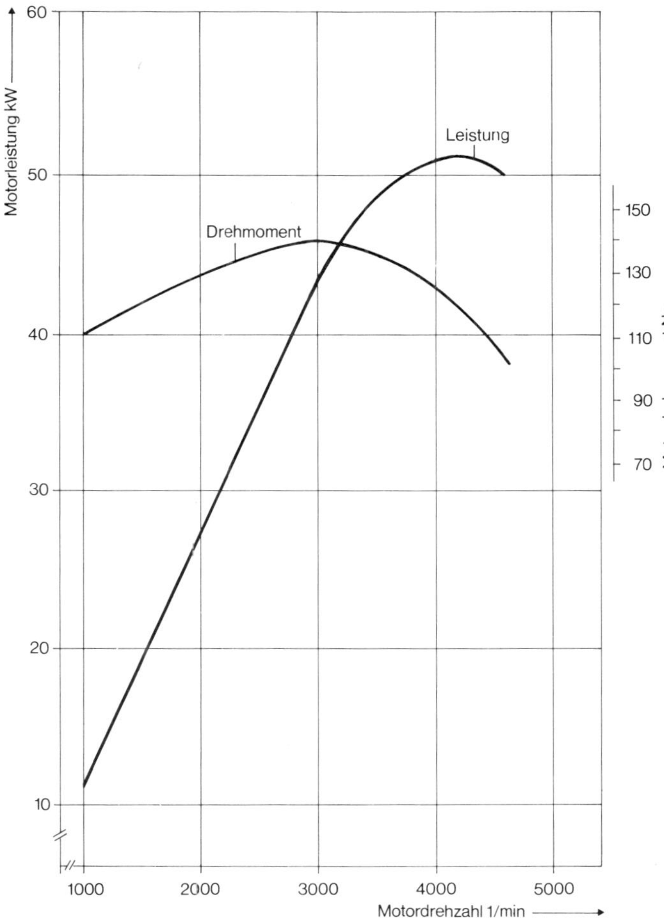
Motorleistung kW
60
50
40
30
20
10
Leistung
Drehmoment
150
130
110
90
70
Motordrehmoment Nm
1000
2000
3000
4000
5000
Motordrehzahl 1/min

WASSERBOXER-MOTOR 60 PS

Vierzylinder-Boxermotor mit Wasserkühlung, Bohrung 94 mm, Hub 68,9 mm, Hubraum effektiv 1913 cm^3, Brennraum im Kolben und Restbrennraum im Zylinderkopf (Heron-Brennraum), Verdichtung 8,6. Geteiltes Kurbelgehäuse und Zylinderköpfe aus Leichtmetall-Legierung, nasse Zylinderlaufbuchsen, dreifach gelagerte Kurbelwelle. Zentral angeordnete Nockenwelle, über Zahnräder angetrieben, Ventiltrieb über Kipphebel und Stößel mit hydraulischem Ventilspielausgleich. Gemischaufbereitung mit einem 34 PICT-Fallstromvergaser von Pierburg mit Startautomatik, Gemischvorwärmung mit elektrisch beheiztem Igel und kühlwasserbeheiztem Saugrohr. Aluminiumkühler und elektrischer Kühlventilator mit thermostatischer Regelung im Wagenbug. Leistung 44 kW (60 PS) bei 3700/min, Drehmoment 140 Nm bei 2200/min, Literleistung 23 kW/l, Motorgewicht 95 kg.

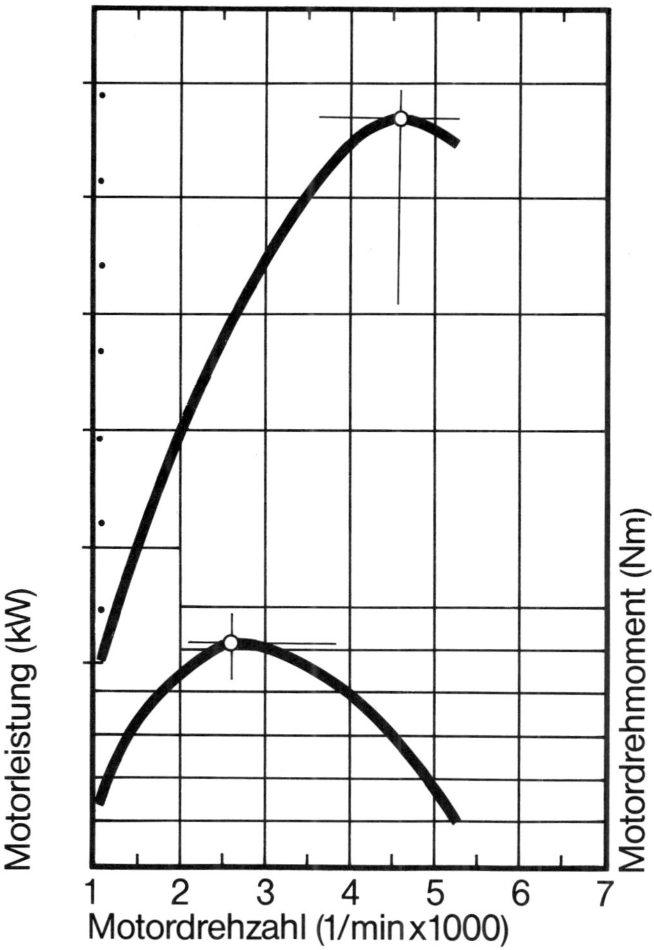

Motorleistung (kW)
Motordrehmoment (Nm)
1 2 3 4 5 6 7
Motordrehzahl (1/min x1000)

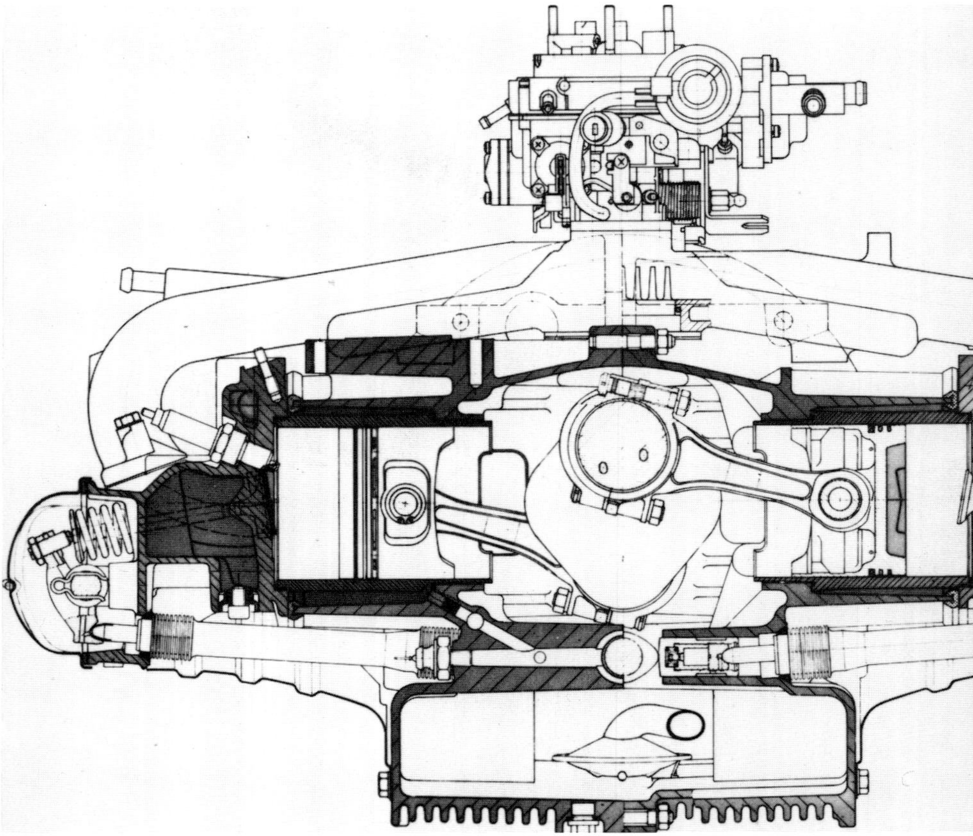

WASSERBOXER-MOTOR 78 PS

Vierzylinder-Boxermotor mit Wasserkühlung, Bohrung 94 mm, Hub 68,9 mm, Hubraum effektiv 1913 cm³, Brennraum im Kolben und Restbrennraum im Zylinderkopf (Heron-Brennraum), Verdichtung 8,6. Geteiltes Kurbelgehäuse und Zylinderköpfe aus Leichtmetall-Legierung, nasse Zylinderlaufbuchsen, dreifach gelagerte Kurbelwelle. Zentral angeordnete Nockenwelle, über Zahnräder angetrieben, Ventiltrieb über Kipphebel und Stößel mit hydraulischem Ventilspielausgleich. Gemischaufbereitung mit einem Fallstrom-Registervergaser 2 E3 von Pierburg mit Startautomatik, Gemischvorwärmung mit elektrisch beheiztem Igel und kühlwasserbeheiztem Saugrohr. Aluminiumkühler und elektrischer Kühlventilator mit thermostatischer Regelung im Wagenbug. Leistung 57 kW (78 PS) bei 4600/min, Drehmoment 141 Nm bei 2600/min, Literleistung 29,8 kW/l, Motorgewicht 95 kg.

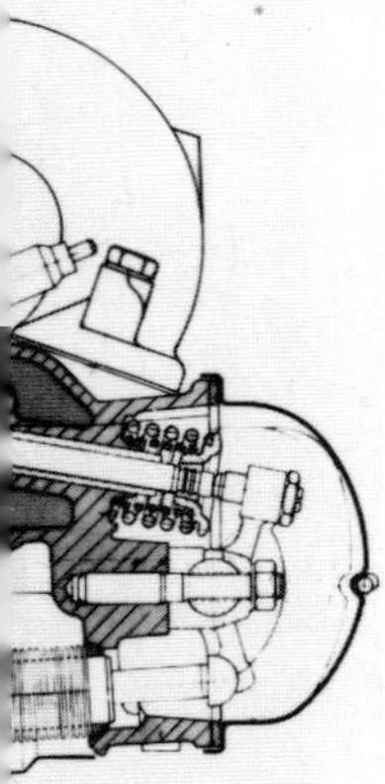

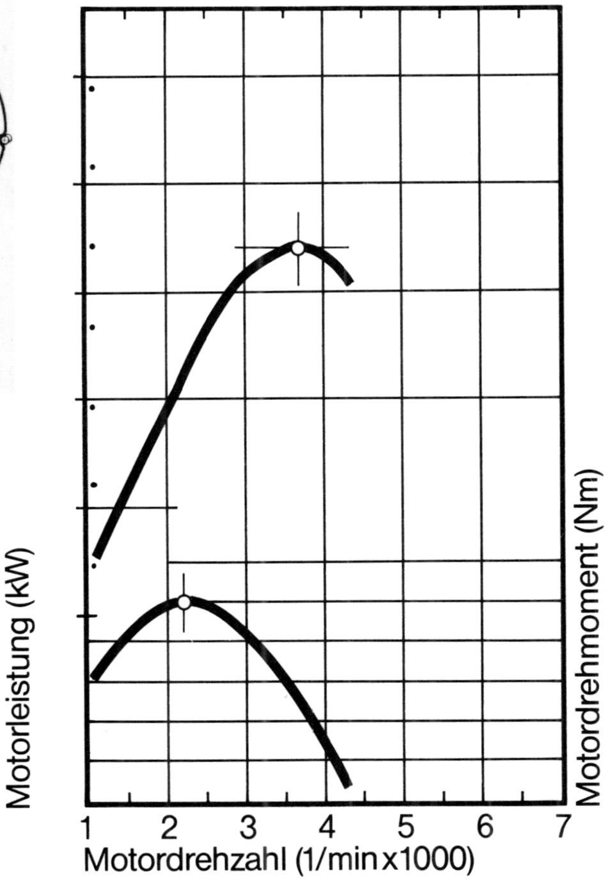

Motorleistung (kW)
Motordrehmoment (Nm)
1
2
3
4
5
6
7
Motordrehzahl (1/min x1000)

Wer schon einmal im dicksten Verkehrsgewühl hinter dem Lenkrad eines VW-Transporters saß, der weiß die exponierte Sitzposition im Wagenbug zu schätzen. Freie Sicht über die Autodächer ringsum gibt ein sicheres Fahrgefühl.
Was aber passiert bei einem Auffahrunfall? Kann der plattnasige Transporter ohne vornliegendem Motor überhaupt Fahrer und Beifahrer schützen? Tatsache ist: Die Insassen eines VW-Transporters sind nicht stärker gefährdet als im normalen Personenwagen. Selbst beim Aufprall mit 50 km/h auf eine Betonwand – ein Standard-Crash im VW-Versuch – bleibt die Fahrerkabine erhalten. Die Türen bleiben geschlossen und lassen sich nach dem Crash ohne Werkzeug öffnen.

Rollover-Test

Während des Aufpralls steigt die Belastung aller Fahrzeugteile auf das 20- bis 30fache. Das ist besonders für Fahrer und Mitfahrer in Campingmobilen gefährlich. Sind die Einbauten nicht einwandfrei mit dem Wagen verbunden, werden Schränke und Tische zu tödlichen Geschossen. Gemeinsame Crashversuche des Volkswagenwerks und der Westfalia KG, haben ergeben, daß beim Westfalia-Joker die Einrichtung sicher verankert ist – was keineswegs bei allen Wohnmobilen die Regel ist.
Für den Überschlag wurde der Campingbus bei einer Geschwindigkeit von 50 km/h vom Katapultwagen abgeworfen. So spektakulär

Frontalcrash mit einem stehenden Wagen.

die Situation auch aussieht, die angegurteten Insassen würden den Unfall mit einigen blauen Flecken überstehen. Ein Rollover dauert etwa fünf Sekunden, so daß viel Zeit für die Energieumwandlung zur Verfügung steht. Der typische Aufprall dagegen spielt sich im Bruchteil einer Sekunde ab.

Crash gegen die Betonwand

Aber selbst beim Crash gegen die Betonwand sind die biomechanischen Belastungen der Insassen so gering, daß sie den Aufprall überleben würden. Das Fahrerhaus wird kaum eingeengt, der Fußraum für Fahrer und Beifahrer bleibt erhalten. Das bewirken speziell für den VW entwickelte Verformungszonen, die einen Großteil der Aufprallenergie abfangen.
Die beiden üblichen Längsträger der Bodenanlage bilden mit zwei zusätzlichen Trägerprofilen einen Gabelrahmen. Dieser fachwerkartige Trägerverband wird im Fußraumbereich für Fahrer und Beifahrer mit Knotenblechen verstärkt. Bei frontalem oder schrägfrontalem Aufprall halten diese vier Stahlprofile das Fahrerhaus besonders verformungssteif.

Kräftezehrendes Deformationselement

Ein Aufprall ohne Verformung erzeugt sehr hohe Kräfte. Darum weist der VW vor diesem Rahmenverband ein spezielles Deformationselement auf. Dieses wagenbreite, hinter dem Stoßfänger angeordnete Bauteil verjüngt sich stufenförmig nach vorn und stützt sich an vier Punkten am Vorderwagen ab. Bei einer frontalen Kollision soll das Element die Aufprallenergie verteilen und gleichzeitig in eine kontrollierte Verformung des Wagenbugs umwandeln.
Über dem Deformationselement, direkt hinter der Vorderwand der Karosserie, ist ein zusätzlicher Rammschutz aufgebaut. Vier senkrechte Streben verbinden einen kastenförmigen Querträger mit der Bodenanlage. Ein weiterer Träger liegt im Wageninneren unter dem Armaturenbrett. Er stützt sich auf speziellen Türverstärkungen ab, die Verformungskräfte in den hinteren Wagenaufbau ableiten sollen.

Auffahr-Crash mit 64 km/h

In einem weiteren, speziell für US-Sicherheitsvorschriften angelegten Test prallt der Campingbus mit 64 km/h frontal auf einen stehenden Personenwagen. Die Folgeschäden sind beeindruckend gering: Die Vorderwand des Transporters ist eingedrückt, das Deformationselement samt Stoßfänger plattgewalzt. Die in den Türen liegenden Träger haben die restliche Verformungsenergie aufgefangen. Viel wichtiger aber ist die Tatsache, daß die Insassen

bei einem solchen Unfall mit leichten oder sogar ohne Verletzungen davonkommen. Vorausgesetzt, sie sind angegurtet.
Eine weitere US-Vorschrift verlangt, daß sich die Lenkanlage beim Wandcrash nicht mehr als 127 mm nach hinten verlagern darf. Damit werden ernsthafte Verletzungen durch das Lenkrad verhindert.

Frontlenker-Sicherheitslenkung

Die vom Volkswagenwerk entwickelte und bereits 1969 patentierte Frontlenker-Sicherheitslenkung erfüllt diese Anforderungen. Beim Frontalaufprall des Wagens stellt sich der obere Teil der geteilten Lenksäule senkrecht.
Alle Sicherheitseinrichtungen können bei einem Unfall aber nur dann umfassend schützen, wenn die Insassen angegurtet sind – nicht nur Fahrer und Beifahrer, sondern auch die Hinterbänkler. Im allgemeinen pflegen Techniker in Wolfsburg alle Versuchspuppen in den Crashfahrzeugen anzuschnallen, weil sie davon ausgehen, daß die Insassen angegurtet sein sollen. Was aber passiert beim Crash in einem vollbesetzten Transporter, wenn die Mitfahrer auf den hinteren Plätzen nicht angeschnallt sind?
Die Untersuchung dieser Unfallsituation kam den Sicherheitsforschern teuer zu stehen. Die Kosten kletterten auf 350000 Mark. Alle Dummies im Crashauto wurden erheblich beschädigt. Ergebnis: Den Frontpassagieren hatte Anschnallen nichts genutzt; sie wurden von den nach vorn geschleuderten sechs Mitfahrern regelrecht zu Tode gedrückt. Die Anschnallpflicht auch im Fond ist also beileibe keine Schikane.

2

Wohnmobile, Vans und Reisemobile

Wer in Deutschland am Straßenrand anhält, um noch eine Zigarette im Auto zu rauchen, oder einfach dasitzt und auf jemanden wartet, der muß damit rechnen, festgenommen zu werden.
Zugegeben – ganz so schlimm ist es nicht. Aber skeptisch sind die Leute hierzulande immer noch Mitbürgern gegenüber, die in einem Wagen sitzen, dessen Motor nicht läuft. Ein Auto ist etwas, um von Punkt A nach Punkt B zu fahren. Einsteigen, fahren, aussteigen heißt die Devise.
Erst langsam kommen amerikanische Sitten auf. Das Auto wird auch zwischen Flensburg und Traunstein langsam zum Lebensraum. Drive-In-Restaurants, Autokinos und natürlich Wohnmobile sind die offensichtlichsten Anzeichen dafür.

Wohnmobile um 1914

Im Land der unbegrenzten Möglichkeiten war das schon immer so. Dort müssen die Menschen große Entfernungen zurücklegen und erkannten deswegen schon zu Zeiten, als die Räder noch das Laufen lernten, daß man im Auto auch schlafen, essen und noch ein paar andere Dinge tun kann. Kein Wunder also, daß es bereits 1914 Wohnmobile auf Ford Modell-T-Basis gab; Eigenbauten, die an Zirkuswagen, Pullman-Eisenbahnwaggons oder Einfamilienhäuser erinnerten. Falsche Hausfassaden, hinter deren pompösem Äußeren sich eine Holzhütte verbarg, gab es um 1920 nicht nur im Wilden Westen, sondern auch auf den Straßen von San Francisco. Einfallsreiche Zeitgenossen bauten sich rollende Wohnungen auf Lastwagen-Fahrgestellen und schraubten an die Seitenteile ganz kühn Attrappen von Hauswänden.

Die ersten Mobilheime in Deutschland

Und ganz langsam kamen nicht nur Coca-Cola, das Ketchup, Kaugummis und Aspirin über den großen Teich, sondern auch die Idee vom mobilen Wohnen. Vor den 50er Jahren waren es nur wenige Mutige, die mit einem alten Magirus-Lkw oder Kässbohrer-Bus loszogen und mehr schlecht als recht darin hausten. Aber dann ging es los: genau im Jahr 1950.

Das war der Zeitpunkt, an dem das Volkswagenwerk seinen Transporter der Öffentlichkeit präsentierte. Die Westfalia-Werke Franz Knöbel & Söhne KG in Wiedenbrück bei Bielefeld verhandelten sofort mit dem Wolfsburger Werk und kamen 1951 mit einer Camping-Box auf den Markt, die aus dem als Arbeitstier konzipierten Transporter das erste in Deutschland gebaute Serien-Wohnmobil machte. Allerdings nur für das Wochenende. Von Montag bis Freitag war der VW auch weiterhin als Brötchenauto, Kleinlaster oder Bautransporter unterwegs. Den Luxus, ein Auto nur als Wohnmobil zu haben, konnte sich zu diesen Zeiten kaum jemand leisten. Und wenn, dann waren es Pioniere wie Professor Max Reisch, der schon 1952 per umgebautem Gutbrod Atlas mit zwei Schlafplätzen und Küchenblock auf Expeditionen ging. Der Normalbürger war froh, mit einem Goggo, VW-Käfer, Opel Blitz, Roller oder Motorrad überhaupt von der Stelle zu kommen.

Der erste Wohn-Typ 2

Sicher, auch der VW-Transporter mit seinen 24,5 PS war keine Offenbarung an Leistung. Aber mit seinem Heckmotor fraß er sich schon damals durch Sand, Schnee und Schlamm und legte den Grundstein für Wohnmobile in Deutschland.

5500000 Transporter wurden bislang gebaut

Über dreißig Jahre wird dieses Auto nun schon gebaut, 5500000 Stück rollten vom Fließband und 230000 Stück hat Westfalia vom schlichten Alltagsauto in ein Wohnmobil verwandelt, das seinem Besitzer den Traum vom freien Fahren ermöglicht.

Rund 80 Anbieter sind es heute, die Wohneinrichtungen, Zubehörteile, Tuning-Kits und manchmal auch nur Schnick-Schnack auf dem deutschen Markt offerieren, um aus dem VW-Typ 2 ein Freizeitauto zu machen. Und dabei spielt es gar keine Rolle, was der Kunde möchte. Egal, ob er einen protzigen Van mit Super-Breitreifen und viel Plüsch will, ein Wohnauto für den Urlaub, einen Familienwagen mit viel Platz, oder ein Gefährt, mit dem er in Afrika durch dick und dünn kommt – mit dem VW-Transporter liegt er immer richtig.

Vom Transporter zum Freizeitauto

Die handlichen Außenmaße, das weltweite VW-Service-Netz, die robuste Konstruktion und das umfangreiche Zubehörangebot sorgen dafür, daß jeder Wunsch erfüllbar wird.

Die in diesem Buch vorgestellten Möglichkeiten beschränken sich wegen dieser Vielfalt auch hauptsächlich auf den aktuellen Typ 2, wie er seit 1979 gebaut und seit 1981 als Diesel und ab 1982 mit den neuen sparsameren und ebenfalls wassergekühlten Benzinmotoren angeboten wird. Was aber nicht heißt, daß der Besitzer eines älteren Modells auf den nächsten Seiten nicht auch Anregungen, Tips und Teile findet, die seinem Veteranen zu Gute kommen.

DIE GESCHICHTE DES WESTFALIA-WOHNMOBILS

Die Geschichte des Wohnmobils in Deutschland ist wie die restliche Historie des Landes: äußerst hektisch. Da wurden große Ideen geboren, viel Unsinn gemacht, neue Dinge ausprobiert und am Schluß oft wieder alte Zöpfe aus der Schublade geholt. Auf eine nennenswerte Vergangenheit kann in Sachen VW-Typ 2 eigentlich nur das Haus Westfalia in Rheda-Wiedenbrück zurückblicken. Dort fing man 1951 mit einer Camping-Box genannten Truhe an, die einfach ins Auto gestellt wurde und Utensilien zum Schlafen, Kochen und Waschen enthielt. Und von diesem Ur-Mobil aus entwickelten die sturen Westfalen 27 Jahre lang weiter, bis sie schließlich 1978 den Joker in seinen vier Ausstattungsvarianten auf den Markt brachten, der mit einigen Modifikationen noch heute verkauft wird

Der Rückschlag von 1973

All die anderen Ausrüster, Anbieter von Einzelteilen und Hersteller von Komplett-Fahrzeugen auf Typ 2-Basis stiegen später ins Geschäft ein. Und einige inzwischen auch wieder aus. Denn so forsch der Siegeszug des Wohnmobils heute mit jährlichen Steigerungsraten von bis zu zehn Prozent vor sich geht, so behäbig verlief der Start – und so groß waren die Rückschläge. 1973 zum Beispiel explodierte der Ölpreis zum ersten Mal, und vor allem die Amerikaner reagierten hektisch. Das traf Westfalia mit dem beachtlichen US-Markt so hart, daß Arbeiter entlassen werden mußten. Aber 1975 ging es wieder aufwärts und Wohnmobile rollten erneut nicht nur auf den Straßen, sondern auch von den Produktionsbändern von Weinsberg, wo man seit 1969 Campingfahrzeuge herstellt und nach der Krise einige neue Modelle präsentierte, oder aus den Werkstätten der Firma Karmann in Osnabrück, die auch ins Geschäft mit dem mobilen Wohnen einstieg. Neu auf den Markt kamen auch Anbieter wie die Karosseriefabrik Voll und einige andere.
Während all jene, die erst in den goldenen Siebzigern anfingen, auf die Erfahrungen der traditionsreichen Firmen zurückgreifen konn-

ten und dies auch heftig taten – was man angesichts vieler Ähnlichkeiten deutlich sah – mußten die Wohnmobil-Pioniere der 50er Jahre noch ihre Fehler selber machen.
Wie diese Entwicklung vor sich ging, läßt sich am besten am Beispiel Westfalia zeigen. Was dort 1951 ausgeliefert wurde, war mehr für harte Männer mit Landser-Erfahrung geeignet, als für Familien. Zumindest nach den Maßstäben, die man anlegt, wenn heute ein Joker mit Isolierverglasung, thermostatisch geregelter Standheizung, Wasser- und Gastank sowie zwei bequemen Doppelbetten vor der Haustür steht.
Bei Westfalia war es auch kein verkrachter Ingenieur, zivilisationsmüder Architekt, vom Bankrott bedrohter Autohändler oder karrierebewußter Schreiner, der sich durch die Anschaffung einer Bohrmaschine und den Kauf von zehn Quadratmetern Sperrholz zum Wohnmobil-Hersteller aufschwang, sondern die Entscheidung, Mobilheime zu bauen, war eher eine konsequente Fortsetzung der Firmen-Entwicklung.

Vom Ackerwagen zum Wohnmobil

Am 1. 10. 1844 hatte Johann Bernhard Knöbel in Wiedenbrück einen Handwerksbetrieb gegründet, in dem Pferde beschlagen und Ackerwagen repariert wurden. Und von da an ging es steil aufwärts.
Im Jahr 1899 teilte der Bürgermeister dem zuständigen Landrat mit, daß in diesem Betrieb »nicht nur Bauern-Kutschwagen gebaut, sondern auch herrschaftliche Jagdwagen und Schlitten hergestellt werden«.
Während des Ersten Weltkrieges bestand die Produktpalette dann hauptsächlich aus Pferdewagen für den Munitionstransport und in den folgenden Friedenszeiten aus Landauern und Gigs. Die damalige Wochenproduktion: 25 Kutschen.
Da in Deutschland mit einzelnen Pferdestärken langsam kein Geschäft mehr zu machen war, übernahm die Fahrzeugfabrik Westfalia zusätzlich die Vertretung für Oakland, Pontiac, Citroen und BMW-Dixi.

Westfalia als Citroen-Händler

1927 rollte dann der erste offene Kastenanhänger aus der Fabrikhalle, im Jahr darauf wurden Allwetter-Verdecke und feststehende Seitenfenster für Automobile mit Klappverdeck ausgeliefert.

Vom Hähnchenknochen zum Welt-Patent

Den Geistesblitz seines Lebens hatte in dieser Zeit Franz Knöbel beim Hähnchenessen. Die Gelenkpfanne an einem abgenagten Knochen inspirierte ihn zur Kugelkopf-Kupplung, die weltweit verwandt und bei Westfalia seither produziert wird.
Bis zu dem Tag im Jahre 1951, an dem die erste Camping-Box für

den VW-Transporter fertig war, wurden in Wiedenbrück auch Feldküchen für das Rote Kreuz, Anhänger, Pritschen für Krupp-, Henschel- und Daimler-Benz-Fahrgestelle, Karosserien für den Gutbrod Superior, Unimog-Fahrerkabinen – und – Wohnwagen hergestellt.

Vom Caravan zum Wohnmobil

Zur 35. Internationalen Automobilausstellung in Frankfurt 1951 präsentierten die Westfalen ein 8,50 Meter langes und 2,40 Meter breites Monstrum mit Wohnraum, drei Sesseln, Küche, Toilette und Schlafzimmer. Ausgesehen hat der nach amerikanischen Vorbildern gebaute Caravan allerdings wie ein Westwall-Bunker.
Trotzdem – einen Wohnkomfort bot dieser Wohnanhänger, von dem die ersten Käufer einer Camping-Box für den VW nur träumen konnten.

Das Landhaus auf Rädern

»Das Landhaus auf Rädern«, wie die mutige Konstruktion betitel wurde, bestand aus einem 24,5 PS starken Transporter, 8-Sitzer oder Kombi, einem 125 × 54 × 51 Zentimeter messenden Schrank auf der Motorverkleidung, einer Truhe mit Propangas- oder Spirituskocher und zwei Schubladen, sowie drei Auflagebrettern für Polsterkissen und einer Ablage. Komplettiert wurde die Ausstattung durch einen 67 × 53 Zentimeter messenden Klapptisch.
Im Praxisbetrieb sah das dann so aus: Während das Auto im Wochenbetrieb als Nutzfahrzeug lief, wurde am Samstag einfach die Ausstattung hineingestellt – und los ging es ins Blaue. Am Ziel angekommen, gab es zwei Möglichkeiten. Man nahm alles heraus und möblierte eine Wiese damit – oder alle hausten im Auto. Laut Prospekt war es dabei drei Erwachsenen möglich, auf dem 1,83 Meter langen Bett zu schlafen, das sich aus der aufgeklappten Truhe bauen ließ, und zwei Kinder konnten noch auf der durchgehenden Vorderbank nächtigen. Selbst waschen durften sich die

Eines der ersten Westfalia-Wohnmobile.

Zwei konnten im Ur-Mobil bequem schlafen, laut Prospekt reichte der Platz auch für drei Erwachsene.

In der Tür war eine Waschschüssel aus Emaille untergebracht.

Insassen: Im hinteren Flügel der seitlichen Klapptür befand sich eine Schüssel. Das benötigte Wasser wurde im Druckverfahren besorgt: Vater machte Druck, die Kinder mußten rennen, und dann wurde das beim Bauern erbetene Naß aus dem serienmäßigen Emaillekrug in den Waschtrog gekippt.

Das Modell 1952

Wie ein Umzug vom Stundenhotel ins Hilton muß Campern damals die Präsentation des Modells 1952 vorgekommen sein. Eine Dachklappe ermöglichte beim Hosenanziehen nicht nur, den Kopf aus dem Auto zu strecken und damit aufrecht stehen zu können, sondern wurde von Westfalia im Prospekt auch gelobt, »weil sie ideale Möglichkeiten für die Jagd, Foto und Film« bieten würde.

1953: Die erste Preisliste

1953 war es dann soweit: Am 19. 3. gab es so viele Teile, daß es sich lohnte, sie alle aufzuzählen. Die Preisliste Nummer 1 wurde der staunenden Fachwelt vorgestellt. Hier die originalgetreue Wiedergabe aller Posten:

»Camping-Box« (Truhe) mit Klapptisch, 3 hohlverleimten Auflagebrettern, 4 1a bezogenen Haargummi-Polsterauflagen 1400×520×80 mm, Klappgestell zur Verwendung der Auflagebretter und Polster als Sitzecke (Wohnraum) im VW. Maße: 1460×530×820 mm. Preis: 595 DM.

Kleider- und Wäscheschrank mit zweiteiliger, seitlich aufschiebbarer Rolljalousie. Maße: 1250×540×510 mm. Preis: 125 DM.

Wasch- und Rasierschrank, anschraubbar an die Laderaumtür. Das obere Fach besitzt eine nach oben aufstellbare Klappe mit Spiegel. Die Klappe des unteren Faches dient aufgeklappt zur Aufnahme der Waschschüssel. Maße: 410×130×790 mm. Preis: 62,50 DM.

Stützbock, klappbar, für die Benutzung der Box als Sitzgelegenheit im Freien und für den Hausgebrauch als Fremdenbett. Preis: 29,50 DM.

Gasflaschenhalterung, einschließlich Zuleitung bis zur Camping-Box und Kupplungsstück. Preis: 21,50 DM.

Sonnensegel, zerlegbares Rohrgestell mit den am Wagen anzubringenden Halterungen und Zeltplane aus bestem Segeltuch. Preis: 345 DM.

Dachgalerie mit Lattenrost, hochglanzpolierte Leichtmetall-Galeriestützen und Rohre, Lattenrost aus bestem Hartholz, montagefertig mit allen Befestigungsschrauben. Preis: 185 DM.

Kinderschlafstelle für 2 Kinder auf der Truhe und dem waagerecht aufgehängten Rückenpolster des Fahrersitzes, Aufhängung und Polsterauflage. Preis: 85 DM.

Sitzbank-Rohrgestell, zusammenklappbar, zur Herstellung einer bequemen Sitzbank aus Fahrer-Sitz und Rückenpolster; außerhalb des Wagens zu verwenden. Preis: 62,50 DM.

Preise für Propangasflaschen, Propangas- oder Spirituskocher und Beleuchtungen sowie Seitenplanen für das große Zeltdach auf Anfrage!«

Möbel vom Fließband

Mit dem Erscheinen dieser Preisliste waren bei Westfalie die Weichen endgültig gestellt. Neben Kupplungen und Anhängern war das Wohnmobil in die Serienfertigung aufgenommen worden – oder zumindest die Einrichtung derselben. Denn bis zu dem Tag, an dem der VW-Bus am Fließband sein Aufstell- oder Hochdach und seine Wohnlichkeit verpaßt bekommen sollte, mußten noch ein paar Jahre vergehen.

Wie flott die Entwicklung allerdings vor sich ging, ist daran zu sehen, daß es bereits 1954 die Preisliste Nummer 21 gab; die Camping-Box kostete inzwischen nicht mehr 595 Mark, sondern 675 Mark, und Dinge wie Gardinen, ein Einstiegsfußrost mit Klappbeinen, ein Benzin-Kocher sowie ein Chemikalien-Klosett für 112 Mark ergänzten die Ausrüstung.

Heutigen TÜV-Ingenieuren würden die Haare zu Berge stehen angesichts des »Enders«-Benzinkochers oder der Möbelstücke, die mehr oder weniger mager befestigt im Auto standen. Aber Crashtests gab es noch nicht und Sicherheit war so klein geschrieben, wie sie es bei manchen Wohnmobilanbietern noch wird, die nicht einmal im Jahr 1983 Wert auf serienmäßige hintere Sicherheitsgurte und stabile Verankerungen legen.

Damals stand aber im Gegensatz zu heute auch im Werbematerial von Westfalia noch nichts über das Aufprallverhalten. Verkaufsargumente lasen sich so:

Prospekt von 1954

»Urlaub an sonnigen Gestanden oder im Schatten schweigender Wälder oder unter den Gipfeln majestätischer Berge; Camping-Familienfahrten ins Wochenende – Autowandern mit eigenem Hotel! Das ist heute kein unerfüllbarer Wunschtraum mehr, kein Luxus, den sich nur wenige leisten können. Fahren Sie unbesorgt zum Ziel Ihrer Wünsche. Ohne Zimmer-Vorbestellung und ohne Fahrkarten – mit dem VW-Camping-Wagen! Mit ihm unterwegs zu sein bringt doppelten Gewinn: Man hat überall ein behagliches Zuhause, kann also unabhängiger, bequemer und schöner reisen – man fährt immer denkbar wirtschaftlich, kann also auch häufiger reisen und sich und seiner Familie unterwegs mehr gönnen. Als »Kapitän auf eigenem Dampfer« legt man die Reiseroute selber fest und ist niemals an einen Ort gebunden.

Der VW-Camping-Wagen ist ein sehr geräumiges Fahrzeug. Robust in der Konstruktion, sparsam im Verbrauch, fahr- und betriebstechnisch ohne Tadel, hat er alle Vorteile eines echten VW-Fabrikats.

Tagsüber bietet der Wagen den verwöhntesten Campern ein

Der Campingwagen von 1954, der seinen Besitzer »endlich frei von Hotelreservierungen machte«.

behagliches Wohnheim, das durch raffiniert ausgeklügelte Raumaufteilung und viele überraschende Ausstattungs-Effekte besticht. Zwei moderne Wandleuchten spenden angenehm gedämpftes Licht, Gardinen und Vorhänge in freundlichen Farbmustern schirmen den Raum ab. Eine kleine Bar wird gegen Mehrpreis geliefert; unter der Haube aus Plexiglas haben zehn Cocktailbecher verschiedener Größe Platz. Die Prost-Vitrine steht rüttelfest auf einem gleichzeitig als Serviertisch dienenden Kombischrank.«
Und so ging es damals munter weiter in der Werbung. Argumente waren keine Knautschzonen und Leichtbauteile, keine E-Pakete und Sparschaltungen. Gekauft wurde, um Lebensfreude, Abenteuer und den Reiz des Neuen zu kosten.

Die Entwicklung des Wohnmobils am Beispiel Westfalia:

1951 Die erste Campingbox für den VW kommt auf den Markt.

1952 Zusätzlich zur Box wird eine Dachluke angeboten, um Stehhöhe zu haben.

1953 Es gibt zur Campingbox einen Gaskocher und eine Luxus-Ausführung.

1955 Die Box 5022 ist neu im Programm.

1960 Die DeLuxe-Einrichtung für den VW-Kombi kommt auf den Markt.

1961 Das Mosaik-Programm ist in Einzelteilen lieferbar, für den US-Markt gibt es eine Kunststoff-Inneneinrichtung.

1963 Den Westfalie-Camping gibt es mit Polyester-Faltdach.

1966 Das Hubdach wird für die USA angeboten.

1968 Der Camping 5060 ist mit Aufstelldach lieferbar.

1970 Drei verschiedene Modelle stehen zur Auswahl.

1972 Es werden folgende Varianten angeboten: »Luxemburg«, »Los Angeles«, »Helsinki«, »Houston«, »Madrid«, »Miami«, »Mosaik«.

1973 Die Palette wird noch erweitert um die Typen »Düsseldorf«, »Malaga«, »Offenbach« und »Dallas« mit Doppelbett im Dach.

1978 Die bis heute auf dem Markt befindlichen Modelle »Joker« 1 bis 4 werden vorgestellt.

1979 Inzwischen gibt es an neuen Modellen den »Berlin«-, »Boston«- und »Toronto«-Bus.

1982 Das Modell »Club Joker« wird auf dem Caravan-Salon in Essen präsentiert.

Wer einen VW-Bus mit Wohneinrichtung hatte, war jemand. Das Flair des Weltenbummlers ging ihm voraus, denn überall las man etwas über exotische Reisen, Expeditionen und Touren, die der Normalbürger nur aus seinen Karl May-Erinnerungen kannte. 30 PS hatte der VW inzwischen, eine Bohrung von 77 mm, einen Hub von 64 mm und einen Hubraum von 1192 ccm. Das Werk in Wolfsburg schrieb über ihn:

»Er ist ein zügiger Kletterer mit bis zu 25 Prozent Steigfähigkeit, ein bescheidener Spritschlucker mit 40 Liter Tankinhalt und 400 km Reichweite, ein unermüdlicher Marathonläufer mit 90 km/h Dauergeschwindigkeit, ein behender Lücken-Nutznießer beim Parken auf kleinstem Raum und ein wetterfester Freiluft-Parker, der eine Garage überflüssig macht.«

Dauer-geschwindigkeit 90 km/h

1955 gab es dann eine Modell-Modifikattion, in deren Rahmen die Motorabdeckung wesentlich flacher ausfiel und so dem VW als Wohnmobil mehr Platz im Heck bescherte.

Und da die Inneneinrichtung immer kompletter wurde, war es auch nicht mehr damit getan, nur die Camping-Box ins Auto zu stellen. Inzwischen gab es in Wiedenbrück ein Montageband, an dem die Autos ausgerüstet wurden.

Geradezu Sensationelles tat sich dann 1960. Der Typ 2 mit der Camping-Einrichtung DeLuxe kam auf den Markt. Ein richtiges Wohnmobil, mit Innenverkleidungen, einer bescheidenen Isolation, festen Einbauten, einem 90 Liter-Wassertank und einer elektrischen Förderpumpe.

1958 wurde in Wiedenbrück bereits ein Montageband für Wohnmobile in Betrieb genommen.

Ovale Schranktüren, geraffte Gardinen an den Fenstern und ein Tisch, der nur aus praktischen Erwägungen nicht zum Nieren-Exemplar ausartete, gehörten allerdings auch dazu. Aber damals war das eben chic.

Zum Zubehör zählte das Kinderbett im Führerhaus. An den Fenster- und Türholmen gab es Halterungen, in die abends einfach die Längsrohre des Bettes geschoben wurden. Der Nachwuchs schlief dann durchaus kommod auf dem dazwischen gespannten Segeltuch.

Preisliste von 1962

Aber zurück zur Chronik der westfälischen Wohnpioniere: Dort wurde am 1. Januar 1962 wieder einmal eine neue Preisliste eingeführt, die allein für das Mosaik-Programm 30 Positionen umfaßte. Teuerstes Teil mit 750 Mark war immer noch der aus Bodenplatte, zwei Sitzkästen, Polstern und Klapptisch bestehende Wohn- und Schlafblock. Billigste Position im Angebot war eine 2,50 Mark teure Plastik-Waschschüssel für den Rasierschrank.

Das erste Faltdach

Diese Preisgewichtung änderte sich erst 1963 – dann aber mit einer Sensation auf dem Campingmarkt. Westfalia bot in Deutschland zum ersten Mal für 1675 Mark ein Polyester-Faltdach mit zwei Hängebetten an. Rot-weiß gestreift sahen die Zeltwände aus wie das Turnierzelt von Robert Wagner als Prinz Eisenherz im Fernsehen und die beiden Delinquenten, die oben nächtigen mußten, hingen wie Seebären auf einem Viermaster in ihren Hängematten, einer Steuerbord, einer Backbord. Eingestiegen wurde in der Mitte.

Aber trotzdem war ein Meilenstein in der Typ 2-Geschichte gesetzt: Jetzt konnte man im normalen Bus richtig bequem stehen,

Das Faltdach aus Polyester und ein dazu passenden Vorzelt waren die Sensation des Jahres 1963.

ohne den Kopf durch eine Luke ins Freie stecken zu müssen. Der zur Fahrerseite hochklappbare Dachausschnitt war 2,33 Meter lang und hatte außer zwei Lüftungsluken auch noch zwei Dachfenster. Die Höhe im Innenraum wuchs nach dem Ausklappen auf beachtliche 2,47 Meter an; von Problemen wie Kältebrücken, Schwitzwasser und ähnlichem noch recht unbelastet, wurde der Faltbalg damals nicht aus imprägniertem Stoff, sondern aus PVC-Folie hergestellt. Wenn vier Leute im Auto schliefen und nachts das Atmen nicht einstellten, reichte das Kondenswasser an den Dachwänden morgens zumindest für Vater zum Rasieren.

Eine Innenhöhe von 2,47 Meter

Aber mit dem Polyester-Dach war es 1963 noch nicht getan. Auch VW war für eine Überraschung gut. Dort sollte die seitliche Flügeltür durch die noch heute im Prinzip gleiche Schiebetür ersetzt werden.

Bei Westfalia war man von der VW-Änderung nicht sehr erbaut. In einem Schreiben vom 14. Oktober 1963 sicherte deswegen H. Goransch vom Wolfsburger Werk zu:

Schiebetür statt Flügeltür

»Wir werden Schiebetüren für den VW-Campingbus auf keinen Fall besonders herausstellen, um sicherzustellen, daß Ihr Lieferumfang in bisheriger Weise voll erhalten bleibt. Sollte es sich jedoch in Einzelfällen nicht vermeiden lassen, daß Kunden ihren Campingwagen mit Schiebetüren haben wollen, so werden wir unsererseits den von Ihnen genannten Betrag für die Entfallteile wie folgt nennen: Rasierschrank: 73 DM, Klapptisch: 29 DM.«

Außer für Wohnmobilisten hatte dieser Schritt, der den Wegfall des in einem Türflügels untergebrachten Rasierschranks mit sich brachte, auch Auswirkungen für Deutschlands Ordnungshüter. Bis 1963 waren nämlich alle – ebenfalls von Westfalia ausgerüsteten Polizeiwagen – auch mit besagten Schränkchen versehen.

Waschschüssel für die Polizei

Während heute in Einsatzfahrzeugen auf solchen Luxus verzichtet wird, tröstete das VW-Werk damals die Beamten damit, daß die Autos zum gleichen Lieferpreis dafür einen Sitzhocker mit Waschschüssel bekamen.

Das Modell S042

Für den Einsatz als Wohnmobil wurde der VW-Bus im folgenden Modelljahr ebenfalls weiter perfektioniert. Wer auf das Aufstelldach verzichtete, konnte dafür ein kleines Hubdach in der Fahrzeugmitte ordern. Auch sonst sah ein Westfalia-Campingwagen S042 schon den heutigen Wohnmobilen sehr ähnlich. Über dem Motor war das Heckbett untergebracht, das zusammengeklappt die Rücksitzbank ergab. Seitlich davon gab es einen Kleiderschrank, an der linken Autoseite einen Klapptisch und rechts am Türausschnitt einen Küchenblock.

1968 wurde feierlich der 30000 Campingwagen seinem Besitzer übergeben...

...1971 produzierte Westfalia das 100000. Fahrzeug.

Für kalte Tage wurden Trennvorhänge zum Fahrerhaus angeboten, und da es ab Werk bereits eine Eberspächer Standheizung gab, mußte Westfalia nur eine Heizrohrverlängerung für 35 Mark liefern, um auch etwas Warmluft in den hinteren Wohnbereich zu bekommen.
Überhaupt: Das Experimentierstadium hatte man jetzt hinter sich gelassen. Es wurden keine VW-Transporter mit Wohnmöglichkeit mehr gebaut, sondern richtige Wohnmobile. Schon 1967 stand für 410 Mark ein mit zwölf und 220 Volt betreibbarer Elektrolux-Kühlschrank im Zubehörprogramm, der Benzinkocher war endgültig ersetzt durch Propangasgeräte, es gab zwei Dachvarianten – und jede Menge Aufträge.

Das 30000. Westfalia-Wohnmobil

Am 29. März 1968 rollte der 30000. Campingwagen vom Band (Tagesproduktion 55 Autos), am 7. Mai 1969 um 11.00 Uhr war es das 50000. Wohnmobil, am 11. Juni 1970 das 75000. und im September 1971 der 100000. VW-Camper.
Daß man bei Westfalia diese Erfolge nicht nur so hinnahm, sondern auch in Sachen Werbung ausnutzte, beweist eine Aktennotiz von 1969. Darin heißt es:

... und das 50000.

»Am 7. Mai 1969 gegen 11.00 Uhr läuft der 50000. VW-Campingwagen vom Band: Proforma wird der Wagen mit der Fahrgestellnummer 9179776 MKV 88058523907 (weiß) als der 50000. durchs Band gefahren und beschmückt. Herr Vollert hat Anweisung, dieses Fahrzeug zu fotografieren. Damit ein guter Fotoeffekt erzielt wird, ist als Nachfolgewagen am Band das Fahrzeug mit der Fahrgestellnummer 9179228 MKV 88058523331 (rot) einzuplanen. Die Übergabe des echten Wagens an den Kunden Mr. Robert Rentfrow erfolgt am 19. 5. 1969. Weitere Einzelheiten dazu werden noch bekanntgegeben.«

Die Krise

Aber die Euphorie, die sich in diesen Jahren des Erfolgs breit gemacht hatte, bekam ihren Dämpfer: 1973 stiegen die Ölpreise und vor allem die Amerikaner reagierten. Der Import von Wohnmobilen aus Deutschland ging um über 35 Prozent zurück und Westfalia, auf den US-Markt inzwischen stark angewiesen, mußte Mitarbeiter entlassen.

Modellflut in den 70er Jahren

Aber die Stagnation dauerte nur knapp 24 Monate. Bei Westfalia war man sich inzwischen zwar einig, was in einem Wohnmobil alles sein muß. Aber wie und wo man es unterbringt, galt noch als strittige Frage. Bevor die Westfalen 1978 den Mut fanden und den Kunden erklärten: »Hier steht der Joker – eine der vier Ausstat-

tungsvarianten ist auch für Sie richtig« – experimentierten sie noch sechs Jahre wild herum. Allein zwischen 1972 und 1978 wurden folgende Modellvarianten angeboten: Luxemburg, Los Angeles, Helsinki, Houston, Madrid, Miami, Mosaik, Düsseldorf, Malaga, Offenbach, Dallas, Berlin, Boston, Toronto.
Daß 1978 mit dem Joker dann ein Geniestreich glückte, bestreitet wohl kein Wohnmobilkenner. Was Ausstattung, Verarbeitung und Fahrsicherheit angeht, gehört dieses Auto zur Spitzenklasse.
Aber selbst wenn manche anderen Wohnmobile nicht mit dem soliden Finish oder mit Crashtests aufwarten können – eigene Qualitäten haben sie allemal.
Westfalia war zwar Vorreiter und viele, die nachher kamen, haben kräftig abgeschaut – aber einige haben das so pfiffig getan oder so gut selbstentwickelt, daß sich dem Käufer heute eine beachtliche Anzahl Alternativen bieten.

Modellkatalog
Wohnmobile und Vans

Arnold RM 20

Karosserie: Wände und Dach mit Mineralwolle isoliert und verkleidet. Boden aus Sperrholzplatte mit Teppichboden. Doppelfenster im Wohnbereich.
Dach: Seitlich aufstellbares Kunststoffdach mit Zeltstoff-Faltenbalg und Dachentlüfter.
Schränke: Möbel mit Kunststoffoberflächen. Heckschrank und Staukasten auf dem Motorraum. Querschrank unter dem Dachbett. Kleiderschrank hinter dem Fahrersitz.
Küche: Kombination etwa 90 cm breit, mit zweiflammigem Gasherd und Spüle. Absorber-Kühlschrank, 45 Liter Inhalt, für 12 Volt-, 220 Volt- oder Gasbetrieb.
Sitzgruppe: Polster-Rundsitzbank im Wagenheck, zum Teil über dem Motorkasten. Staukasten. Absenkbarer Tisch, drehbare Sitze im Fahrerhaus.
Gasanlage: 2 × 5 kg-Gasflaschen, Druckregler mit Eis-Ex-Anlage.
Wasseranlage: 3 × 15 Liter Frischwasser in Kanister, elektrische Wasserpumpe, Abwassertank.
Heizung: Kraftstoff-Umluftheizung, System Eberspächer, unter dem Wagenboden installiert.

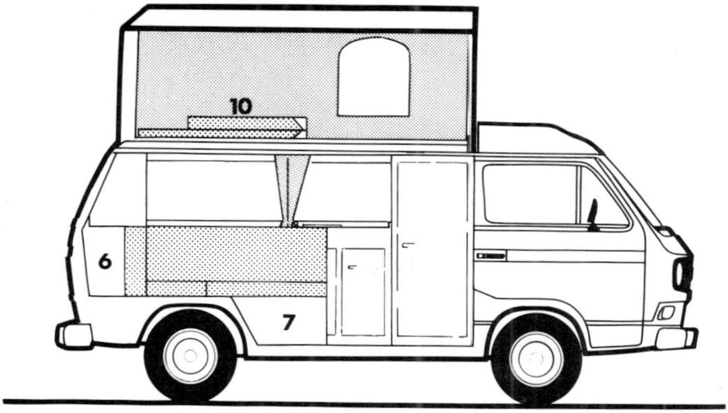

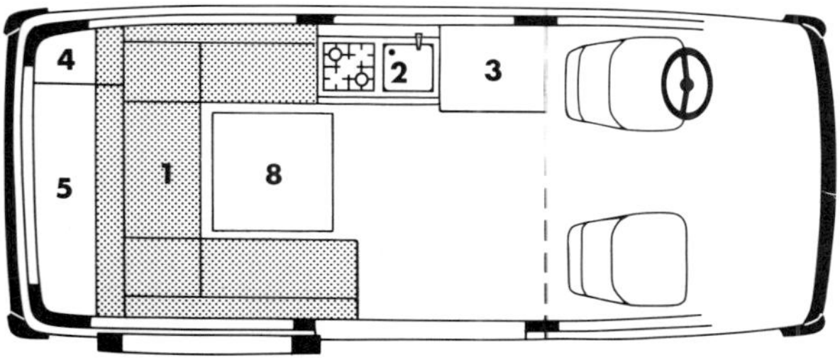

Bordelektrik: Zusatzbatterie 45 Ah mit Trennrelais und Netzladegerät. 220 Volt-Außenanschluß und Innensteckdose. 12 Volt-Transistorleuchte. Kontrollanzeige für Frischwasser, Zweitbatterie und Gasbetrieb des Kühlschranks.
Betten: 188 × 120 cm im Wagen. 185 × 122 cm im Aufstelldach. Zusätzliches Kinderbett im Fahrerhaus möglich.
Preis der Ausstattung: ab 13000 DM

Zubehör: Drehbare Sitze im Fahrerhaus, Trennvorhang.

Technische Daten

Außenmaße:	
Höhe	2100 mm
Länge	4570 mm
Breite	1850 mm
Innenmaße:	
Höhe max.	2500 mm
Breite	1670 mm
Gewicht:	
Leergewicht	1800 kg
Zuladung	560 kg

1 Rundsitzgruppe
2 Küche
3 Kleiderschrank
4 Wäscheschrank
5 Heckschrank
6 Stauraum
7 Staukasten
8 Tisch
9 Sitz
10 Dachbett

Bimobil Husky 300

Fahrzeug: Serienmäßiger Pritschenwagen, Einbau eines Durchstiegs vom Fahrerhaus zur Wohnkabine.
Aufbau: Absetzbare Wohnkabine in Sandwich-Bauweise, Wände und Dach mit 25 mm, Boden mit 50 mm Hartschaum isoliert, außen mit Aluminiumblech beschichtet.
Schränke: Möbel aus Tannen- und Fichtenholz. Kleider- und Wäscheschrank, Hängeschränke ringsum. Seitenschrank.
Küche: Kombination 86 cm breit. Zweiflammiger Gasherd und Spüle, Vorratsschrank, Besteckschublade. Absorber-Kühlschrank, 45 Liter Inhalt, für 12 Volt-, 220 Volt- oder Gasbetrieb.
Sitzgruppe: Zwei gegenüberliegende Polstersitzbänke 125 cm breit mit Staukästen. Absenkbarer Tisch 100 × 50 cm.
Gasanlage: 2 × 5 kg Gasflasche. Gasfach im Seitenschrank.
Wasseranlage: 2 × 15 Liter Wechselkanister. Elektrische Wasserpumpe. Automatikhähne. Naßzelle mit Handwaschbecken, gegen Aufpreis mit Dusche.
Heizung: Flüssiggas-Umluftheizung Trumatic E 2300 gegen Aufpreis.

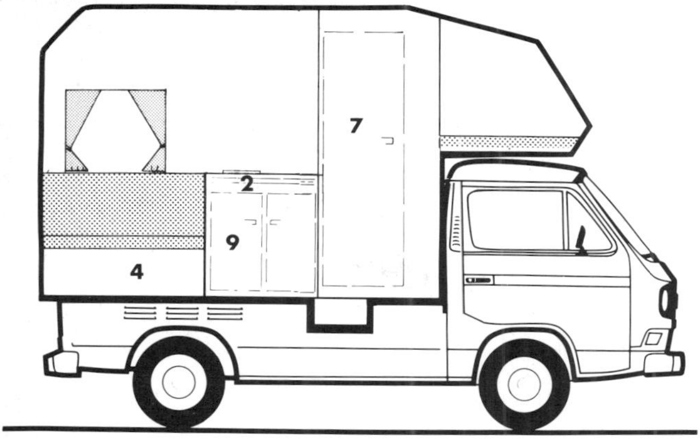

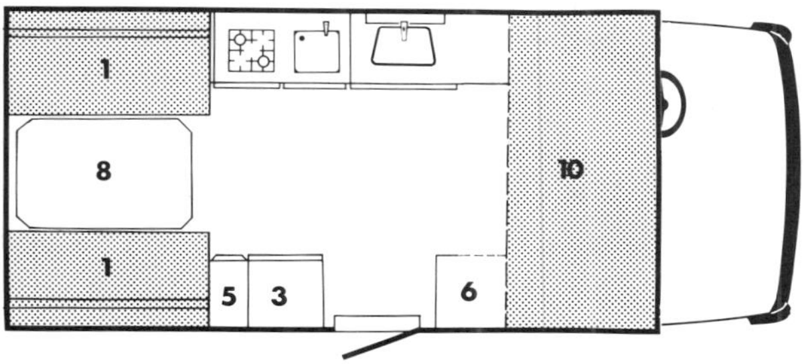

Bordelektrik: Zusatzbatterie 54 Ah mit Trennrelais. 12 Volt-Transistorleuchte. 220 Volt-Außenanschluß gegen Aufpreis.
Betten: 200 × 125 cm im Wagen. 200 × 125 cm im Alkoven über dem Fahrerhaus.
Preis der Kabine: ab 18290 DM

Zubehör: Wechseleinrichtung mit vier Stützen, Duschkabine, Durchstieg, Heizung, 12 Volt-Steckdose, Teppichboden.

Technische Daten

Außenmaße:	
Höhe	2900 mm
Länge	4800 mm
Breite	2100 mm
Innenmaße:	
Höhe	1900 mm
Breite	2000 mm
Gewicht:	
Leergewicht mit Aufbau	1760 kg
Zuladung	600 kg

1 Sitzbank
2 Küche
3 Kleiderschrank
4 Staukästen
5 Wäscheschrank
6 Seitenschrank
7 Naßzelle
8 Tisch
9 Vorratsschrank
10 Dachbett

Bimobil Windhund

Karosserie: Wände und Türen im Wohnraum mit Mineralwolle oder Hartschaum isoliert. Verkleidungen aus Sperrholz. Bodenplatte aus Sperrholz. Herausnehmbarer Teppichboden.
Dach: In Fahrtrichtung aufstellbares Schlafdach. Zeltstoff-Faltenbalg mit Reißverschlußklappe.
Schränke: Möbel aus Tannensperrholz mit Fichtenholzleisten. Kleider- und Stauschrank auf dem Motorraum. Nach oben offenes Ablagefach. Vorratsschrank.
Küche: Kombination 90 cm breit. Zweiflammiger Gasherd und Spüle. Geschirrschrank und Schubladen. Absorber-Kühlschrank, 45 Liter Inhalt, für 12 Volt-, 220 Volt- oder Gasbetrieb.
Sitzgruppe: Zweisitzige Polsterbank auf dem Motorraum, 120 cm breit, mit Klappbeschlägen. Tisch 80 × 50 cm mit herausnehmbarem Säulenfuß. Separater Sitzkasten.
Gasanlage: 2 × 5 kg Gasflaschen. Gasfach im Seitenschrank.
Wasseranlage: 2 × 13 Liter Wechselkanister im Seitenschrank. Elektrische Wasserpumpe. Automatikhahn.
Heizung: Flüssiggas-Umluftheizung Trumatic E 2800. Be- und Entlüftung seitlich nach außen. Im Küchenblock montiert.

Bordelektrik: 220 Volt-Außenanschluß und Innensteckdose. 12 Volt-Steckdose und Transistorleuchte.
Betten: 187 × 120 cm im Wagen bei ausgeklappter Sitzbank. 185 × 122 cm im Aufstelldach.
Preis der Ausstattung: 12500 DM

Zubehör: Ladegerät, Glaskippdach im Fahrerhaus, Hubdach statt Aufstelldach. Aluleiter an der Hecktür.

Technische Daten

Außenmaße:	
Höhe	2020 mm
Länge	4570 mm
Breite	1850 mm
Innenmaße:	
Höhe max.	2500 mm
Breite	1670 mm
Gewicht:	
Leergewicht	1750 kg
Zuladung	610 kg

1 Klappsitzbank
2 Küche
3 Kleiderschrank
4 Wäscheschrank
5 Vorratsschrank
6 Motorkasten-Polster
7 Staukasten
8 Tisch
9 Sitz
10 Dachbett

Bischofberger Kranich-Star 1

Fahrzeug: Transporter-Chassis mit Profilstahl-Verstärkung der Bodengruppe. Serienmäßiges Fahrerhaus.
Aufbau: Fest verschraubte Wohnkabine mit Stahlrohrgerippe, Wände mit 30 mm Hartschaum isoliert. Außen mit Aluminiumblech beschichtet.
Schränke: Möbel mit Kunststoffoberfläche. Kleider- und Wäscheschrank, Hängeschränke, Toilettenschrank.
Küche: Kombination 139 cm breit. Zweiflammiger Gasherd und Spüle, Vorrats- und Geschirrschrank, Besteckschublade. Absorber-Kühlschrank, 60 Liter Inhalt, für 12 Volt-, 220 Volt- oder Gasbetrieb.
Sitzgruppe: Polstersitzbank 196 cm breit und zwei Seitenbänke mit Staukästen. Absenkbarer Schwenktisch.
Gasanlage: 2 × 5 kg Gasflasche. Gasfach mit Außenklappe.
Wasseranlage: Fest installierter 100 Liter-Frischwassertank. Elektrische Wasserpumpen. Abwassertank 70 Liter. Naßzelle mit Dusche und Handwaschbecken. Warmwasserbereiter.
Heizung: Flüssiggas-Umluftheizung Trumatic S 3002. Im Kleiderschrank eingebaut.

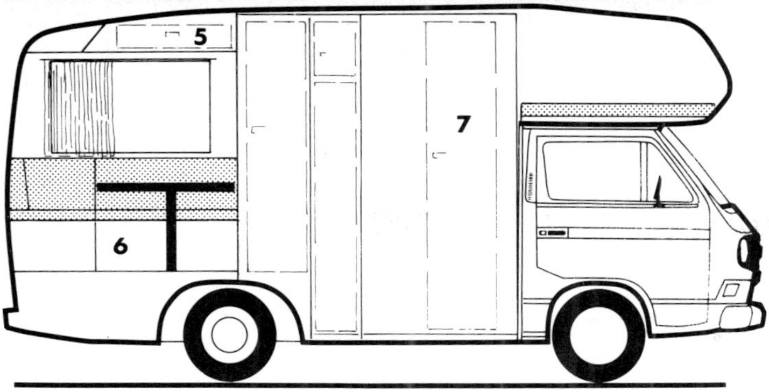

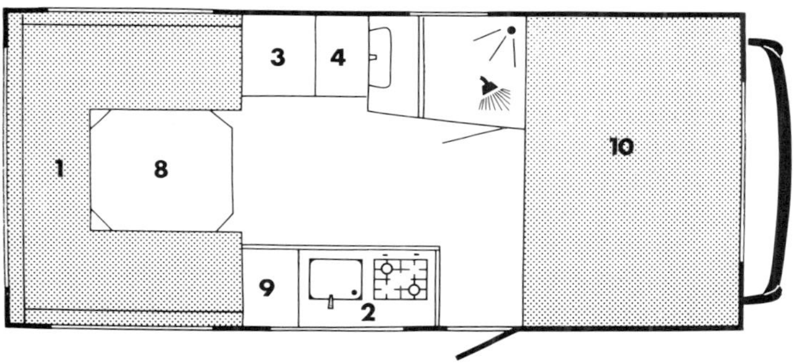

Bordelektrik: Zusatzbatterie 54 Ah mit Trennrelais und Netzladegerät. 220 Volt-Außenanschluß und Innensteckdose. 12 Volt-Transistorleuchten.
Betten: 196 × 146 cm im Wagen. 196 × 130 cm im Alkoven über dem Fahrerhaus.
Fahrzeugpreis: ab 49320 DM

Zubehör: Vorzelt, Sonnendach, Sonderlackierung.

Technische Daten

Außenmaße:	
Höhe	2720 mm
Länge	5200 mm
Breite	2070 mm
Innenmaße:	
Höhe	1950 mm
Breite	1960 mm
Gewicht:	
Leergewicht mit	1860 kg
Aufbau	1860 kg
Zuladung	500 kg

1 Sitzbank
2 Küche
3 Kleiderschrank
4 Wäscheschrank
5 Dachschrank
6 Staukasten
7 Waschraum
8 Tisch
9 Vorratsschrank
10 Dachbett

Boehm Liberty Van

Karosserie: Wände, Türen und Dach mit Mineralwolle oder Hartschaum isoliert. Wand- und Dachverkleidungen mit Velour oder Kunstleder bespannt. Bodenplatte aus Sperrholz mit Teppichbelag. Getönte Fenster.
Dach: Spezielles Kunststoff-Hochdach mit Doppelfenster und Dachlüfter, begehbar und als Gepäckträger nutzbar. Dachkasten mit Barschrank und Farbfernseher.
Küche: Kombination 60 cm breit. Zweiflammiger Gasherd und Spüle, Abdeckhaube. Geschirrschrank und Besteckschublade. Absorber-Kühlschrank, 45 Liter Inhalt, für 12 Volt-, 220 Volt- oder Gasbetrieb.
Sitzgruppe: Dreisitzige Polsterbank mit Klappbeschlägen, 160 cm breit, Schwenktisch, separater Drehsessel und Tisch mit Säulenfuß. Fahrer- und Beifahrersitz drehbar.
Gasanlage: 5 kg Gasflasche im separaten Gasfach.
Wasseranlage: 20 Liter Wechselkanister in der Küchenkombination. Elektrische Wasserpumpe und Automatikhahn. Warmwasserbereiter.
Heizung: Gegen Aufpreis Kraftstoff-Umluftheizung, System Eberspächer, unter dem Wagenboden installiert.

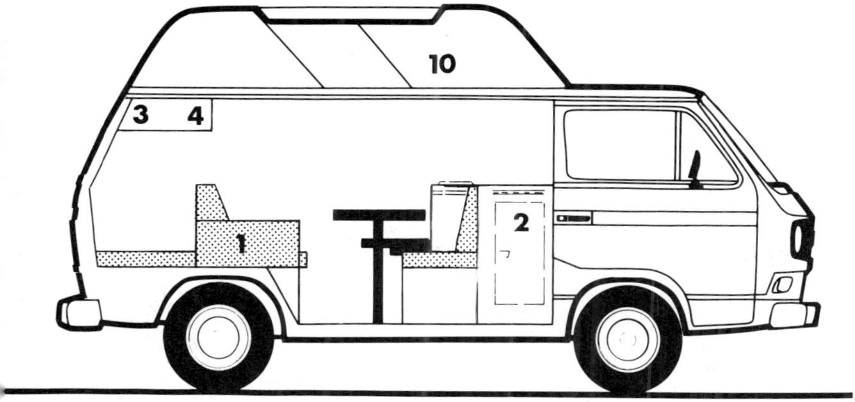

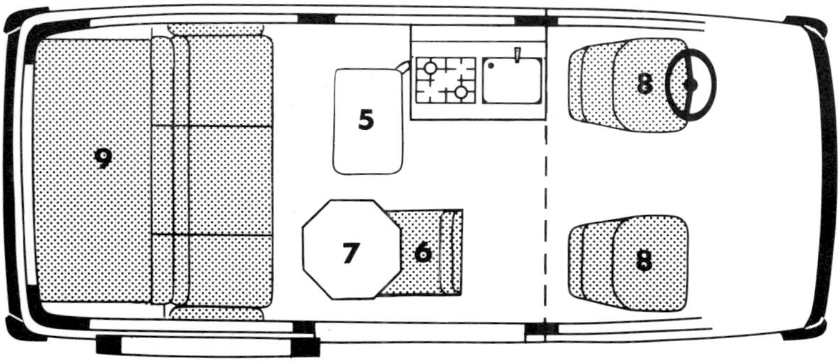

Bordelektrik: Zusatzbatterie 45 Ah mit Trennrelais und Netzladegerät. 220 Volt-Außenanschluß und Innensteckdose. 12 Volt-Transistorleuchte.
Betten: Dreisitzige Polstersitzbank im Heck umbaubar zur Liege, 185 × 165 cm.
Preis der Ausstattung: ab 24000 DM mit Hochdach.

Technische Daten

Außenmaße:	
Höhe	2250 mm
Länge	4570 mm
Breite	1850 mm
Innenmaße:	
Höhe	1750 mm
Breite	1670 mm
Gewicht:	
Leergewicht	1750 kg
Zuladung	610 kg

1 Klappsitzbank
2 Küche
3 Fernseher
4 Bar
5 Schwenktisch
6 Drehsessel
7 Tisch mit Säulenfuß
8 Drehsitze
9 Motorkasten-Polster
10 Spezialdach

Dehler Profi

Karosserie: Wände innen isoliert und mit Stoff verkleidet. Doppelfenster. Bodenplatte aus Sperrholz mit PVC-Oberfläche.
Dach: Spezielles Kunststoff-Hochdach in Sandwich-Bauweise. Eingeformter Gepäckträger. Doppelverglaste Schiebeluke.
Schränke: Möbel mit Kunststoffoberflächen. Kleider- und Wäscheschrank links und rechts auf dem Motorraum. Dachstaukasten über dem Fahrerhaus. Seitlicher Schrank neben der Sitzbank. Schrank mit ausklappbarem Waschbecken.
Küche: Kombination 70 cm breit. Mit zweiflammigem, ausklappbarem Gasherd gegen Aufpreis. Spüle, Schrank und Kompressor-Kühlschrank, 28 Liter Inhalt.
Sitzgruppe: Zweisitzige, verstellbare Polstersitzbänke, ca. 100 cm breit. Einhängetisch 70 × 70 cm mit ausklappbaren Seitenteilen. Fernsehgerät im Dachbereich über dem Fahrerhaus.
Gasanlage: 3 kg Campinggas-Flasche im Küchenblock.
Wasseranlage: Fest installierter 40 Liter-Frischwassertank. Elektrische Wasserpumpe. 30 Liter-Abwassertank.
Heizung: Kraftstoff-Umluftheizung, System Eberspächer, unter dem Wagenboden installiert.
Bordelektrik: Automatisches Netzladegerät. 220 Volt-Außenanschluß und Innensteckdose. 12 Volt-Transistorleuchten. Kontrollanzeige für Batterie-Ladezustand.

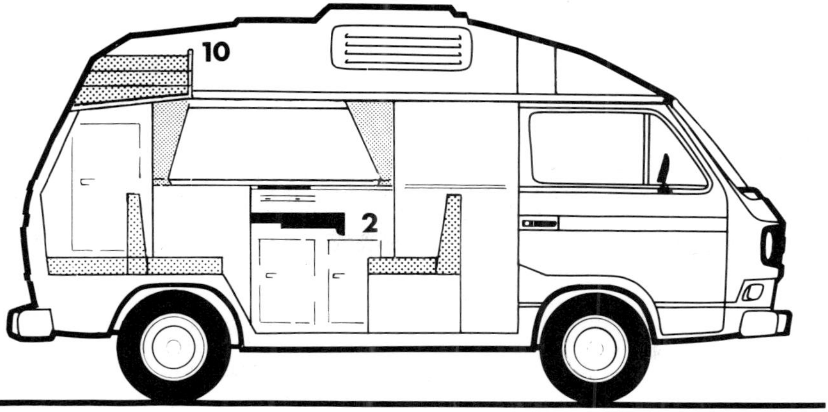

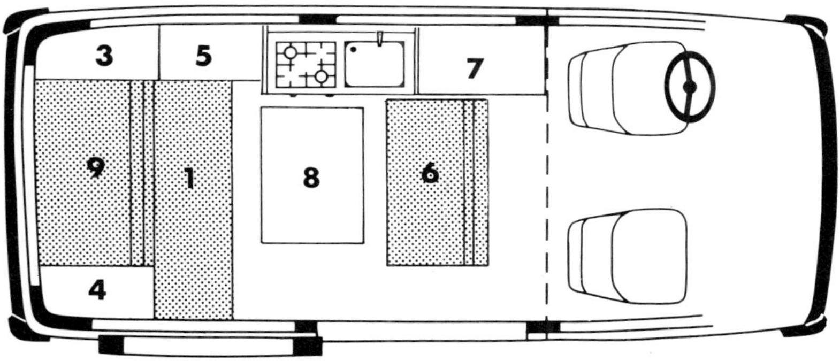

Betten: 188 × 100 cm im Wagen. 180 × 115 cm im Dachbereich gegen Aufpreis.
Preis der Ausstattung: ab 24700 DM

Zubehör: Sonnendach, Dusche mit Klappwanne, Einzelsitze statt Mittelsitzbank. Zweitbatterie mit Trennrelais.

Technische Daten

Außenmaße:	
Höhe	2370 mm
Länge	4590 mm
Breite	1850 mm
Innenmaße:	
Höhe	1920 mm
Breite	1670 mm
Gewicht:	
Leergewicht	1755 kg
Zuladung	605 kg

1 Klappsitzbank
2 Küche
3 Kleiderschrank
4 Wäscheschrank
5 Kühlbox
6 Sitzbank
7 Naßzelle
8 Tisch
9 Gepäckraum
10 Dachbett

EMU Reisemobil

Karosserie: Wände und Türen im Wohnraum mit Mineralwolle oder Hartschaum isoliert. Verkleidungen aus Sperrholz. Bodenplatte aus Sperrholz mit PVC-Belag. Gardinen an allen Fenstern.
Dach: Seitlich, über die gesamte Wagenlänge aufstellbares Kunststoffdach mit Lüfterklappe. Zeltstoff-Faltenbalg mit Reißverschlußklappe.
Schränke: Möbel mit Kunststoffoberflächen. Kleider- und Stauschrank auf dem Motorraum. Dachstaukasten unter dem Dachbett.
Küche: Kombination 60 cm breit. Zweiflammiger Gasherd und Spüle, Abdeckhaube und Besteckschublade. Absorber-Kühlschrank, 45 Liter Inhalt, für 12 Volt-, 220 Volt- oder Gasbetrieb.
Sitzgruppe: Dreisitzige Polsterbank mit Klappbeschlägen, 160 cm breit, Staukasten mit 250 Liter Inhalt, Sitzkasten hinter dem Fahrersitz, Klapptisch an der Wand.
Gasanlage: 5 kg Gasflasche. Gasfach im Sitzkasten.
Wasseranlage: 25 Liter Wechselkanister im Sitzkasten. Elektrische Wasserpumpe und Automatikhahn.
Heizung: Flüssiggas-Umluftheizung Trumatic. Be- und Entlüftung seitlich nach außen.
Bordelektrik: 220 Volt-Außenanschluß und Doppel-Innensteckdose. 12 Volt-Transistorleuchte.

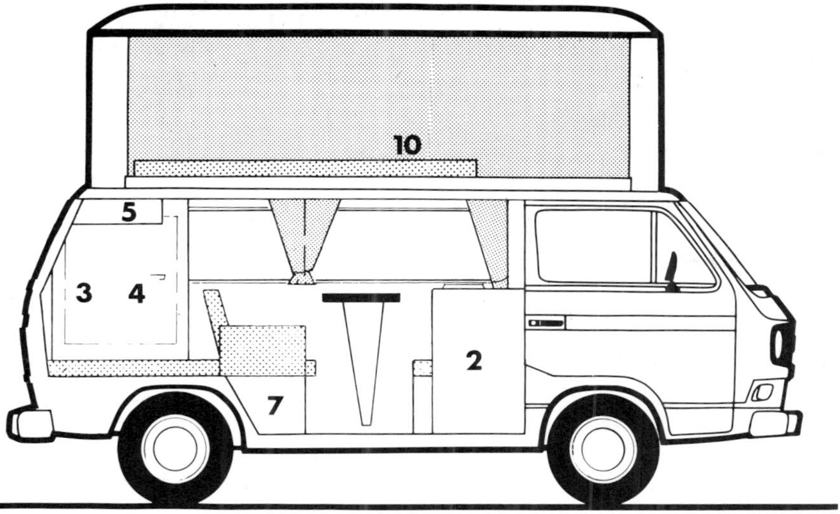

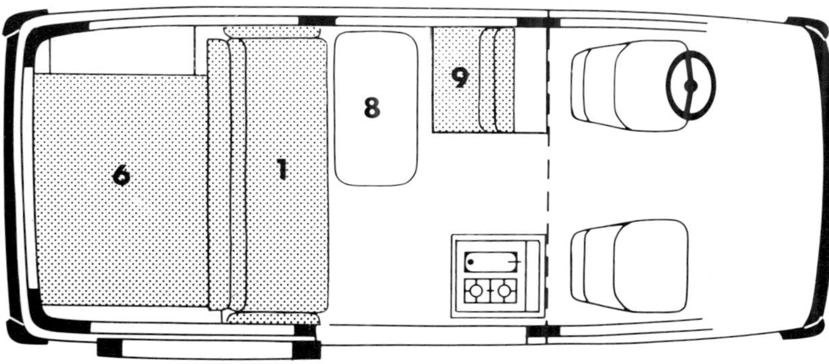

Betten: 188 × 120 cm im Wagen. 188 × 120 cm im Aufstelldach. Zusätzliches Kinderbett im Fahrerhaus möglich.
Preis der Ausstattung: ab 9450 DM

Zubehör: Doppelfenster, Zweitbatterie, Fahrerhaus-Gardine.

Technische Daten

Außenmaße:	
Höhe	2210 mm
Länge	4570 mm
Breite	1850 mm
Innenmaße:	
Höhe ca.	2500 mm
Breite	1670 mm
Gewicht:	
Leergewicht	1750 kg
Zuladung	610 kg

1 Klappsitzbank
2 Küche
3 Kleiderschrank
4 Wäscheschrank
5 Dachstaukasten
6 Motorkasten-Polster
7 Staukasten
8 Tisch
9 Sitz
10 Dachbett

Haas Royal S

Karosserie: Wände und Türen im Wohnraum mit Mineralwolle oder Hartschaum isoliert. Verkleidungen aus Sperrholz. Bodenplatte mit PVC-Belag. Gardinen an allen Fenstern.
Dach: In Fahrtrichtung aufstellbares Kunststoffdach. Zeltstoff-Faltenbalg mit Reißverschlußklappe. Gepäckwanne über dem Fahrerhaus.
Schränke: Möbel mit Kunststoffoberflächen. Kleider- und Stauschrank links und rechts auf dem Motorraum. Dachstaukasten unter dem Dachbett. Seitlicher Schrank neben der Sitzbank.
Küche: Kombination 60 cm breit. Zweiflammiger Gasherd, Spüle und Besteckschubladen. Absorber-Kühlschrank, 45 Liter Inhalt, für 12 Volt-, 220 Volt- oder Gasbetrieb.
Sitzgruppe: Zweisitzige Polsterbank mit Klappbeschlägen, 120 cm breit, Staukasten mit 200 Liter Inhalt, Schwenktisch 80 × 40 cm. Seitlicher Sitzkasten mit WC-Auszug.
Gasanlage: 1 × 5 kg Gasflasche. Gasfach in der Küchenkombination.
Wasseranlage: 13 Liter Wechselkanister in der Küchenkombination. Elektrische Wasserpumpe und Automatikhahn.
Heizung: Gegen Aufpreis Flüssiggas-Umluftheizung Trumatic. Be- und Entlüftung seitlich nach außen. Hinter dem Beifahrersitz montiert.

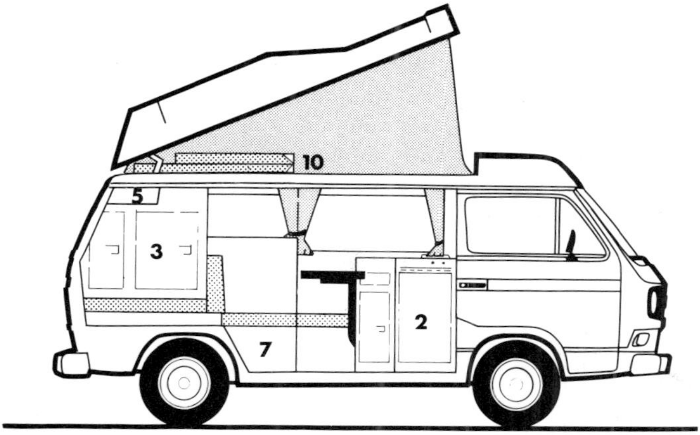

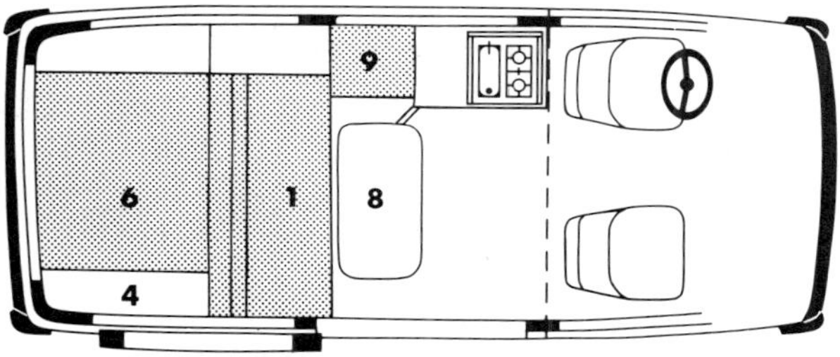

Bordelektrik: 12 Volt-Steckdose. 220 Volt-Außenanschluß und Innensteckdose. 12 Volt-Transistorleuchten.
Betten: 185 × 132 cm im Wagen. 185 × 122 cm im Aufstelldach. Zusätzliches Kinderbett im Fahrerhaus möglich.
Preis der Ausstattung: ab 9585 DM

Zubehör: Doppelfenster, Frontspoiler und Heckverkleidung, Leichtmetallräder.

Technische Daten

Außenmaße:	
Höhe	2220 mm
Länge	4570 mm
Breite	1850 mm
Innenmaße:	
Höhe	2130 mm
Breite	1670 mm
Gewicht:	
Leergewicht	1750 kg
Zuladung	610 kg

1 Klappsitzbank
2 Küche
3 Kleiderschrank
4 Wäscheschrank
5 Dachstaukasten
6 Motorkasten-Polster
7 Staukasten
8 Tisch
9 Sitzkasten
10 Dachbett

Höhn Road-Ranger 190

Fahrzeug: Serienmäßiger Pritschenwagen, Ausschnitt in der Ladefläche und Durchstieg zur Wohnkabine.
Aufbau: Absetzbare Wohnkabine in Sandwich-Bauweise, Wände, Dach und Bodenplatte mit Hartschaum isoliert. Außen mit Aluminiumblech beschichtet.
Schränke: Möbel mit Kunststoffoberfläche. Kleider- und Wäscheschrank, Hängeschrank für Geschirr.
Küche: Kombination ca. 60 cm breit. Zweiflammiger Gasherd und Spüle, gegen Auspreis Kompressor-Kühlbox, 25 Liter Inhalt, für 12 Volt- oder 220 Volt-Betrieb.
Sitzgruppe: Auf dem Motorkasten und davor je zwei gegenüberliegende Polstersitzbänke mit Staukästen. Absenkbare Tische.
Gasanlage: 3 kg Campinggas-Flasche. Gasfach im Küchenschrank.
Wasseranlage: 2 × 15 Liter Wechselkanister in der Küchenkombination. Elektrische Wasserpumpe, Automatikhahn.
Heizung: Flüssiggas-Umluftheizung Trumatic gegen Aufpreis. Im Kleiderschrank eingebaut.
Bordelektrik: Zusatzbatterie 45 Ah mit Trennrelais und Netzladegerät mit 220 Volt-Außenanschluß gegen Aufpreis.

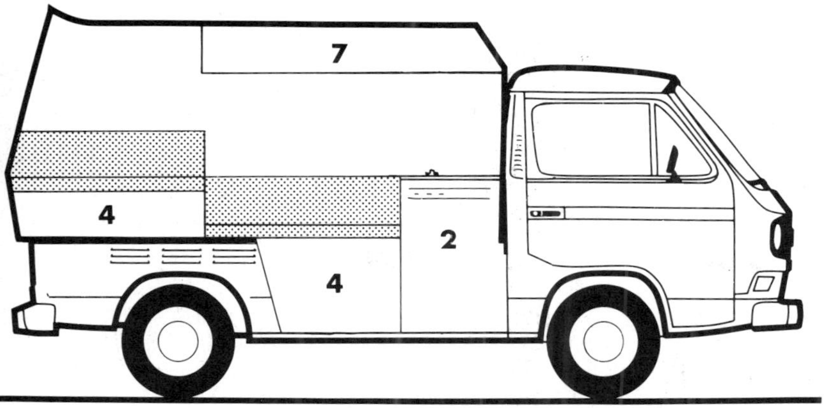

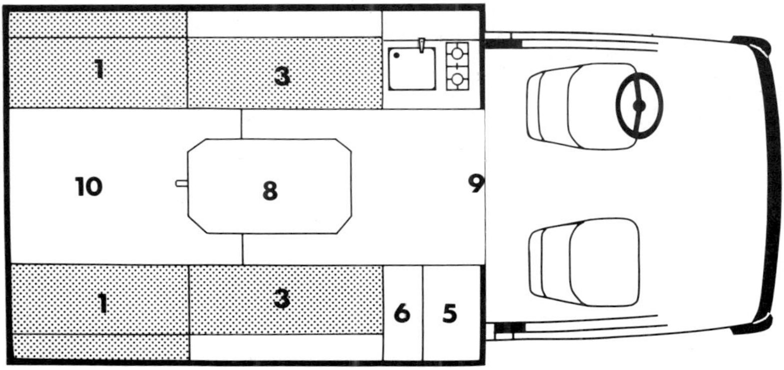

Betten: 190 × 120 cm und 190 × 130 cm im Wagen. Dachbett im Alkoven über dem Fahrerhaus.
Preis der Kabine: ab 14125 DM

Zubehör: Gepäckträger, Vorzelt, Spezialsitze.

Technische Daten

Außenmaße:	
Höhe	2400 mm
Länge	4800 mm
Breite	2000 mm
Innenmaße:	
Höhe	1800 mm
Breite	1900 mm
Gewicht:	
Leergewicht mit	
Aufbau	1760 kg
Zuladung	600 kg

1 Sitzbank oben
2 Küche
3 Sitzbank unten
4 Staukasten
5 Kleiderschrank
6 Wäscheschrank
7 Dachstaukästen
8 Tisch
9 Durchstieg
10 Motorkasten

Höhn Road-Ranger DK

Fahrzeug: Serienmäßige Doppelkabine, Ausschnitt in der Ladefläche und Durchstieg zur Wohnkabine.
Aufbau: Absetzbare Wohnkabine in Sandwich-Bauweise, Wände, Dach und Bodenplatte mit Hartschaum isoliert. Außen mit Aluminiumblech beschichtet.
Schränke: Möbel mit Kunststoffoberfläche. Kleider- und Wäscheschrank, Hängeschrank für Geschirr.
Küche: Kombination ca. 60 cm breit. Zweiflammiger Gasherd und Spüle, gegen Auspreis Kompressor-Kühlbox, 25 Liter Inhalt, für 12 Volt- oder 220 Volt-Betrieb.
Sitzgruppe: Auf dem Motorkasten zwei gegenüberliegende Polstersitzbänke mit Staukästen. Absenkbarer Tisch. Gegen Aufpreis in der Doppelkabine vier drehbare Einzelsitze und Schwenktisch.
Gasanlage: 3 kg Campinggas-Flasche. Gasfach im Küchenschrank.
Wasseranlage: 2 × 15 Liter Wechselkanister in der Küchenkombination. Elektrische Wasserpumpe, Automatikhahn.
Heizung: Flüssiggas-Umluftheizung Trumatic gegen Aufpreis. Im Kleiderschrank eingebaut.

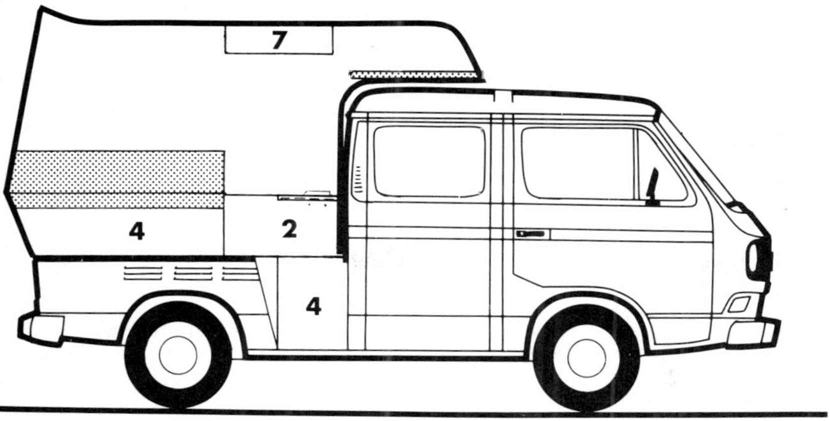

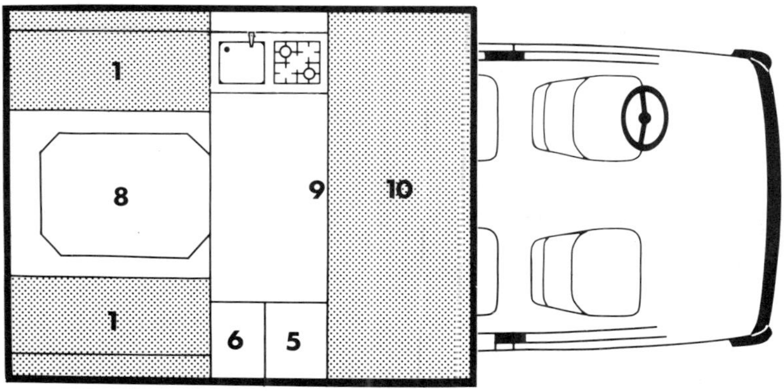

Bordelektrik: Zusatzbatterie 45 Ah mit Trennrelais und Netzladegerät mit 220 Volt-Außenanschluß gegen Aufpreis.
Betten: 190 × 120 cm im Wagen. Dachbett im Alkoven über dem Fahrerhaus.
Preis der Kabine: ab 16385 DM

Zubehör: Gepäckträger, Vorzelt, Spezialsitze.

Technische Daten

Außenmaße:	
Höhe	2600 mm
Länge	4800 mm
Breite	2000 mm
Innenmaße:	
Höhe	1900 mm
Breite	1900 mm
Gewicht:	
Leergewicht mit Aufbau	1760 kg
Zuladung	600 kg

1 Sitzbank
2 Küche
3 Drehsitze
4 Staukasten
5 Kleiderschrank
6 Wäscheschrank
7 Dachstaukästen
8 Tisch
9 Durchstieg
10 Dachbett

Höhn Road-Ranger DKL

Fahrzeug: Serienmäßige Doppelkabine, Ausschnitt in der Ladefläche und Durchstieg zur Wohnkabine.
Aufbau: Absetzbare Wohnkabine in Sandwich-Bauweise, Wände, Dach und Bodenplatte mit Hartschaum isoliert. Außen mit Aluminium beschichtet.
Schränke: Möbel mit Kunststoffoberfläche. Kleider- und Wäscheschrank, Hängeschrank für Geschirr.
Küche: Kombination ca. 60 cm breit. Zweiflammiger Gasherd und Spüle, gegen Aufpreis Kompressor-Kühlbox, 25 Liter Inhalt, für 12 Volt- oder 220 Volt-Betrieb.
Sitzgruppe: Auf dem Motorkasten zwei gegenüberliegende Polstersitzbänke mit Staukästen. Absenkbarer Tisch. Gegen Aufpreis in der Doppelkabine vier drehbare Einzelsitze und Schwenktisch.
Gasanlage: 3 kg Campinggas-Flasche. Gasfach im Küchenschrank.
Wasseranlage: 2 × 15 Liter Wechselkanister in der Küchenkombination. Naßzelle im Wagenheck. Elektrische Wasserpumpe und Automatikhahn.
Heizung: Flüssiggas-Umluftheizung Trumatic gegen Aufpreis. Im Kleiderschrank eingebaut.

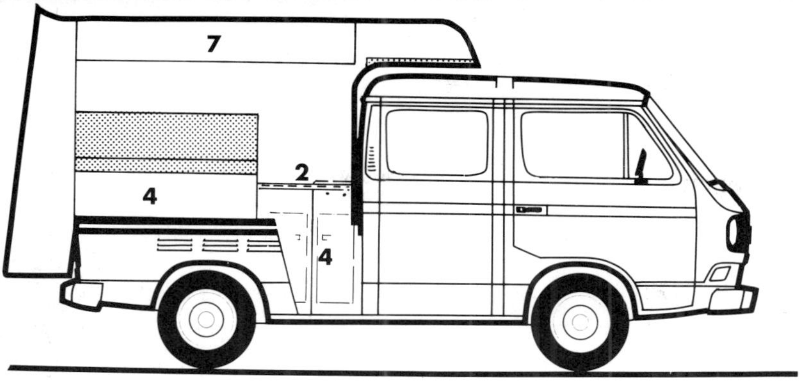

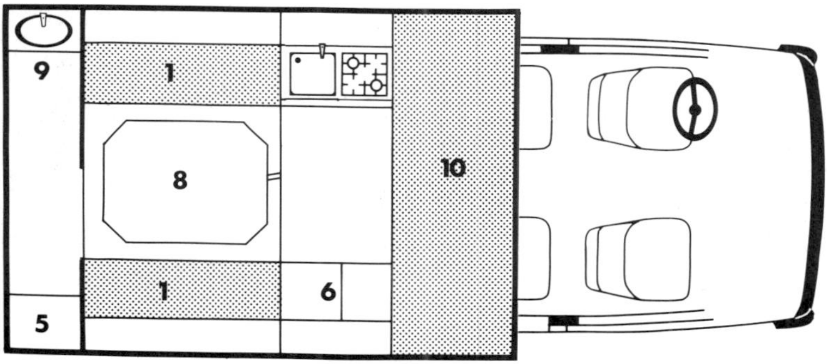

Bordelektrik: Zusatzbatterie 45 Ah mit Trennrelais und Netzladegerät mit 220 Volt-Außenanschluß gegen Aufpreis.
Betten: 190 × 120 cm im Wagen. Dachbett im Alkoven über dem Fahrerhaus.
Preis der Kabine: ab 18645 DM

Zubehör: Gepäckträger, Vorzelt, Spezialsitze.

Technische Daten

Außenmaße:	
Höhe	2600 mm
Länge	5400 mm
Breite	2000 mm
Innenmaße:	
Höhe	1900 mm
Breite	1900 mm
Gewicht:	
Leergewicht mit Aufbau	1800 kg
Zuladung	560 kg

1 Sitzbank
2 Küche
3 Drehsitze
4 Staukasten
5 Kleiderschrank
6 Wäscheschrank
7 Dachstaukästen
8 Tisch
9 Naßzelle
10 Dachbett

Karmann Mobil Gipsy

Fahrzeug: Transporter-Chassis mit Profilstahl-Verstärkung der Bodengruppe. Serienmäßiges Fahrerhaus.
Aufbau: Fest verschraubte Wohnkabine in Holzrahmen-Bauweise, Wände mit 25 mm Hartschaum isoliert. Außen mit Aluminiumblech beschichtet.
Schränke: Möbel mit Kunststoffoberfläche. Kleider- und Wäscheschrank, Hängeschrank für Geschirr, Toilettenschrank mit Spiegel.
Küche: Kombination 90 cm breit. Zweiflammiger Gasherd und Spüle, Vorrats- und Geschirrschrank. Absorber-Kühlschrank, 60 Liter Inhalt, für 12 Volt-, 220 Volt- oder Gasbetrieb.
Sitzgruppe: Polstersitzbank 190 cm breit und zwei Einzelsitze mit Staukästen. Absenkbarer Schwenktisch.
Gasanlage: 2 × 5 kg Gasflasche. Gasfach im Kleiderschrank.
Wasseranlage: Fest installierter 60 Liter-Frischwassertank. Elektrische Wasserpumpe. Abwassertank 60 Liter. Naßzelle mit Dusche und Handwaschbecken. Warmwasserbereiter.
Heizung: Flüssiggas-Umluftheizung Trumatic C 3300. Im Sitzkasten eingebaut.

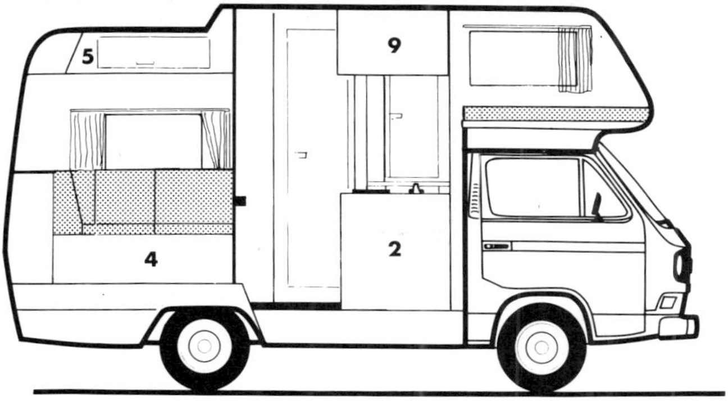

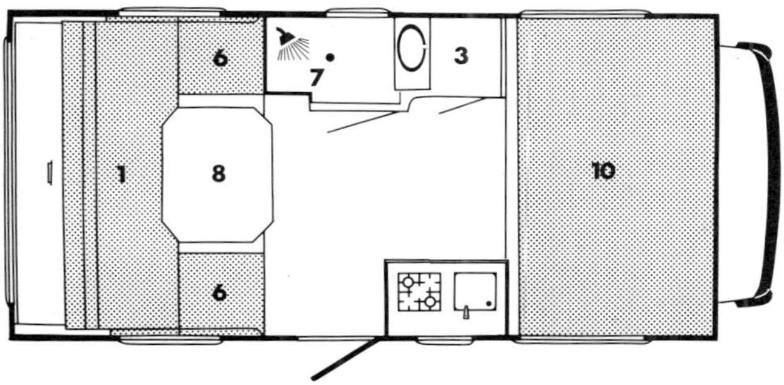

Bordelektrik: Zusatzbatterie 54 Ah mit Trennrelais und Netzladegerät. 220 Volt-Außenanschluß und zwei Innensteckdosen. 12 Volt-Transistorleuchten.
Betten: 190 × 150 cm im Wagen. 190 × 130 cm im Alkoven über dem Fahrerhaus.
Preis des Aufbaus: ab 26617 DM

Zubehör: Vorzelt, Sonnendach, Leichtmetallräder.

Technische Daten

Außenmaße:	
Höhe	2600 mm
Länge	4800 mm
Breite	2050 mm
Innenmaße:	
Höhe	1930 mm
Breite	1900mm
Gewicht:	
Leergewicht mit Aufbau	1950 kg
Zuladung	410 kg

1 Sitzbank
2 Küche
3 Kleiderschrank
4 Staukasten
5 Dachschrank
6 Seitensitz
7 Waschraum
8 Tisch
9 Hängeschrank
10 Dachbett

Niesmann Clou up

Fahrzeug: Serienmäßiger Pritschenwagen, Einbau eines Durchstiegs vom Fahrerhaus zur Wohnkabine.
Aufbau: Absetzbare Wohnkabine in Sandwich-Bauweise, Wände, Dach und Boden isoliert mit 50 mm Hartschaum, außen und innen mit Aluminiumblech beschichtet. GFK-Unterseite.
Schränke: Möbel mit Kunststoffoberfläche. Kleider- und Wäscheschrank, Hängeschrank für Geschirr.
Küche: Kombination 86 cm breit. Zweiflammiger Gasherd und Spüle, Vorratsschrank, Besteckschublade. Absorber-Kühlschrank, 60 Liter Inhalt, für 12 Volt-, 220 Volt- oder Gasbetrieb.
Sitzgruppe: Zwei gegenüberliegende Polstersitzbänke 100 cm breit und 70 cm breit mit Staukästen. Ein absenkbarer Tisch 100 × 50 cm.
Gasanlage: 11 kg Gasflasche. Gasfach im Sitzbank-Staukasten.
Wasseranlage: Fest installierter Frischwassertank und Abwassertank. Druckwasserpumpe und Ausgleichbehälter. Waschraum mit klappbarem Handwaschbecken, WC und Dusche.
Heizung: Flüssiggas-Umluftheizung Trumatic S 3002. Im Kleiderschrank eingebaut.

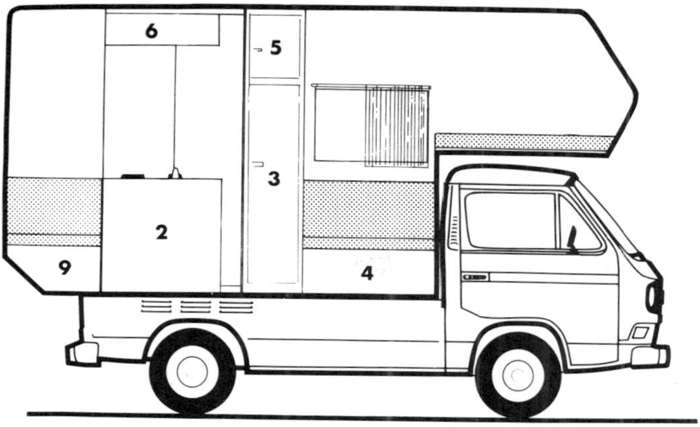

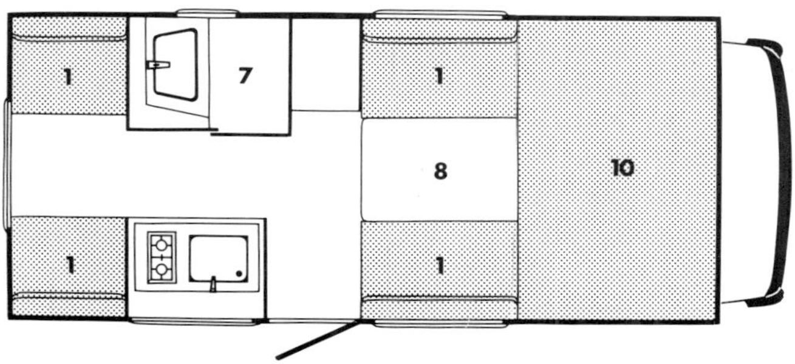

Bordelektrik: Zusatzbatterie 54 Ah mit Trennrelais und Netzladegerät. 220 Volt-Außenanschluß und Innensteckdosen. 12 Volt-Transistorleuchten.

Betten: 190 × 100 cm im Wagen. 190 × 130 cm im Alkoven über dem Fahrerhaus.

Preis der Kabine: ca. 22000 DM.

Zubehör: Warmwasserboiler, Klimaanlage, Dachgepräckträger, Markise.

Technische Daten

Außenmaße (etwa):	
Höhe	2600 mm
Länge	5200 mm
Breite	2000 mm
Innenmaße (etwa):	
Höhe	1850 mm
Breite	1900 mm
Gewicht (etwa):	
Leergewicht mit Aufbau	2000 kg
Zuladung	360 kg

1 Sitzbank
2 Küche
3 Kleiderschrank
4 Staukasten
5 Wäscheschrank
6 Hängeschrank
7 Waschraum
8 Tisch
9 Heckstauraum
10 Dachbett

Over-Van Cavallo

Karosserie: Wände und Türen im Wohnraum mit Mineralwolle oder Hartschaum isoliert. Verkleidet mit Teppichboden. Bodenplatte aus Sperrholz mit PVC-Belag. Gardinen an allen Fenstern.
Dach: Seitlich aufstellbares Kunststoffdach mit Dachlüfter, verstellbarer Dachhaube, Fenster und Zeltstoff-Faltenbalg.
Schränke: Möbel mit Kunststoffoberflächen. Kleider- und Stauschrank auf dem Motorraum. Dachstaukasten unter dem Dachbett. Seitlicher Schrank neben der Sitzbank.
Küche: Kombination 50 cm breit. Zweiflammiger Gasherd und Spüle, Abdeckhaube. Absorber-Kühlschrank, 45 Liter Inhalt, für 12 Volt-, 220 Volt- oder Gasbetrieb.
Sitzgruppe: Zweisitzige Polsterbank mit Klappbeschlägen, 120 cm breit, Staukasten mit 200 Liter Inhalt, Klapptisch am seitlichen Schrank. Ausziehbarer Sitzkasten.
Gasanlage: 2 × 5 kg Gasflaschen. Gasfach im Seitenschrank.
Wasseranlage: Fest installierter 45 Liter-Frischwassertank. Druckwasserpumpe, abschließbarer Außenfüllstutzen, Füllstandanzeige und Abwassertank.
Heizung: Flüssiggas-Umluftheizung Trumatic. Be- und Entlüftung seitlich nach außen. Hinter dem Fahrersitz montiert.

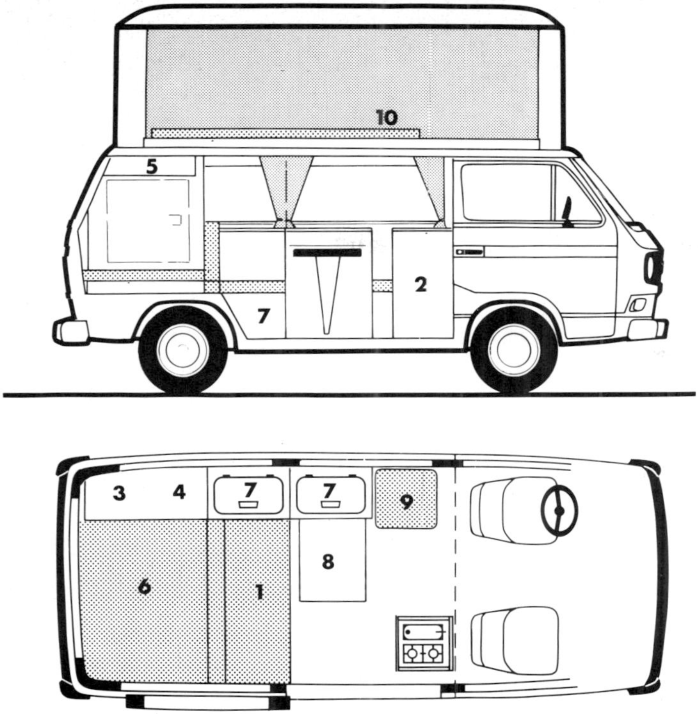

Bordelektrik: Zusatzbatterie 45 Ah mit Trennrelais und Netzladegerät. 220 Volt-Außenanschluß und Innensteckdose. 12 Volt-Transistorleuchte.
Betten: 185 × 120 cm im Wagen. 185 × 122 cm im Aufstelldach. Zusätzliches Kinderbett im Fahrerhaus möglich.
Preis der Ausstattung: 10350 DM

Zubehör: Doppelfenster, Alarmanlage, Stereoanlage, Drehsitze im Fahrerhaus.

Technische Daten

Außenmaße:	
Höhe	2100 mm
Länge	4570 mm
Breite	1850 mm
Innenmaße:	
Höhe max.	2300 mm
Breite	1670 mm
Gewicht:	
Leergewicht	1750 kg
Zuladung	610 kg

1 Klappsitzbank
2 Küche
3 Kleiderschrank
4 Wäscheschrank
5 Dachstaukasten
6 Motorkasten-Polster
7 Staukasten
8 Tisch
9 Sitz
10 Dachbett

TEC Cassandra

Karosserie: Wände, Dach und Türen mit Teppich verkleidet, aber ohne Isolierung. Bodenplatte aus Sperrholz mit PVC- oder Teppichbelag. Gardinen an allen Fenstern.
Dach: Seitlich, über die gesamte Wagenlänge aufstellbares Kunststoffdach mit Lüfterklappe. Zeltstoff-Faltenbalg mit Reißverschlußklappe.
Schränke: Möbel mit Kunststoffoberflächen oder Teppichbelag. Kleider- und Stauschrank auf dem Motorraum. Dachstaukasten. Seitlicher Staukasten neben der Sitzbank.
Küche: Kombination 48 cm breit. Zweiflammiger Gasherd und Spüle, Abdeckhaube. Geschirrschrank und Besteckschublade. Absorber-Kühlschrank, 30 Liter Inhalt, für 12 Volt-, 220 Volt- oder Gasbetrieb.
Sitzgruppe: Zweisitzige Polsterbank mit umklappbarer Lehne, 120 cm breit, Staukasten, abnehmbarer Tisch mit Säulenfuß. Separater Sitzkasten hinter Beifahrersitz.
Gasanlage: 11 kg Gasflasche im separaten Staufach.
Wasseranlage: Transportabler 30 Liter-Frischwassertank. Elektrische Wasserpumpe.
Heizung: Kraftstoff-Umluftheizung, System Eberspächer unter dem Wagenboden installiert.

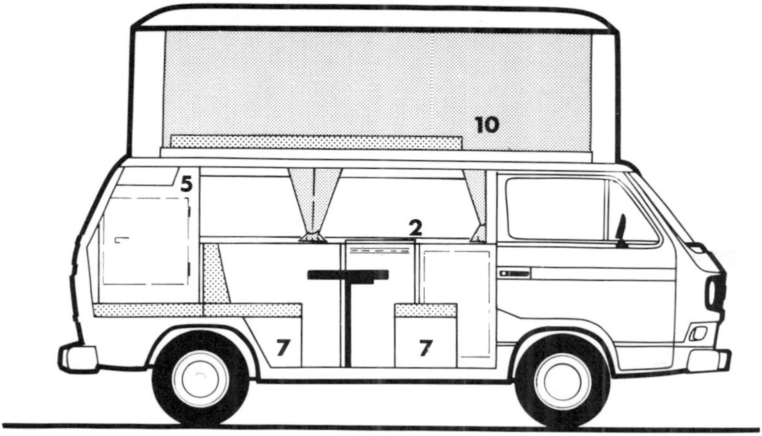

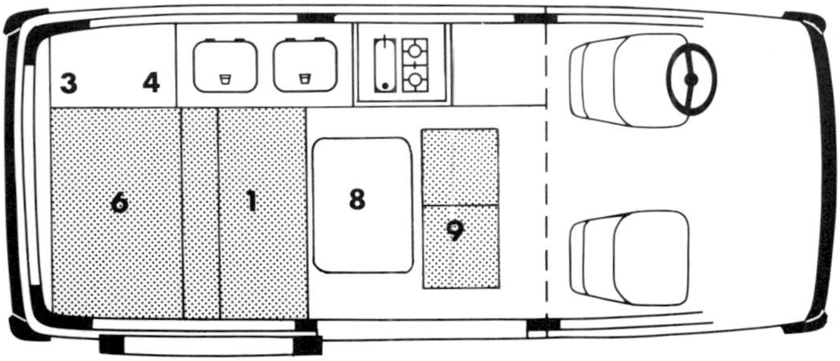

Bordelektrik: 220 Volt-Außenanschluß und Innensteckdose. Zwei 12 Volt-Transistorleuchten.
Betten: 186 × 112 cm im Wagen. 186 × 118 cm im Aufstelldach. Zusätzliches Kinderbett im Fahrerhaus möglich.
Preis der Ausstattung: 10725 DM

Zubehör: Isolierung der Wände, Doppelfenster.

Technische Daten

Außenmaße:	
Höhe	2210 mm
Länge	4570 mm
Breite	1850 mm
Innenmaße:	
Höhe max.	2500 mm
Breite	1670 mm
Gewicht:	
Leergewicht	1180 kg
Zuladung	560 kg

1 Klappsitzbank
2 Küche
3 Kleiderschrank
4 Wäscheschrank
5 Dachstaukasten
6 Motorkasten-Polster
7 Staukasten
8 Tisch
9 Sitz
10 Dachbett

Tischer Huckepack-N

Fahrzeug: Serienmäßiger Pritschenwagen, Einbau eines Durchstiegs vom Fahrerhaus zur Wohnkabine.
Aufbau: Absetzbare Wohnkabine in Sandwich-Bauweise, Wände mit 20 mm und Bodenplatte mit 30 mm Hartschaum isoliert, außen mit Aluminiumblech beschichtet. Hubdach 190 × 130 cm.
Schränke: Möbel mit Kunststoffoberfläche. Kleider- und Wäscheschrank, Hängeschrank für Geschirr, Seitenschrank.
Küche: Kombination 105 cm breit. Zweiflammiger Gasherd und Spüle, Vorrats- und Geschirrschrank, Besteckschublade. Absorber-Kühlschrank, 60 Liter Inhalt, für 12 Volt-, 220 Volt- oder Gasbetrieb.
Sitzgruppe: Zwei gegenüberliegende Polstersitzbänke 140 cm breit mit Staukästen, Polsterdicke 12 cm. Absenkbarer Tisch 120 × 60 cm.
Gasanlage: 11 kg Gasflasche. Gasfach im Seitenschrank.
Wasseranlage: Fest installierter 60 Liter-Frischwassertank. Druckwasserpumpe und Ausgleichbehälter. Abwassertank 60 Liter. Naßzelle mit Handwaschbecken.
Heizung: Flüssiggas-Umluftheizung Trumatic S 3002. Im Kleiderschrank eingebaut.

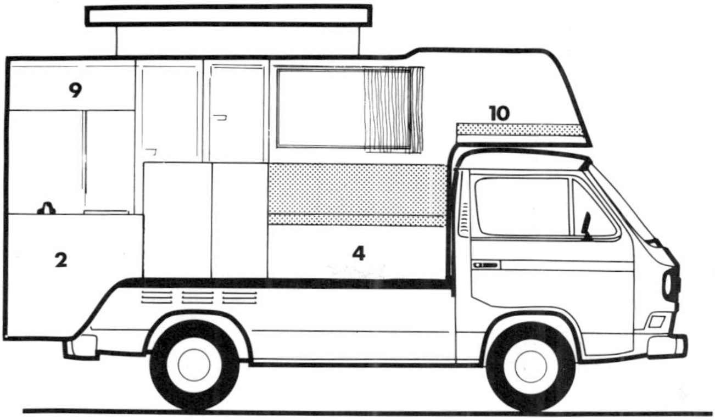

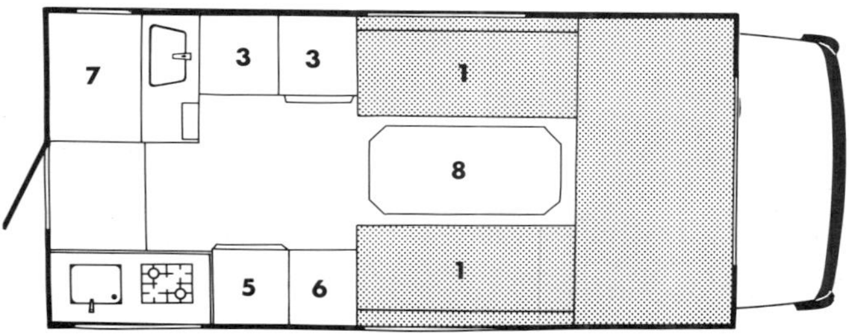

Bordelektrik: Zusatzbatterie 54 Ah mit Trennrelais und Netzladegerät. 220 Volt-Außenanschluß und zwei Innensteckdosen. 12 Volt-Transistorleuchten.
Betten: 200 × 140 cm im Wagen. 200 × 100 cm im Alkoven über dem Fahrerhaus.
Preis der Kabine: ab 19995 DM

Zubehör: Warmwasserboiler, Durchstieg zum Fahrerhaus, abgeteilter Waschraum oder Dusche.

Technische Daten

Außenmaße:	
Höhe	2600 mm
Länge	5300 mm
Breite	2120 mm
Innenmaße:	
Höhe	1850 mm
Breite	2000 mm
Gewicht:	
Leergewicht mit Aufbau	2000 kg
Zuladung	360 kg

1 Sitzbank
2 Küche
3 Kleiderschrank
4 Staukasten
5 Kühlschrank
6 Seitenschrank
7 Naßzelle
8 Tisch
9 Hängeschrank
10 Dachbett

Tischer Huckepack-DK

Fahrzeug: Serienmäßige Doppelkabine, Einbau eines Durchstiegs von der Fahrerkabine zur Wohnkabine.
Aufbau: Absetzbare Wohnkabine in Sandwich-Bauweise, Wände mit 20 mm und Bodenplatte mit 30 mm Hartschaum, außen mit Aluminiumblech beschichtet. Hubdach 190 × 130 cm.
Schränke: Möbel mit Kunststoffoberfläche. Kleider- und Wäscheschrank, Hängeschrank für Geschirr, Seitenschrank.
Küche: Kombination 60 cm breit. Zweiflammiger Gasherd und Spüle, Absorber-Kühlschrank, 60 Liter Inhalt, für 12 Volt-, 220 Volt- oder Gasbetrieb.
Sitzgruppe: Zwei gegenüberliegende Polstersitzbänke 140 cm breit mit Staukästen, Polsterdicke 12 cm. Absenkbarer Tisch 120 × 60 cm.
Gasanlage: 11 kg Gasflasche. Gasfach im Seitenschrank.
Wasseranlage: Fest installierter 60 Liter-Frischwassertank. Druckwasserpumpe und Ausgleichbehälter. Abwassertank 60 Liter. Naßzelle mit Handwaschbecken.
Heizung: Flüssiggas-Umluftheizung Trumatic S 3002. Im Kleiderschrank eingebaut.

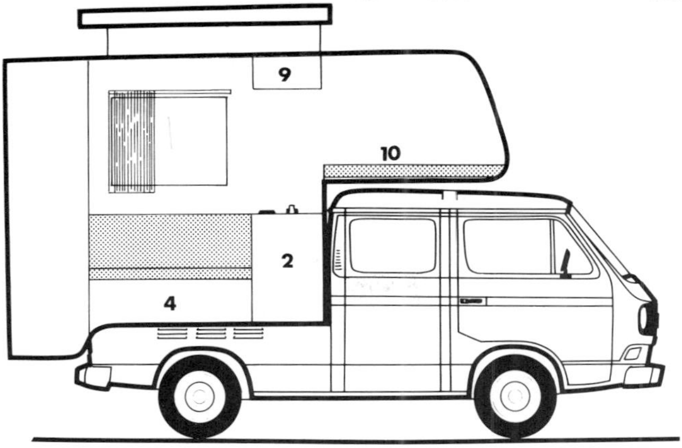

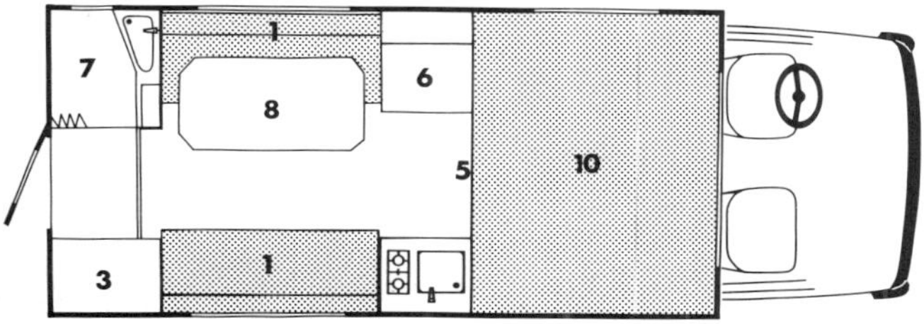

Bordelektrik: Zusatzbatterie 54 Ah mit Trennrelais und Netzladegerät. 220 Volt-Außenanschluß und zwei Innensteckdosen. 12 Volt-Transistorleuchten.
Betten: 200 × 140 cm im Wagen. 200 × 160 cm im Alkoven über dem Fahrerhaus.
Preis der Kabine: ab 19955 DM

Zubehör: Warmwasserboiler, Durchstieg zum Fahrerhaus, abgeteilter Waschraum oder Dusche.

Technische Daten

Außenmaße:	
Höhe	2600 mm
Länge	5300 mm
Breite	2120 mm
Innenmaße:	
Höhe	1850 mm
Breite	2000 mm
Gewicht:	
Leergewicht mit	
Aufbau	2000 kg
Zuladung	360 kg

1 Sitzbank
2 Küche
3 Kleiderschrank
4 Staukasten
5 Durchstieg
6 Seitenschrank
7 Naßzelle
8 Tisch
9 Hängeschrank
10 Dachbett

Voll Rhodos

Karosserie: Wände und Türen im Wohnraum mit Mineralwolle oder Hartschaum isoliert. Verkleidungen aus Sperrholz. Bodenplatte aus Sperrholz mit PVC-Belag. Gardinen an allen Fenstern.
Dach: Hubdach über gesamte Wagenlänge. Gasfederbetätigung, Lüfterklappe. Zeltstoff-Faltenbalg mit Reißverschlußklappen.
Schränke: Möbel mit Kunststoffoberflächen. Kleiderschrank hinter dem Fahrersitz. Stauschrank auf dem Motorraum. Dachstaukasten im Wagenheck.
Küche: Kombination 48 cm breit, klappbare Abstellplatte. Zweiflammiger Gasherd und Spüle. Geschirrschubfach. Absorber-Kühlschrank, 45 Liter Inhalt, für 12 Volt-, 220 Volt- oder Gasbetrieb.
Sitzgruppe: Dreisitzige Polsterbank mit Klappbeschlägen, 160 cm breit, Staukasten mit 250 Liter Inhalt. Einzelsitz 45 cm breit, Schwenktisch 85 × 50 cm.
Gasanlage: 2 × 5 kg Gasflaschen. Gasfach im Seitenschrank.
Wasseranlage: 2 × 13 Liter Wechselkanister in der Küchenkombination. Elektrische Wasserpumpe und Automatikhahn.
Heizung: Flüssiggas-Umluftheizung Trumatic E 2300. Be- und Entlüftung seitlich nach außen. Hinter dem Fahrersitz montiert.

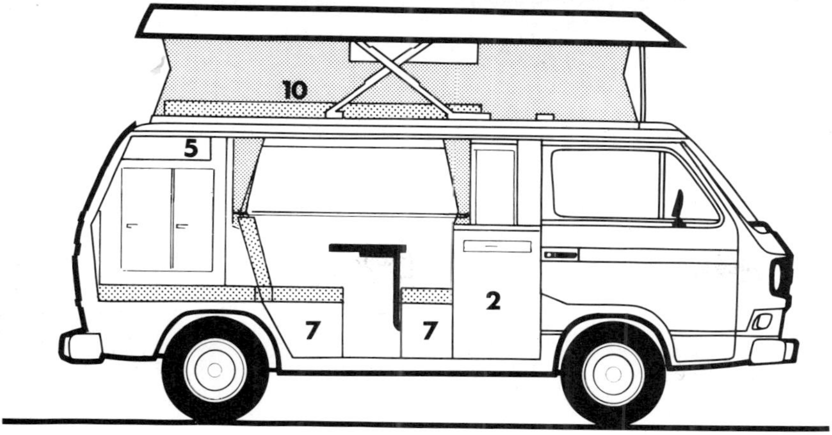

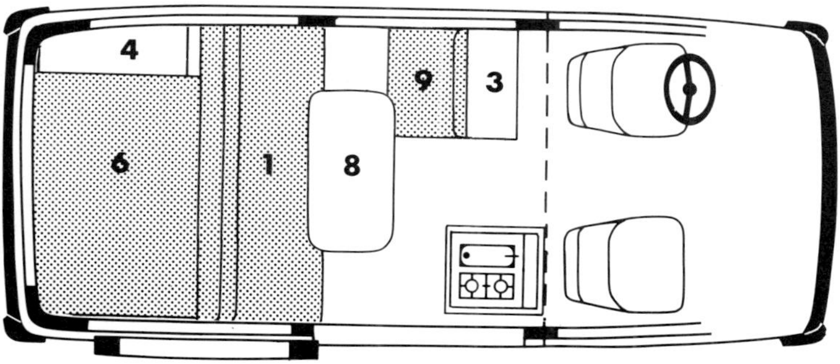

Bordelektrik: 220 Volt-Außenanschluß und Innensteckdose. 12 Volt-Transistorleuchten.
Betten: 190 × 127 cm im Wagen nach Umklappen der Sitzbank. 190 × 120 cm im Aufstelldach.
Preis der Ausstattung: 14000 DM

Zubehör: Zweitbatterie mit Trennrelais, Abwassertank.

Technische Daten

Außenmaße:	
Höhe	2050 mm
Länge	4570 mm
Breite	1850 mm
Innenmaße:	
Höhe	2050 mm
Breite	1670 mm
Gewicht:	
Leergewicht	1825 kg
Zuladung	535 kg

1 Klappsitzbank
2 Küche
3 Kleiderschrank
4 Wäscheschrank
5 Dachstaukasten
6 Motorkasten-Polster
7 Staukasten
8 Tisch
9 Sitz
10 Dachbett

Voll Rhodos 2

Karosserie: Wände und Türen im Wohnraum mit 40 mm Mineralwolle isoliert. Verkleidungen aus Sperrholz. Bodenplatte aus filzbeschichtetem Sperrholz mit PVC-Belag.
Dach: Hubdach über gesamte Wagenlänge. Gasfederbetätigung, Lüfterklappe. Zeltstoff-Faltenbalg mit Reißverschlußklappen.
Schränke: Möbel aus Fineline-Teak. Kleider- und Wäscheschrank auf dem Motorraum. Seitlicher Schrank neben der Sitzbank. Gepäckraum hinter Klappsitzbank.
Küche: Kombination 80 cm breit, Schubkasten und Geschirrschrank. Zweiflammiger Gasherd und Spüle. Absorber-Kühlschrank, 45 Liter Inhalt, für 12 Volt-, 220 Volt- oder Gasbetrieb.
Sitzgruppe: Zweisitzige Polsterbank mit Klappbeschlägen, 130 cm breit, Staukasten. Schwenktisch 85 × 50 cm. Ausziehbares Polster über dem Heckstauraum.
Gasanlage: 2 × 5 kg Gasflaschen. Gasfach im Seitenschrank.
Wasseranlage: 45 Liter Frischwassertank in der Klappsitzbank. Elektrische Wasserpumpe und Automatikhahn.
Heizung: Flüssiggas-Umluftheizung Trumatic E 2800. Be- und Entlüftung seitlich nach außen. Hinter dem Fahrersitz montiert.

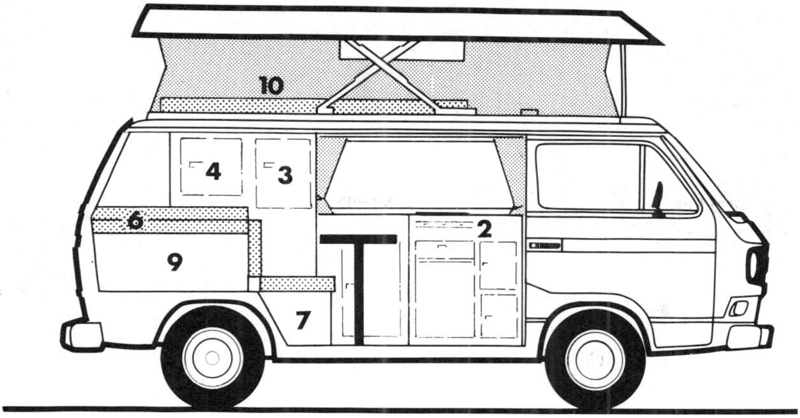

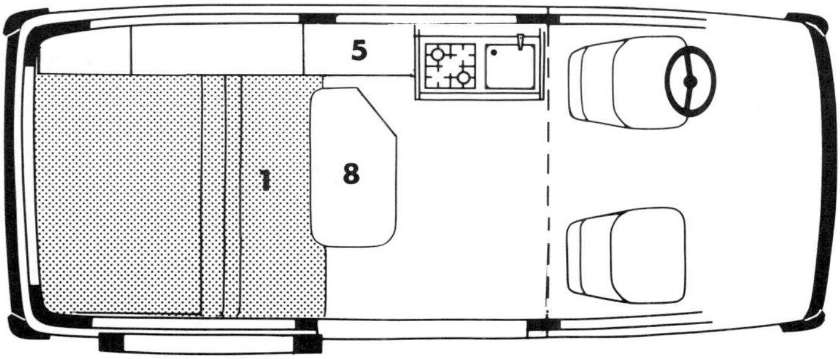

Bordelektrik: 220 Volt-Außenanschluß und Innensteckdose. 12 Volt-Transistorleuchten.
Betten: 190 × 130 cm im Wagen nach Ausziehen der Polster. 185 × 120 cm im Aufstelldach.
Preis der Ausstattung: 15750 DM

Zubehör: Zweitbatterie mit Trennrelais, Abwassertank, Ladegerät, Dachluke, Strom- und Wasseranzeige, Teppichboden.

Technische Daten

Außenmaße:	
Höhe	2050 mm
Länge	4570 mm
Breite	1850 mm
Innenmaße:	
Höhe	2050 mm
Breite	1670 mm
Gewicht:	
Leergewicht	1825 kg
Zuladung	535 kg

1 Sitzbank
2 Küche
3 Kleiderschrank
4 Wäscheschrank
5 Vorratsschrank
6 Ausziehbares Polster
7 Staukasten
8 Tisch
9 Gepäckraum
10 Dachbett

Weinsberg Terra A

Karosserie: Wände und Türen im Wohnraum mit Mineralwolle oder Hartschaum isoliert. Verkleidungen aus Sperrholz. Bodenplatte aus Sperrholz mit PVC-Belag.
Dach: Aufstellbares, zweiteiliges Kunststoffdach. Zeltstoff-Faltenbalg mit zwei seitlichen Reißverschlußklappen.
Schränke: Möbel mit Kunststoffoberflächen. Kleider- und Stauschrank rechts auf dem Motorraum. Vorratsschrank hinter Beifahrersitz.
Küche: Kombination 60 cm breit. Zweiflammiger Gasherd und Spüle, Abdeckhaube. Absorber-Kühlschrank, 45 Liter Inhalt, für 12 Volt-, 220 Volt- oder Gasbetrieb.
Sitzgruppe: Zweisitzige Polsterbank mit Klappbeschlägen, 120 cm breit, Staukasten mit 200 Liter Inhalt, Schwenktisch 80 × 53 cm. Seitliche Bank 62 cm breit.
Gasanlage: 2 × 5 kg Gasflaschen im separaten Gasfach. Von außen zugänglich.
Wasseranlage: 2 × 20 Liter Wechselkanister im Vorratsschrank. Elektrische Wasserpumpe und Automatikhahn.
Heizung: Flüssiggas-Umluftheizung Trumatic E 2300 im Küchenblock integriert. Be- und Entlüftung seitlich nach außen.

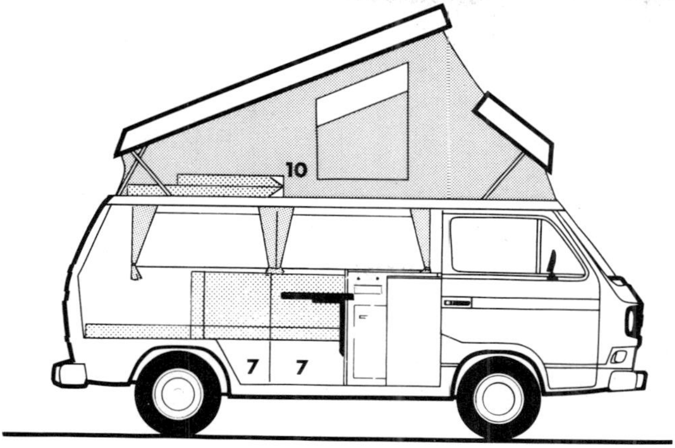

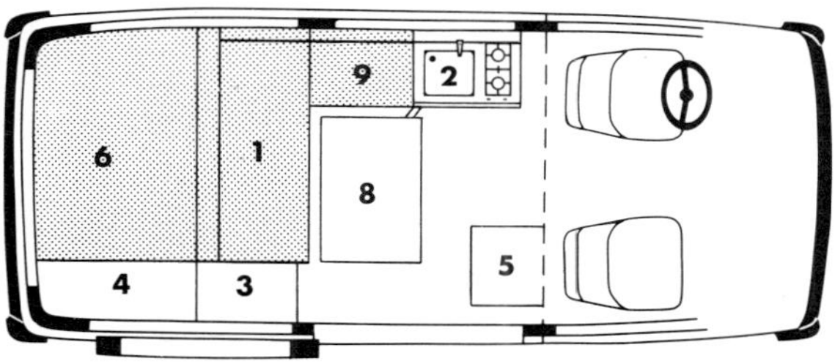

Bordelektrik: Zusatzbatterie 45 Ah mit Trennrelais und Netzladegerät. 220 Volt-Außenanschluß und Doppel-Innensteckdose. 12 Volt-Transistorleuchten.
Betten: 200 × 133 cm im Wagen. 185 × 130 cm im Aufstelldach. Zusätzliches Kinderbett im vorderen Dachteil.
Preis der Ausstattung: 12940 DM

Zubehör: Doppelfenster, Ladegerät, Dachstaukasten, Abwassertank, Teppichboden, Hubdach statt Aufstelldach.

Technische Daten

Außenmaße:	
Höhe	2085 mm
Länge	4570 mm
Breite	1850 mm
Innenmaße:	
Höhe max.	2670 mm
Breite	1670 mm
Gewicht:	
Leergewicht	1750 kg
Zuladung	610 kg

1 Klappsitzbank
2 Küche
3 Kleiderschrank
4 Wäscheschrank
5 Vorratsschrank
6 Motorkasten-Polster
7 Staukasten
8 Tisch
9 Sitz
10 Dachbett

Weinsberg Terra B

Karosserie: Wände und Türen im Wohnraum mit Mineralwolle oder Hartschaum isoliert. Verkleidungen aus Sperrholz. Bodenplatte aus Sperrholz mit PVC-Belag.
Dach: Hubdach für Stehhöhe in Wagenmitte. Zeltstoff-Faltenbalg mit verschließbaren Lüfterklappen. Dachausschnitt etwa 110 × 110 cm.
Schränke: Möbel mit Kunststoffoberflächen. Kleider- und Stauschrank rechts auf dem Motorraum. Vorratsschrank hinter Beifahrersitz.
Küche: Kombination 51 cm breit. Zweiflammiger Gasherd und Spüle, Abdeckhaube. Absorber-Kühlschrank, 45 Liter Inhalt, für 12 Volt-, 220 Volt- oder Gasbetrieb.
Sitzgruppe: Zweisitzige Polsterbank mit Klappbeschlägen, 120 cm breit, Staukasten mit 200 Liter Inhalt, Schwenktisch 80 × 53 cm. Seitliche Bank 62 cm breit.
Gasanlage: 2 × 5 kg Gasflaschen im separaten Gasfach. Von außen zugänglich.
Wasseranlage: 2 × 20 Liter Wechselkanister in der Küchenkombination. Elektrische Wasserpumpe und Automatikhahn.
Heizung: Flüssiggas-Umluftheizung Trumatic E 2300 in Küchenblock integriert. Be- und Entlüftung seitlich nach außen.

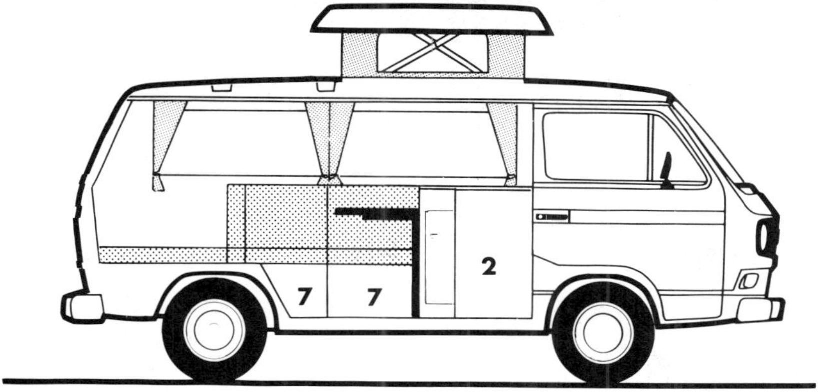

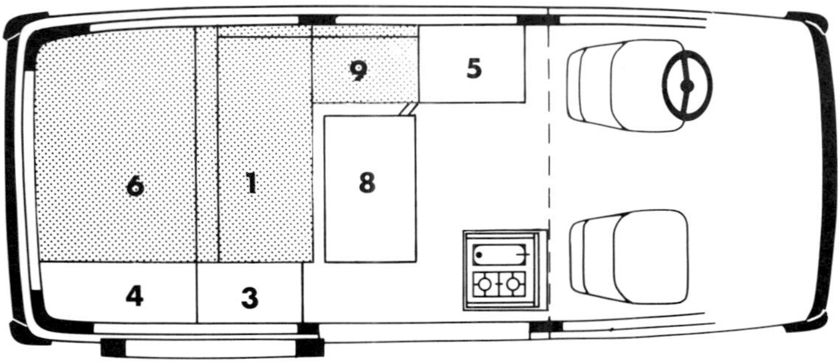

Bordelektrik: Zusatzbatterie 45 Ah, Trennrelais. 220 Volt-Außenanschluß und Doppel-Innensteckdose. 12 Volt-Transistorleuchten.
Betten: 200 × 133 cm im Wagen nach Umklappen der Sitzbank.
Preis der Ausstattung: 9720 DM

Zubehör: Doppelfenster, Ladegerät, Dachstaukasten, Abwassertank, Teppichboden, Aufstelldach statt Hubdach.

Technische Daten

Außenmaße:	
Höhe	2020 mm
Länge	4570 mm
Breite	1850 mm
Innenmaße:	
Höhe	1880 mm
Breite	1670 mm
Gewicht:	
Leergewicht	1750 kg
Zuladung	610 kg

1 Klappsitzbank
2 Küche
3 Kleiderschrank
4 Wäscheschrank
5 Vorratsschrank mit eingebautem Kühlschrank
6 Motorkasten-Polster
7 Staukasten
8 Tisch
9 Sitz

Westfalia Joker 1

Karosserie: Wände und Türen mit Mineralwolle isoliert und verkleidet. Boden aus Sperrholzplatte mit PVC-Oberfläche. Herausnehmbarer Teppichboden.
Dach: Aufstelldach aus GFK mit Zeltstoff-Faltenbalg und Dachentlüfter. Innenhöhe maximal 255 cm.
Schränke: Möbel mit Kunststoffoberflächen. Kleider- und Stauschrank auf dem Motorraum. Dachstaukasten unter dem Dachbett mit zusätzlichen von hinten zugänglichen Fächern. Seitlicher Stauschrank neben der Sitzbank.
Küche: Kombination 87 cm breit. Mit zweiflammigem Gasherd, Spüle, Schublade, Schrank und Absorber-Kühlschrank, 45 Liter Inhalt und 12 Volt-, 220 Volt- oder Gasbetrieb.
Sitzgruppe: Zweisitzige Polstersitzbank, 120 cm breit, mit Staukasten. Schwenktisch 80 × 40 cm. Drehbare Sitze im Fahrerhaus und Schwenktisch 60 × 40 cm.
Gasanlage: 8 kg-Gastank am Wagenboden. Druckregler mit Eis-Ex-Anlage.
Wasseranlage: Fest installierter 50 Liter-Frischwassertank. Elektrische Wasserpumpe. 20 Liter-Abwassertank.
Heizung: Kraftstoff-Umluftheizung, System Eberspächer unter dem Wagenboden installiert.
Bordelektrik: Zusatzbatterie 45 Ah mit Trennrelais und Netzladegerät. 220 Volt-Außenanschluß und Innensteckdose. 12 Volt-Transistorleuchte. Kontrollanzeige für Frischwasser, Zweitbatterie und Gasbetrieb des Kühlschranks.

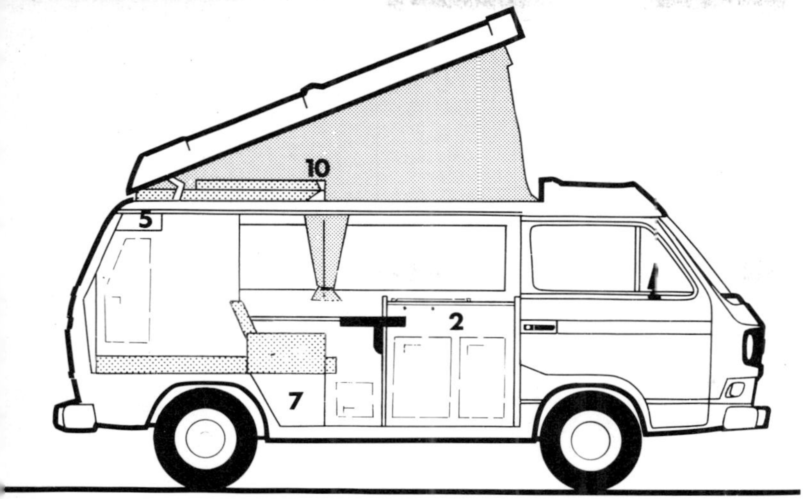

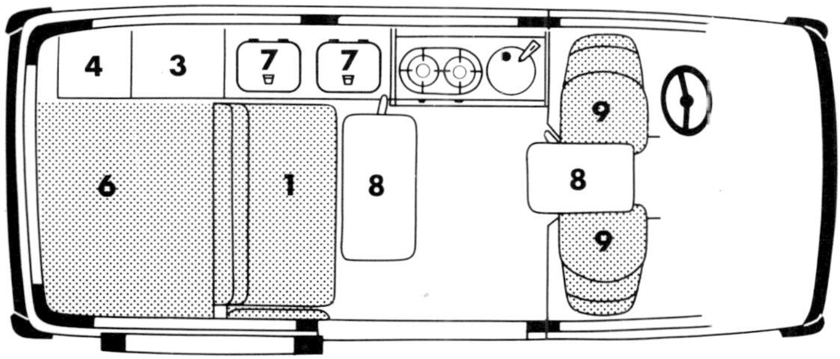

Betten: 188 × 120 cm im Wagen. 185 × 122 cm im Aufstelldach. Zusätzliches Kinderbett im Fahrerhaus möglich.
Preis der Ausstattung: ab 11495 DM

Zubehör: Doppelfenster, Vorzelt, Wintervorhang, einschiebbare zweite Sitzbank. Fahrerhaus-Sitze mit Armlehnen.

Technische Daten

Außenmaße:	
Höhe	2050 mm
Länge	4570 mm
Breite	1850 mm
Innenmaße:	
Höhe max.	2550 mm
Breite	1670 mm
Gewicht:	
Leergewicht	1750 kg
Zuladung	610 kg

1 Klappsitzbank
2 Küche
3 Kleiderschrank
4 Wäscheschrank
5 Dachstaukasten
6 Motorkasten-Polster
7 Staukasten
8 Tisch
9 Drehsitz
10 Dachbett

Westfalia Joker 3

Karosserie: Wände und Dach mit Mineralwolle isoliert und verkleidet. Doppelfenster. Bodenplatte aus Sperrholz mit PVC-Oberfläche. Herausnehmbarer Teppichboden.
Dach: Kunststoff-Hochdach, vollisoliert mit 25 mm dicken Silanplatten. Doppelfenster und Lüfterklappe.
Schränke: Möbel mit Kunststoffoberflächen. Kleider- und Wäscheschrank auf dem Motorraum. Dachstaukasten über dem Fahrerhaus und unter dem Bett mit zusätzlichen von hinten zugänglichen Fächern. Seitlicher Schrank neben der Sitzbank.
Küche: Kombination 87 cm breit. Mit zweiflammigem Gasherd, Spüle, Schublade, Schrank und Absorber-Kühlschrank, 45 Liter Inhalt und 12 Volt-, 220 Volt- oder Gasbetrieb.
Sitzgruppe: Zweisitzige Polstersitzbank, 120 cm breit, mit Staukasten. Schwenktisch 80 × 40 cm. Drehbare Sitze im Fahrerhaus und Schwenktisch 60 × 40 cm.
Gasanlage: 8 kg-Gastank am Wagenboden. Druckregler mit Eis-Ex-Anlage.
Wasseranlage: Fest installierter 50 Liter-Frischwassertank. Elektrische Wasserpumpe. 20 Liter-Abwassertank.
Heizung: Kraftstoff-Umluftheizung, System Eberspächer unter dem Wagenboden installiert.

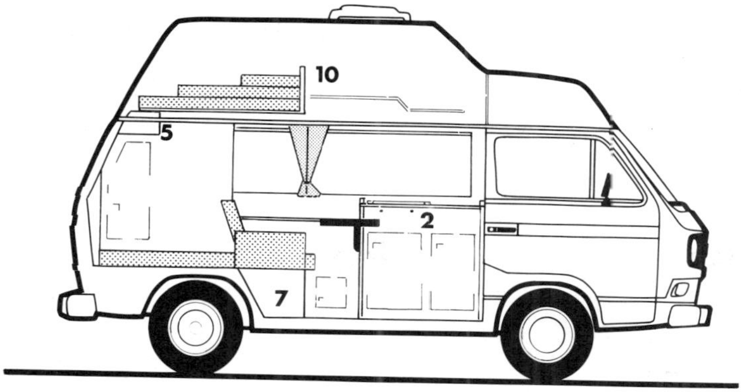

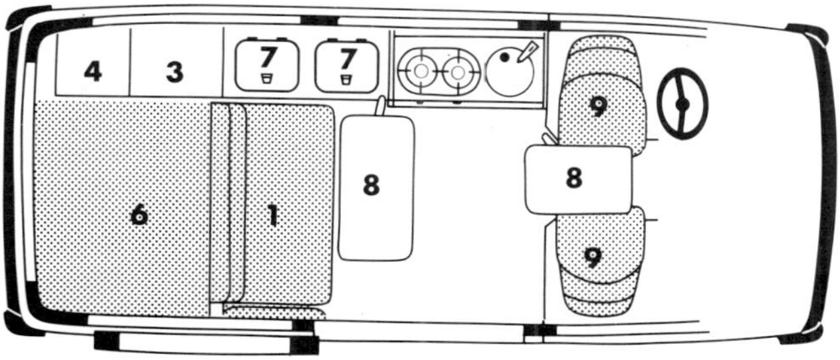

Bordelektrik: Zusatzbatterie 45 Ah mit Trennrelais und Netzladegerät. 220 Volt-Außenanschluß und Innensteckdose. 12 Volt-Transistorleuchte. Kontrollanzeige für Frischwasser, Zweitbatterie und Gasbetrieb des Kühlschranks.
Betten: 188 × 120 cm im Wagen. 194 × 116 cm im Dachbereich. Zusätzliches Kinderbett im Fahrerhaus möglich.
Preis der Ausstattung: ab 13752 DM

Zubehör: Vorzelt, Wintervorhang, einschiebbare zweite Sitzbank. Fahrerhaus-Sitze mit Armlehnen.

Technische Daten

Außenmaße:	
Höhe	2650 mm
Länge	4570 mm
Breite	1850 mm
Innenmaße:	
Höhe	2020 mm
Breite	1670 mm
Gewicht:	
Leergewicht	1750 kg
Zuladung	610 kg

1 Klappsitzbank
2 Küche
3 Kleiderschrank
4 Wäscheschrank
5 Dachstaukasten
6 Motorkasten-Polster
7 Staukasten
8 Tisch
9 Drehsitz
10 Dachbett

Westfalia Club-Joker 1

Karosserie: Wände und Türen mit Mineralwolle isoliert. Doppelfenster. Boden aus Sperrholzplatte mit PVC-Oberfläche. Herausnehmbarer Teppichboden.
Dach: Aufstelldach aus GFK mit Zeltstoff-Faltenbalg. Dachlüfter und Reißverschlußklappe.
Schränke: Möbel mit Kunststoffoberflächen. Kleider- und Stauschrank auf dem Motorraum. Dachstaukasten unter dem Dachbett mit zusätzlichen von hinten zugänglichen Fächern. Seitlicher Stauschrank neben der Sitzbank.
Küche: Kombination 87 cm breit. Mit zweiflammigem Gasherd, Spüle, Schublade, Schrank und Absorber-Kühlschrank, 45 Liter Inhalt und 12 Volt-, 220 Volt- oder Gasbetrieb.
Sitzgruppe: Polstersitzbank 120 cm breit, seitlicher Sitz und Eckpolster, Staukästen. Schwenktisch 80 × 40 cm. Drehbare Spezialsitze im Fahrerhaus und Schwenktisch 60 × 40 cm.
Gasanlage: 8 kg-Gastank am Wagenboden. Druckregler mit Eis-Ex-Anlage.
Wasseranlage: Fest installierter 50 Liter-Frischwassertank. Elektrische Wasserpumpe. 20 Liter-Abwassertank.
Heizung: Kraftstoff-Umluftheizung, System Eberspächer unter dem Wagenboden installiert.

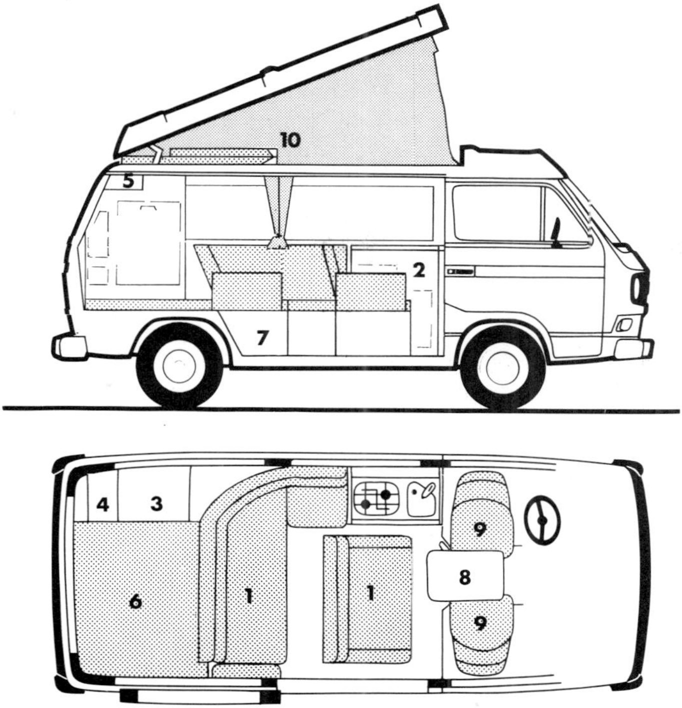

Bordelektrik: Zusatzbatterie 45 Ah mit Trennrelais und Netzladegerät. 220 Volt-Außenanschluß und Innensteckdose. 12 Volt-Transistorleuchte. Kontrollanzeige für Frischwasser, Zweitbatterie und Gasbetrieb des Kühlschranks.
Betten: 188 × 120 cm im Wagen. 185 × 122 cm im Aufstelldach. Zusätzliches Kinderbett im Fahrerhaus möglich.
Preis der Ausstattung: ab 14773 DM

Zubehör: Doppelfenster, Vorzelt, Wintervorhang, einschiebbare zweite Sitzbank.

Technische Daten

Außenmaße:	
Höhe	2050 mm
Länge	4570 mm
Breite	1850 mm
Innenmaße:	
Höhe max.	2550 mm
Breite	1670 mm
Gewicht:	
Leergewicht	1750 kg
Zuladung	610 kg

1 Klappsitzbank
2 Küche
3 Kleiderschrank
4 Wäscheschrank
5 Dachstaukasten
6 Motorkasten-Polster
7 Staukasten
8 Tisch
9 Drehsitz
10 Dachbett

Westfalia Club-Joker 3

Karosserie: Wände und Dach mit Mineralwolle isoliert und verkleidet. Doppelfenster. Bodenplatte aus Sperrholz mit PVC-Oberfläche. Herausnehmbarer Teppichboden.
Dach: Spezielles Kunststoff-Hochdach, vollisoliert mit 25 mm dicken Silanplatten. Doppelfenster und Lüfterklappe.
Schränke: Möbel mit Kunststoffoberflächen. Kleider- und Wäscheschrank auf dem Motorraum. Dachstaukasten über dem Fahrerhaus und unter dem Dachbett mit zusätzlichen von hinten zugänglichen Fächern. Seitlicher Schrank neben der Sitzbank.
Küche: Kombination 87 cm breit. Mit zweiflammigem Gasherd, Spüle, Schublade, Schrank und Absorber-Kühlschrank, 45 Liter Inhalt und 12 Volt-, 220 Volt- oder Gasbetrieb.
Sitzgruppe: Zweisitzige Polstersitzbank, Seitensitz und Eckpolster, Staukästen. Schwenktisch 80 × 40 cm. Drehbare Spezialsitze im Fahrerhaus und Schwenktisch 60 × 40 cm.
Gasanlage: 8 kg-Gastank am Wagenboden. Druckregler mit Eis-Ex-Anlage.
Wasseranlage: Fest installierter 50 Liter-Frischwassertank. Elektrische Wasserpumpe. 20 Liter-Abwassertank.
Heizung: Kraftstoff-Umluftheizung, System Eberspächer unter dem Wagenboden installiert.

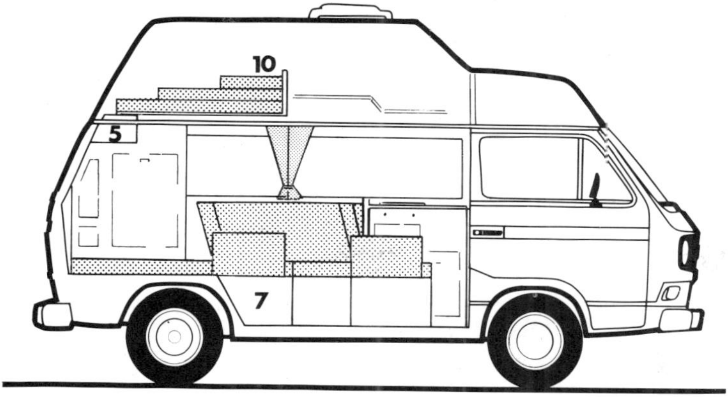

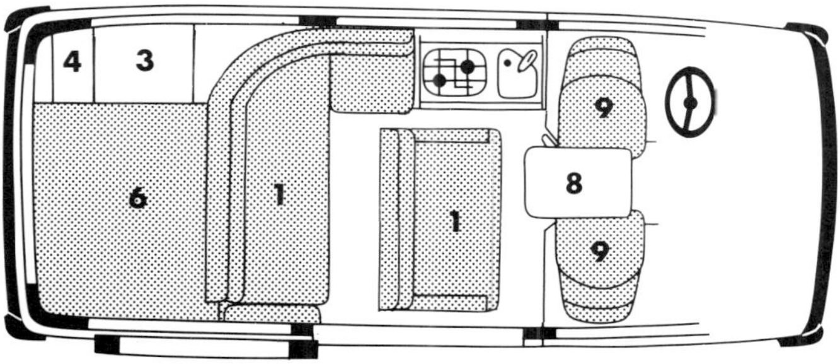

Bordelektrik: Zusatzbatterie 45 Ah mit Trennrelais und Netzladegerät. 220 Volt-Außenanschluß und Innensteckdose. 12 Volt-Transistorleuchte. Kontrollanzeige für Frischwasser, Zweitbatterie und Gasbetrieb des Kühlschranks.
Betten: 188 × 120 cm im Wagen. 194 × 116 cm im Dachbereich. Zusätzliches Kinderbett im Fahrerhaus möglich.
Preis der Ausstattung: ab 16240 DM

Zubehör: Vorzelt, Wintervorhang, einschiebbare zweite Sitzbank.

Technische Daten

Außenmaße:		1	Klappsitzbank
Höhe	2650 mm	2	Küche
Länge	4570 mm	3	Kleiderschrank
Breite	1850 mm	4	Wäscheschrank
Innenmaße:		5	Dachstaukasten
Höhe	2020 mm	6	Motorkasten-Polster
Breite	1670 mm	7	Staukasten
Gewicht:		8	Tisch
Leergewicht	1750 kg	9	Drehsitz
Zuladung	610 kg	10	Dachbett

Modellkatalog
Einbausätze

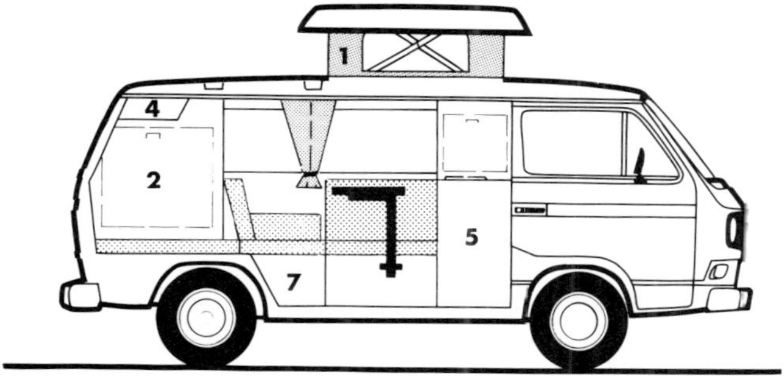

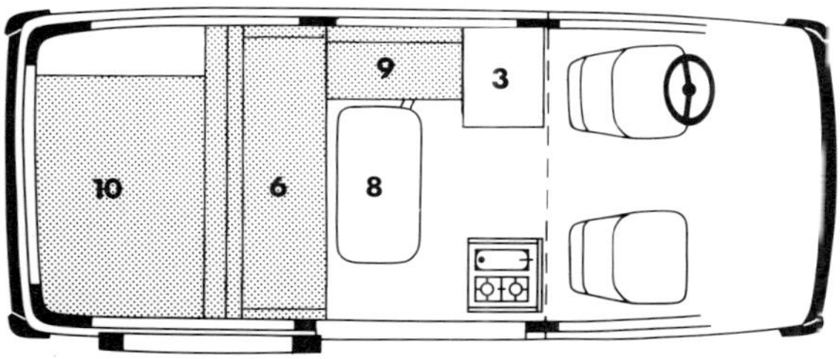

Berger Campingbus

Dach: Hubdach (1) für Stehhöhe in Wagenmitte. Zeltstoff-Faltenbalg mit verschließbaren Lüfterklappen. Dachausschnitt etwa 110 × 90 cm.
Schränke: Möbel mit Kunststoffoberflächen. Wäscheschrank (2) auf dem Motorraum. Kleiderschrank (3) hinter dem Fahrersitz mit zwei Türen und ausklappbarer Arbeitsplatte. Dachstaukasten (4) im Wagenheck.
Küche: Kombination (5) 48 cm breit. Vorbereitet für zweiflammigen Gasherd, Spüle und Absorber-Kühlschrank, 45 Liter Inhalt, für 12 Volt-, 220 Volt- und Gasbetrieb.
Sitzgruppe: Dreisitzige Polsterbank (6) 146 cm breit, mit Klappbeschlägen und Staukasten (7), Schwenktisch (8) 80 × 50 cm. Seitlicher Sitzkasten (9), Motorraumpolster (10).
Gasanlage: 5 kg Gasflasche. Gaskasten im vorderer Kleiderschrank.
Wasseranlage: 15 Liter Wechselkanister im seitlichen Sitzkasten. Elektrische Wasserpumpe. Automatikhahn.
Heizung: Flüssiggas-Umluftheizung Trumatic, neben Küchenkombination. Be- und Entlüftung seitlich nach außen.
Preise: Kleiderschrank 368 DM, Klappsitzbank 699 DM, Schwenktisch 134 DM.

Westfalia Mosaik-Joker

Karosserie: Wände und Dach mit Mineralwolle isoliert und verkleidet. Boden aus Sperrholzplatte mit PVC-Oberfläche.
Dach: Aufstelldach aus GFK mit Zeltstoff-Faltenbalg und Dachentlüfter. Ab 1983 Dachform wie Joker 1.
Schränke: Möbel mit Kunststoffoberflächen. Kleider- und Stauschrank hinter dem Beifahrersitz. Dachstaukasten unter dem Dachbett mit zusätzlichen von hinten zugänglichen Fächern.
Küche: Kombination 87 cm breit. Mit zweiflammigem Gasherd, Spüle, Schublade, Schrank und Absorber-Kühlschrank, 45 Liter Inhalt und 12 Volt-, 220 Volt- oder Gasbetrieb.
Sitzgruppe: Dreisitzige Polsterbank mit Klappbeschlägen, 160 cm breit, Staukasten mit 250 Liter Inhalt, seitliche Bank 45 cm breit, Schwenktisch 85 × 45 cm.
Gasanlage: 8 kg-Gastank am Wagenboden. Druckregler mit Eis-Ex-Anlage.
Wasseranlage: Fest installierter 50 Liter-Frischwassertank. Elektrische Wasserpumpe. Abschließbarer Außenfüllstutzen.
Heizung: Kraftstoff-Umluftheizung, System Eberspächer, unter dem Wagenboden installiert.

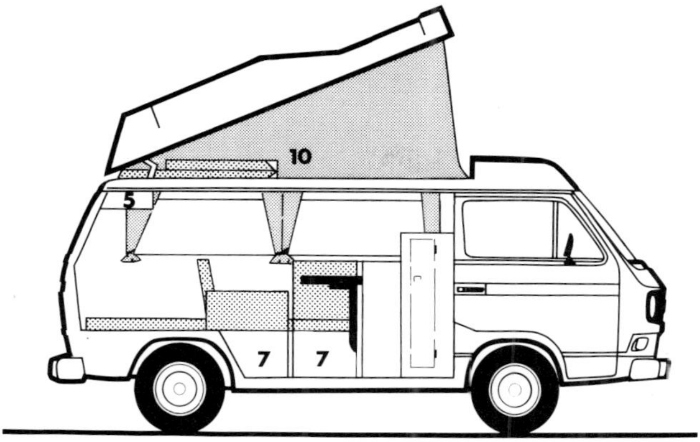

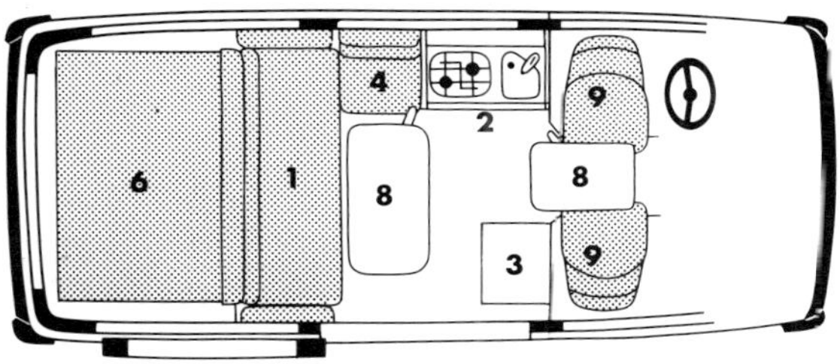

Bordelektrik: Zusatzbatterie 45 Ah mit Trennrelais und Netzladegerät. 220 Volt-Außenanschluß und Innensteckdose. 12 Volt-Transistorleuchte. Kontrollanzeige für Frischwasser, Zweitbatterie und Gasbetrieb des Kühlschranks.
Betten: 188 × 160 cm im Wagen. 185 × 122 cm im Aufstelldach. Zusätzliches Kinderbett im Fahrerhaus möglich.
Preise: Aufstelldach mit Gepäckwanne 2484 DM, Dachstaukasten 187 DM, Klappsitzbank 682 DM

Zubehör: Doppelfenster, Vorzelt, Wintervorhang, einschiebbare zweite Sitzbank, Spezialsitze im Fahrerhaus.

Technische Daten

Außenmaße:	
Höhe	2220 mm
Länge	4570 mm
Breite	1850 mm
Innenmaße:	
Höhe max.	2550 mm
Breite	1670 mm
Gewicht:	
Leergewicht	1750 kg
Zuladung	610 kg

1 Klappsitzbank
2 Kleiderschrank
4 Sitzkasten
5 Dachstaukasten
6 Motorkasten-Polster
7 Staukasten
8 Tisch
9 Drehsitz
10 Dachbett

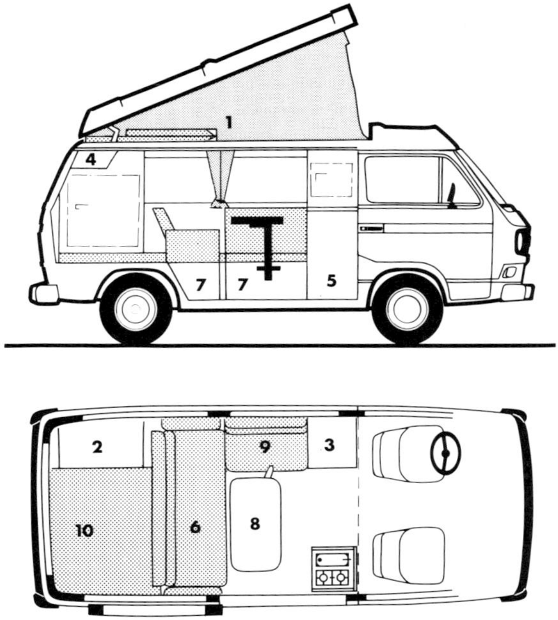

Carthago Malibu 1

Dach: In Fahrtrichtung aufstellbares Kunststoffdach (1) mit Dachbett 185 × 120 cm. Zeltstoff-Faltenbalg mit vorderer Reißverschlußklappe. Gepäckwanne über dem Fahrerhaus.
Schränke: Möbel mit Kunststoffoberflächen. Wäscheschrank (2) auf dem Motorraum. Kleiderschrank (3) mit zwei Türen hinter dem Fahrersitz. Dachstaukasten (4) unter dem Dachbett.
Küche: Kombination (5) 48 cm breit. Vorbereitet für zweiflammigen Gasherd, Spüle und Absorber-Kühlschrank, 45 Liter Inhalt, für 12 Volt-, 220 Volt- oder Gasbetrieb.
Sitzgruppe: Dreisitzige Polsterbank (6) 146 cm breit, mit Klappbeschlägen und Staukasten (7), Schwenktisch (8) 80 × 50 cm. Seitlicher Sitzkasten (9), Motorraumpolster (10).
Gasanlage: 5 kg Gasflasche. Gaskasten im seitlichen Sitzkasten.
Wasseranlage: 15 Liter Wechselkanister im seitlichen Sitzkasten. Elektrische Wasserpumpe. Automatikhahn.
Heizung: Flüssiggas-Umluftheizung Trumatic, in der Klappsitzbank. Be- und Entlüftung seitlich nach außen.
Preise: Kleiderschrank 325 DM, Wäscheschrank 245 DM, Spüle/Kocher 185 DM.

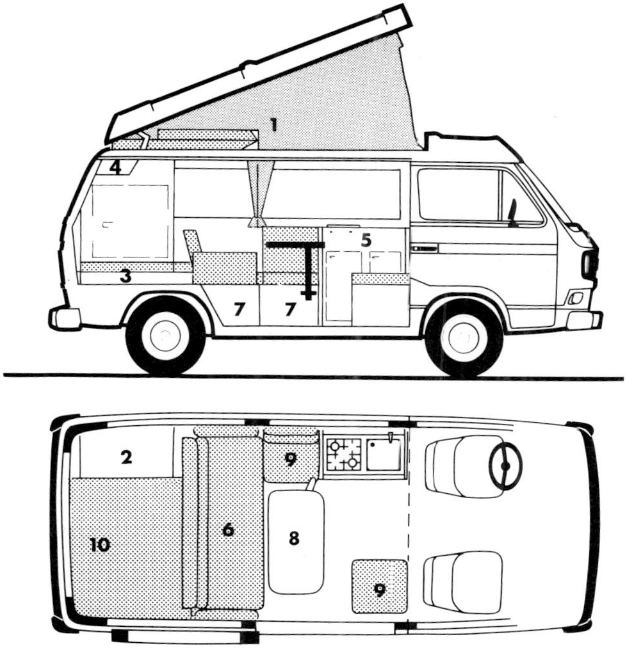

Carthago Malibu 2

Dach: In Fahrtrichtung aufstellbares Kunststoffdach (1) mit Dachbett 185 × 120 cm. Zeltstoff-Faltenbalg mit vorderer Reißverschlußklappe. Gepäckwanne über dem Fahrerhaus.

Schränke: Möbel mit Kunststoffoberflächen. Kleider- und Wäscheschrank (2) links sowie flacher Staukasten (3) auf dem Motorraum. Dachstaukasten (4) unter dem Dachbett.

Küche: Kombination (5) 87 cm breit. Vorbereitet für zweiflammigen Gasherd, Spüle und Absorber-Kühlschrank, 45 Liter Inhalt, für 12 Volt-, 220 Volt- oder Gasbetrieb.

Sitzgruppe: Dreisitzige Polsterbank (6) 146 cm breit, mit Klappbeschlägen und Staukasten (7), Schwenktisch (8) 80 × 50 cm. Seitliche Sitzkästen (9), Motorraumpolster (10).

Gasanlage: 2 × 5 kg Gasflasche. Gaskasten in der Küchenkombination.

Wasseranlage: 15 Liter Wechselkanister im seitlichen Sitzkasten. Elektrische Wasserpumpe. Automatikhahn.

Heizung: Flüssiggas-Umluftheizung Trumatic, in der Klappsitzbank. Be- und Entlüftung seitlich nach außen.

Preise: Dachstaukasten 196 DM, Sitzbank 598 DM, Motorkastenpolster 166 DM.

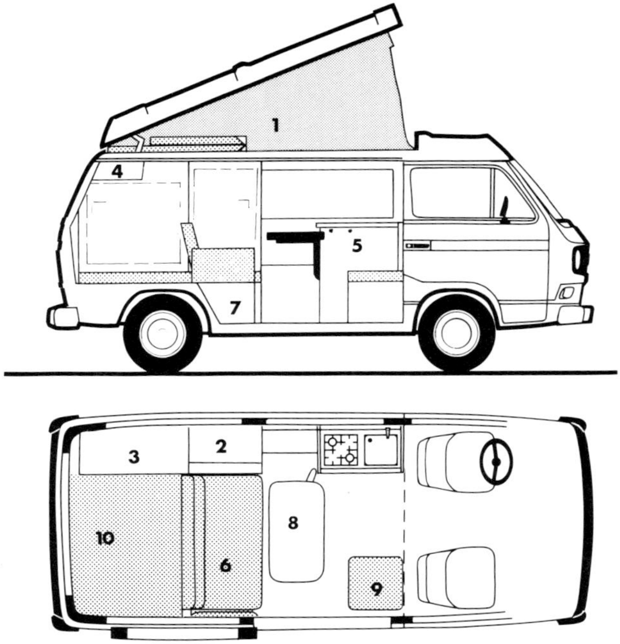

Carthago Malibu 3

Dach: In Fahrtrichtung aufstellbares Kunststoffdach (1) mit Dachbett 185 × 120 cm. Zeltstoff-Faltenbalg mit vorderen Reißverschlußklappe. Gepäckwanne über dem Fahrerhaus.
Schränke: Möbel mit Kunststoffoberflächen. Kleiderschrank (2) links neben der Sitzbank. Wäscheschrank (3) links auf dem Motorraum. Dachstaukasten (4) unter dem Dachbett.
Küche: Kombination (5) 87 cm breit. Vorbereitet für zweiflammigen Gasherd, Spüle und Absorber-Kühlschrank, 45 Liter Inhalt, für 12 Volt-, 220 Volt- oder Gasbetrieb.
Sitzgruppe: Zweisitzige Polsterbank (6) 125 cm breit, mit Klappbeschlägen und Staukasten (7), Schwenktisch (8) 80 × 50 cm. Sitzkasten (9) hinter Beifahrersitz, Motorraumpolster (10).
Gasanlage: 2 × 5 kg Gasflasche. Gaskasten in der Küchenkombination.
Wasseranlage: 15 Liter Wechselkanister in der Klappsitzbank. Elektrische Wasserpumpe. Automatikhahn.
Heizung: Flüssiggas-Umluftheizung Trumatic, in der Klappsitzbank. Be- und Entlüftung seitlich nach außen.
Preise: Küchenmöbel 445 DM, Spüle 75 DM, Kocher 185 DM, Kühlschrank 525 DM.

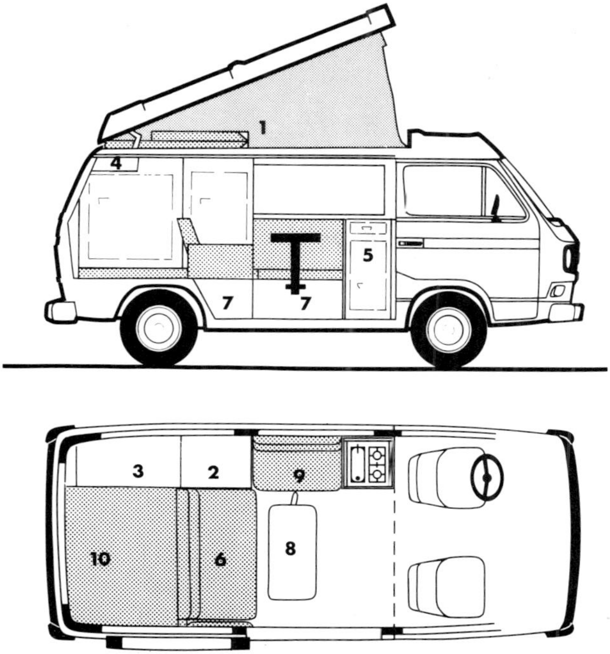

Carthago Malibu 4

Dach: In Fahrtrichtung aufstellbares Kunststoffdach (1) mit Dachbett 185 × 120 cm. Zeltstoff-Faltenbalg mit vorderer Reißverschlußklappe. Gepäckwanne über dem Fahrerhaus.
Schränke: Möbel mit Kunststoffoberflächen. Kleiderschrank (2) links neben der Sitzbank. Wäscheschrank (3) links auf dem Motorraum. Dachstaukasten (4) unter dem Dachbett.
Küche: Kombination (5) 48 cm breit. Vorbereitet für zweiflammigen Gasherd, Spüle und Absorber-Kühlschrank, 45 Liter Inhalt, für 12 Volt-, 220 Volt- oder Gasbetrieb.
Sitzgruppe: Zweisitzige Polsterbank (6) 125 cm breit, mit Klappbeschlägen und Staukasten (7), Schwenktisch (8) 70 × 50 cm. Seitlicher Sitzkasten (9), Motorraumpolster (10).
Gasanlage: 2 × 5 kg Gasflasche. Gaskasten in der seitlichen Sitzbank.
Wasseranlage: 15 Liter Wechselkanister im seitlichen Sitzkasten. Elektrische Wasserpumpe. Automatikhahn.
Heizung: Flüssiggas-Umluftheizung Trumatic, in der Klappsitzbank. Be- und Entlüftung seitlich nach außen.
Preise: Küchenmöbel 267 DM, Klappsitzbank 548 DM, Schlafdach 2220 DM.

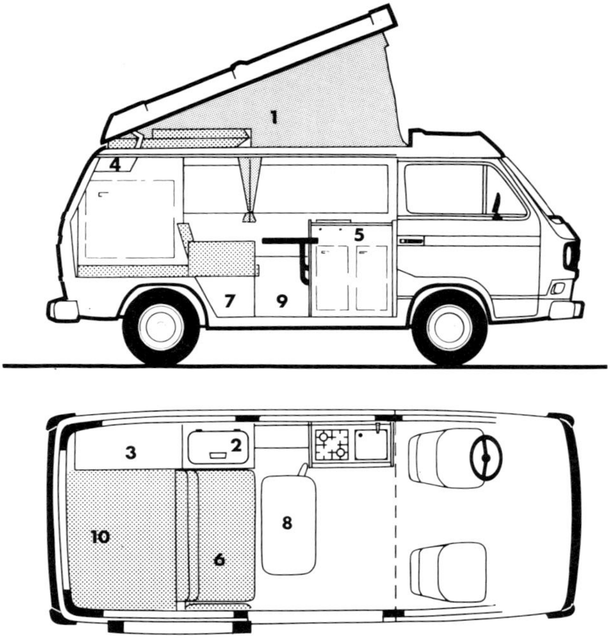

Carthago Malibu 5

Dach: In Fahrtrichtung aufstellbares Kunststoffdach (1) mit Dachbett 185 × 120 cm. Zeltstoff-Faltenbalg mit vorderer Reißverschlußklappe. Gepäckwanne über dem Fahrerhaus.
Schränke: Möbel mit Kunststoffoberflächen. Vorratsschrank (2) links neben der Sitzbank. Kleiderschrank (3) links auf dem Motorraum. Dachstaukasten (4) unter dem Dachbett.
Küche: Kombination (5) 87 cm breit. Vorbereitet für zweiflammigen Gasherd, Spüle und Absorber-Kühlschrank, 45 Liter Inhalt, für 12 Volt-, 220 Volt- oder Gasbetrieb.
Sitzgruppe: Zweisitzige Polsterbank (6) 125 cm breit, mit Klappbeschlägen und Staukasten (7), Schwenktisch (8) 80 × 50 cm. Motorraumpolster (10).
Gasanlage: 2 × 5 kg Gasflasche. Gaskasten in der Küchenkombination.
Wasseranlage: 15 Liter Wechselkanister in der Klappsitzbank. Elektrische Wasserpumpe. Automatikhahn.
Heizung: Flüssiggas-Umluftheizung Trumatic, Einbau in Sidebord (9) neben Küchenkombination, Be- und Entlüftung seitlich nach außen.
Preise: Vorratsschrank mit Sidebord 321 DM,
Schwenktisch 137 DM.

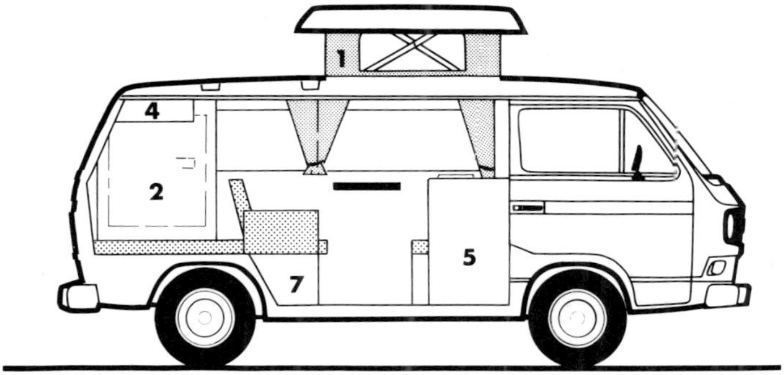

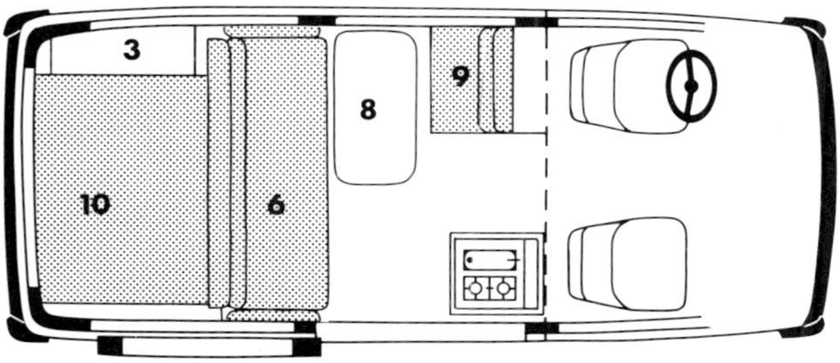

EMU Reisemobil

Dach: Hubdach (1) für Stehhöhe in Wagenmitte. Zeltstoff-Faltenbalg mit verschließbaren Lüfterklappen. Dachausschnitt etwa 110 × 90 cm.
Schränke: Möbel mit Kunststoffoberflächen. Kleiderschrank (2) auf dem Motorraum mit von hinten zugänglichen Staufächern (3). Dachstaukasten (4) im Wagenheck.
Küche: Kombination (5) 60 cm breit, vorbereitet für zweiflammigen Gasherd, Spüle und Absorber-Kühlschrank, 45 Liter Inhalt, für 12 Volt-, 220 Volt- oder Gasbetrieb.
Sitzgruppe: Dreisitzige Polsterbank (6) 160 cm breit, mit Klappbeschlägen und Staukasten (7), Klapptisch (8) an der Wand, Sitzkasten (9) hinter dem Fahrersitz, Motorkastenpolster (10).
Gasanlage: 5 kg Gasflasche im Sitzkasten. Druckregler, Absperrventile für Gaskocher, Heizung und Kühlschrank.
Wasseranlage: 25 Liter Wechselkanister im Sitzkasten. Elektrische Wasserpumpe. Automatikhahn.
Heizung: Flüssiggas-Umluftheizung Trumatic, hinter dem Fahrersitz. Be- und Entlüftung seitlich nach außen.
Preise: Klapptisch 90 DM, Küchenkombination komplett etwa 1200 DM.

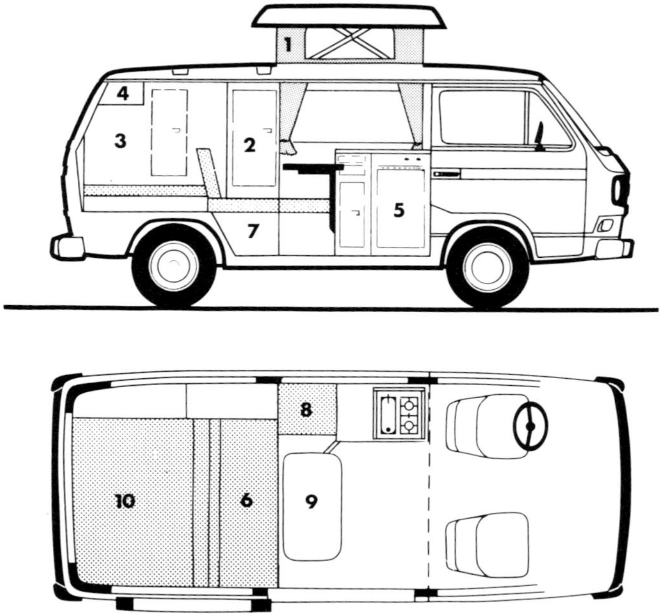

Haas Royal H

Dach: Hubdach (1) für Stehhöhe in Wagenmitte. Zeltstoff-Faltenbalg mit verschließbaren Lüfterklappen. Dachausschnittmaß 112 × 104 cm.
Schränke: Möbel mit Kunststoffoberflächen. Kleiderschrank (2) neben der Sitzbank. Wäscheschrank (3) links auf dem Motorraum mit zusätzlichen, von hinten zugänglichen Staufächern. Dachstaukasten (4).
Küche: Kombination (5) 60 cm breit. Vorbereitet für zweiflammigen Gasherd, Spüle und Absorber-Kühlschrank, 45 Liter Inhalt, für 12 Volt-, 220 Volt- oder Gasbetrieb.
Sitzgruppe: Zweisitzige Polsterbank (6) 120 cm breit, mit Klappbeschlägen und Staukasten (7), Schwenktisch (8) 80 × 40 cm. Seitlicher Sitzkasten (9), Motorkastenpolster (10).
Gasanlage: 2 × 5 kg Gasflaschen. Gasfach mit Tür in der Küchenkombination.
Wasseranlage: 13 Liter Wechselkanister im seitlichen Sitzkasten. Elektrische Wasserpumpe. Automatikhahn.
Heizung: Flüssiggas-Umluftheizung Trumatic, hinter dem Beifahrersitz. Be- und Entlüftung seitlich nach außen.
Preise: Möbel 2990 DM, Kocher und Spüle 159 DM, Hubdach 1020 DM.

Hild Top-Sleep

Dach: Dreiteilig aufstellbares Hochdach (1). Dachbett (2) 192 × 100 cm. Stehöhe bei abgesenktem Dach 180 cm. Einbau nahezu aller Bausatzmöbel möglich. Ein Ausbauvorschlag:
Schränke: Möbel mit Kunststoffoberflächen. Hinter dem Fahrersitz hoher Kleiderschrank (3) mit ausklappbarer Arbeitsplatte und Staufächer (4).
Küche: Kombination (5) 45 cm breit. Vorbereitet für zweiflammigen Gasherd, Spüle und Absorber-Kühlschrank, 45 Liter Inhalt, für 12 Volt-, 220 Volt- oder Gasbetrieb.
Sitzgruppe: Dreisitzige Polsterbank (6) 160 cm breit, mit Klappbeschlägen und Staukasten (7), Schwenktisch (8) ca. 80 × 50 cm. Seitlicher breiter Sitzkasten (9), Motorraumpolster (10).
Gasanlage: 2 × 5 kg Gasflasche. Gasfach in der seitlichen Sitzbank.
Wasseranlage: 2 × 15 Liter Wechselkanister im Kleiderschrank. Elektrische Wasserpumpe. Automatikhahn.
Heizung: Flüssiggas-Umluftheizung Trumatic, Einbau neben der Küche. Be- und Entlüftung seitlich nach außen.
Preise: Spezialdach 3850 DM, Matratze für Dachbett 320 DM.

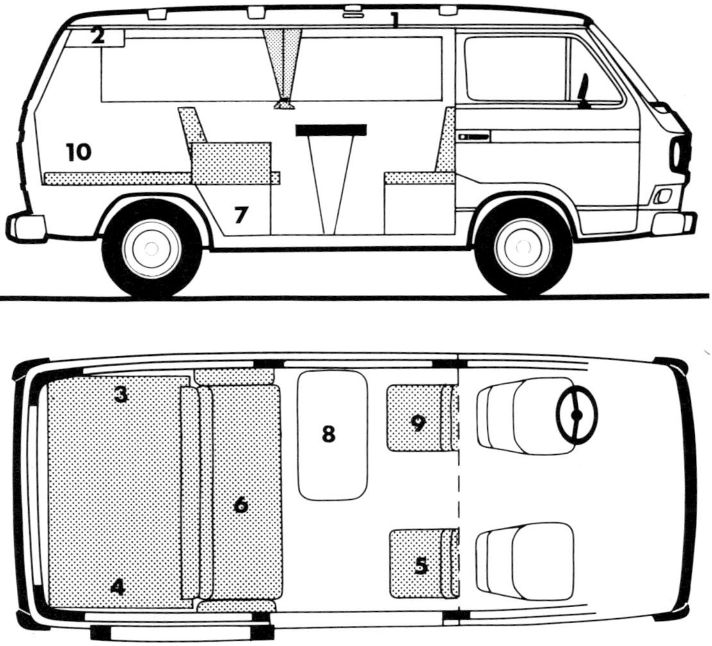

Intercamp B

Dach: Serienmäßiges Dach ohne Stehhöhe. Dachisolierung (1) aus Mineralwolle. Einbau einer Dachluke 50 × 50 cm oder eines Dachlüfters möglich.
Schränke: Möbel mit Kunststoffoberflächen. Dachstauschrank (2), späterer Einbau eines Kleiderschranks (3) und Wäscheschranks (4) möglich.
Küche: Anstelle des rechten Sitzkastens (5) möglich. Kombination 50 cm breit, mit zweiflammigem Gasherd, Spüle und Absorber-Kühlschrank, 60 Liter Inhalt, für 12 Volt-, 220 Volt- oder Gasbetrieb.
Sitzgruppe: Dreisitzige Polsterbank (6) 160 cm breit, mit Klappbeschlägen und Staukasten (7), Schiebetisch (8). Zweiter Sitzkasten (9) hinter Fahrersitz, Motorraumpolster (10).
Gasanlage: 1 × 5 kg Gasflasche. Gasfach in Küchenkombination.
Wasseranlage: 15 Liter Wechselkanister in der Küchenkombination. Elektrische Wasserpumpe. Automatikhahn.
Heizung: Flüssiggas-Umluftheizung Trumatic E, Einbau in der Sitzbank. Be- und Entlüftung seitlich nach außen.
Preise: Dachheckschrank 484 DM, Klappsitzbank 695 DM, Sitzkasten 275 DM.

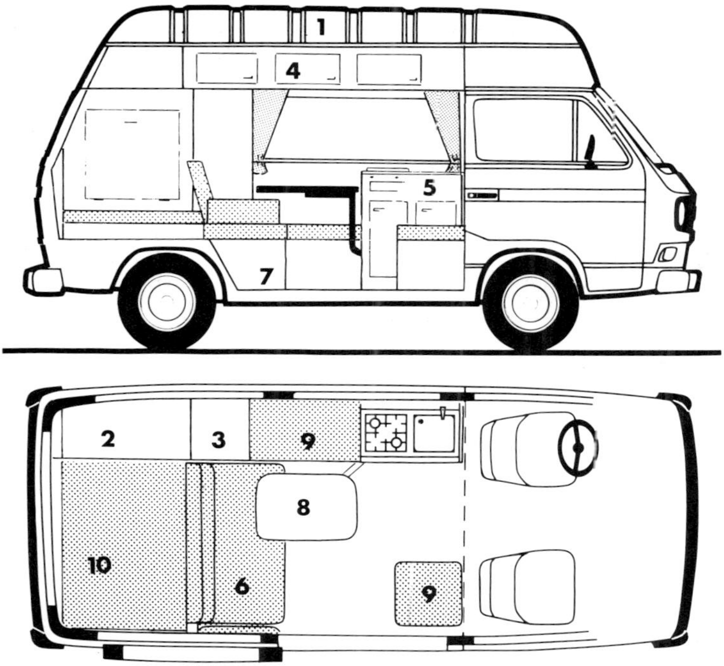

Intercamp E/H 80

Serienmäßiges Hochdach (1) mit Innenstehhöhe. Dachisolierung aus Mineralwolle und Hartschaum. Einbau einer Dachluke 50 × 50 cm oder eines Dachlüfters möglich.
Schränke: Möbel mit Kunststoffoberflächen. Dachheckstauraum (2) mit Doppeltür, zwei Dachseitenschränke (3), zwei Fahrerhaus-Dachschränke (4).
Küche: Kombination (5) 80 cm breit, mit Vorratsschrank und Geschirrfach. Vorbereitet für zweiflammigen Gasherd, Spüle und Absorber-Kühlschrank, 60 Liter Inhalt, für 12 Volt-, 220 Volt- oder Gasbetrieb.
Sitzgruppe: Dreisitzige Polsterbank (6) 160 cm breit, mit Klappbeschlägen und Staukasten (7), Schiebetisch (8) ca. 80 × 50 cm. Sitzkasten hinter dem Fahrersitz (9), Motorraumpolster (10).
Gasanlage: 1 × 5 kg Gasflasche. Gasfach in Küchenkombination.
Wasseranlage: 15 Liter Wechselkanister in der Küchenkombination. Elektrische Wasserpumpe. Automatikhahn.
Heizung: Flüssiggas-Umluftheizung Trumatic, Einbau neben der Küche. Be- und Entlüftung seitlich nach außen.
Preise: Dachheckschrank 484 DM, Klappsitzbank 695 DM, Küchenmöbel 465 DM.

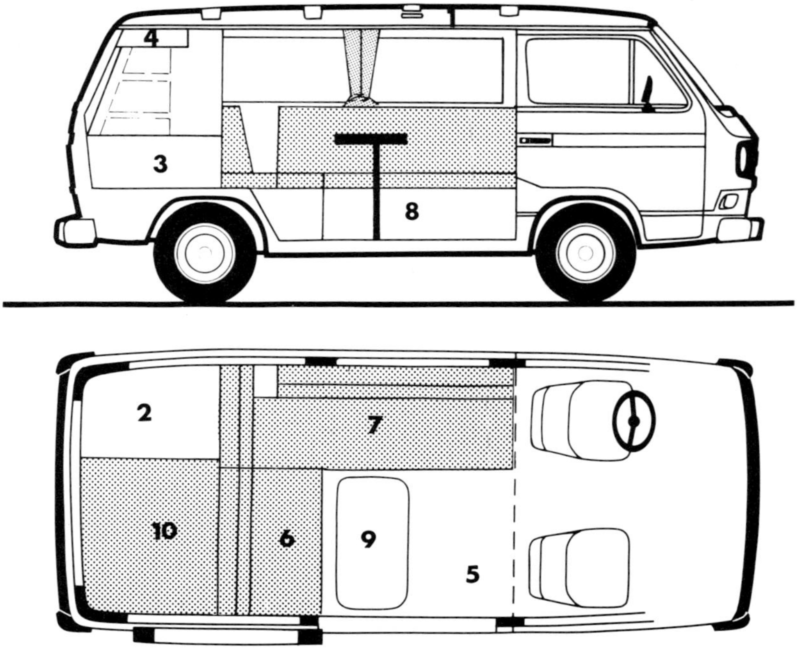

Joch Tramp

Dach: Serienmäßiges Dach ohne Stehhöhe. Dachisolierung (1) aus Mineralwolle. Einbau einer Dachluke 50 × 50 cm oder eines Dachlüfters möglich.

Schränke: Möbel mit Kunststoffoberflächen. Kleider- und Wäscheschrank (2) links sowie flacher Staukasten (3) auf dem Motorraum. Dachstaukasten (4) im Wagenheck.

Küche: Raum (5) für Kombination 80 oder 50 breit, mit zweiflammigem Gasherd, Spüle und Absorber-Kühlschrank, 45 Liter Inhalt, für 12 Volt-, 220 Volt- oder Gasbetrieb.

Sitzgruppe: Zweisitzige Polsterbank (6) 120 cm breit, dreisitzige seitliche Polsterbank (7) 200 cm lang, Staukästen (8), Säulentisch (9) 70 × 50 cm. Motorraum-Abdeckung (10).

Gasanlage: 2 × 5 kg Gasflasche. Gaskasten in der seitlichen Polsterbank.

Wasseranlage: 15 Liter Wechselkanister in der Küchenkombination. Elektrische Wasserpumpe. Automatikhahn.

Heizung: Flüssiggas-Umluftheizung Trumatic, im seitlichen Sitzkasten. Be- und Entlüftung seitlich nach außen.

Preise: Eckbank-Unterbau 705 DM, Polster dazu 740 DM, Heckschrank 470 DM.

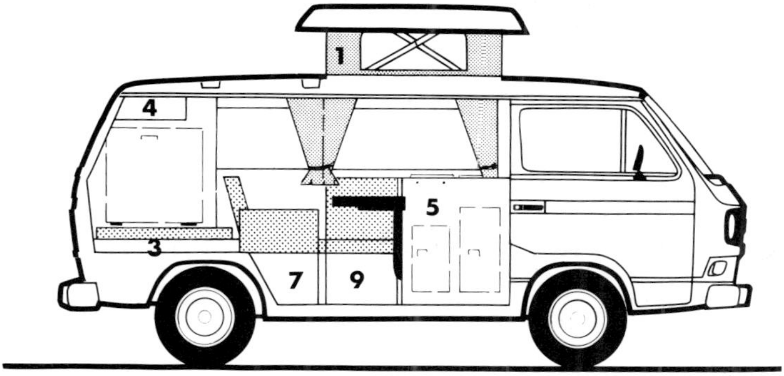

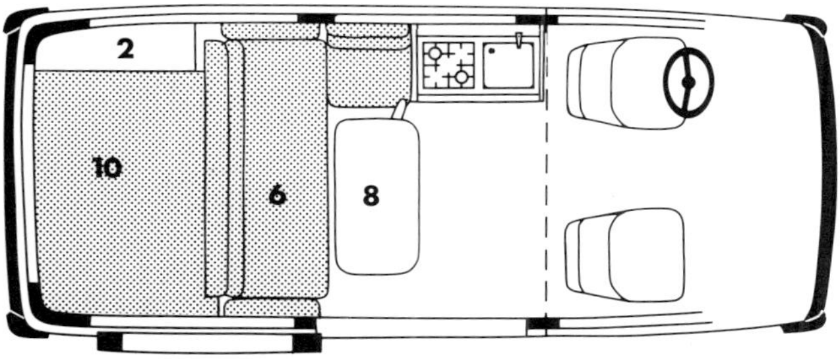

Joch Traveller

Dach: Hubdach (1) für Stehhöhe in Wagenmitte. Zeltstoff-Faltenbalg mit verschließbaren Lüfterklappen. Dachausschnitt etwa 100 × 90 cm.
Schränke: Möbel mit Kunststoffoberflächen. Kleider- und Wäscheschrank (2) links sowie flacher Staukasten (3) auf dem Motorraum. Dachstaukasten (4) im Wagenheck.
Küche: Kombination (5) 87 cm breit. Vorbereitet für zweiflammigen Gasherd, Spüle und Absorber-Kühlschrank, 45 Liter Inhalt, für 12 Volt-, 220 Volt- oder Gasbetrieb.
Sitzgruppe: Dreisitzige Polsterbank (6) 150 cm breit, mit Klappbeschlägen und Staukasten (7), Schwenktisch (8) 80 × 50 cm. Seitlicher Sitzkasten (9), Motorraumpolster (10).
Gasanlage: 2 × 5 kg Gasflasche. Gaskasten in der Küchenkombination.
Wasseranlage: 15 Liter Wechselkanister in der Küchenkombination. Elektrische Wasserpumpe. Automatikhahn.
Heizung: Flüssiggas-Umluftheizung Trumatic, im seitlichen Sitzkasten. Be- und Entlüftung seitlich nach außen.
Preise: Dachstaukasten 368 DM, Sitzbank 818 DM, Motorkastenpolster 198 DM.

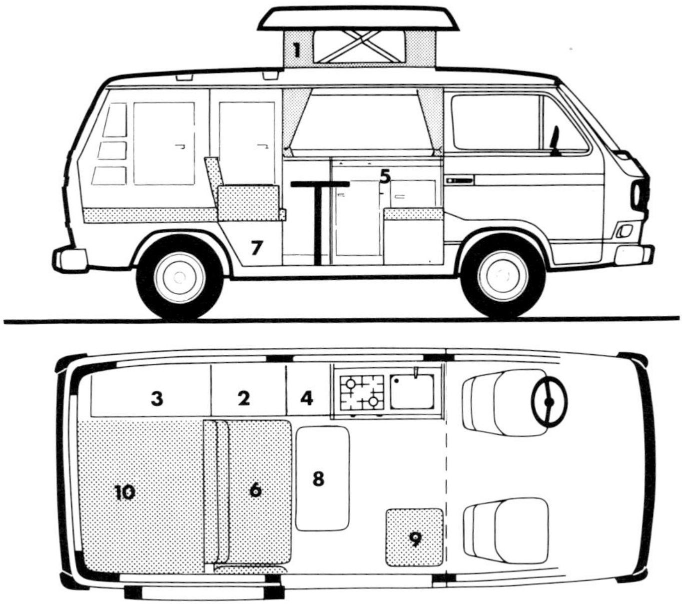

KMM Apache 1

Dach: Hubdach (1) für Stehhöhe in Wagenmitte. Zeltstoff-Faltenbalg mit verschließbaren Lüfterklappen. Dachausschnitt etwa 112 × 104 cm.
Schränke: Möbel mit Kunststoffoberflächen. Kleiderschrank (2) links neben der Sitzbank. Wäscheschrank (3) links auf dem Motorraum mit zusätzlichen offenen Staufächern. Seitlicher Stauschrank (4).
Küche: Kombination (5) ca. 90 cm breit. Vorbereitet für zweiflammigen Gasherd, Spüle und Absorber-Kühlschrank, 45 Liter Inhalt, für 12 Volt-, 220 Volt- oder Gasbetrieb.
Sitzgruppe: Zweisitzige Polsterbank (6) 128 cm breit, mit Klappbeschlägen und Staukasten (7), Tisch mit Säulenfuß (8). Sitzkasten (9) hinter Beifahrersitz, Motorraumpolster (10).
Gasanlage: 5 kg Gasflasche. Gaskasten in der Küchenkombination.
Wasseranlage: 2 × 10 Liter Wechselkanister in der Küchenkombination. Elektrische Wasserpumpe. Automatikhahn.
Heizung: Kraftstoff-Umluftheizung System Eberspächer, unter dem Wagenboden installiert.
Preise: Küchenmöbel 582 DM, Klappsitzbank 641 DM, Kühlschrank 525 DM.

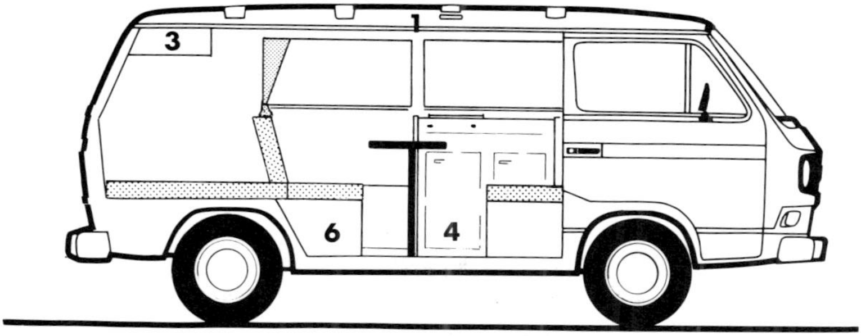

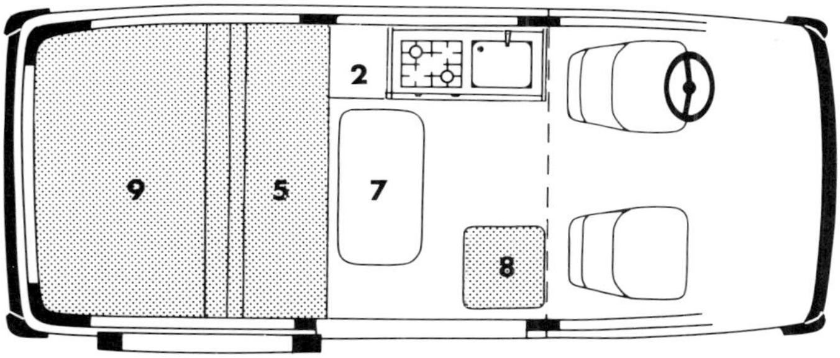

KMM Apache 2

Dach: Serienmäßiges Dach ohne Stehhöhe. Dachisolierung (1) aus Mineralwolle. Einbau einer Dachluke 50 × 50 cm oder eines Dachlüfters möglich.
Schränke: Möbel mit Kunststoffoberflächen. Stauschrank (2) links neben der Küchenkombination. Dachstaukasten (3) im Wagenheck. Diese Kombination kann mit einem Kleider- und Wäscheschrank auf dem Motorraum ergänzt werden.
Küche: Kombination (4) ca. 90 cm breit. Vorbereitet für zweiflammigen Gasherd, Spüle und Absorber-Kühlschrank, 45 Liter Inhalt, für 12 Volt-, 220 Volt- oder Gasbetrieb.
Sitzgruppe: Dreisitzige Polsterbank (5) 153 cm breit, mit Klappbeschlägen und Staukasten (6), Tisch mit Säulenfuß (7). Sitzkasten (8) hinter Beifahrersitz, Motorraumpolster (9).
Gasanlage: 5 kg Gasflasche. Gaskasten in der Küchenkombination.
Wasseranlage: 2 × 10 Liter Wechselkanister in der Küchenkombination. Elektrische Wasserpumpe. Automatikhahn.
Heizung: Kraftstoff-Umluftheizung, System Eberspächer, unter dem Wagenboden installiert.
Preise: Klappsitzbank 671 DM, Dachisolierung 93 DM, Dachverkleidung 160 DM.

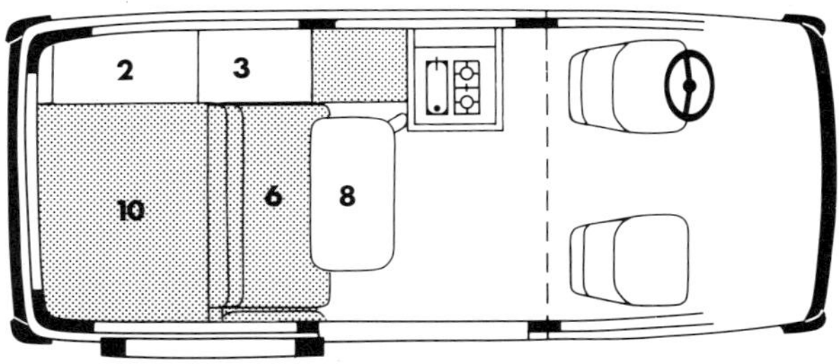

Syro Modell 3

Dach: Hubdach (1) für Stehhöhe in Wagenmitte. Zeltstoff-Faltenbalg mit verschließbaren Lüfterklappen. Dachausschnitt etwa 110 × 90 cm.
Schränke: Möbel mit Kunststoffoberflächen. Wäscheschrank (2) auf dem Motorraum. Kleiderschrank (3) hinter dem Fahrersitz mit zwei Türen und abklappbarer Arbeitsplatte. Dachstaukasten (4) im Wagenheck.
Küche: Kombination (5) 50 cm breit. Vorbereitet für zweiflammigen Gasherd, Spüle und Absorber-Kühlschrank, 60 Liter Inhalt, für 12 Volt-, 220 Volt- oder Gasbetrieb.
Sitzgruppe: Dreisitzige Polsterbank (6) 146 cm breit, mit Klappbeschlägen und Staukasten (7), Schwenktisch (8) 80 × 50 cm. Seitlicher Sitzkasten (9), Motorraumpolster (10).
Gasanlage: 2 × 5 kg Gasflasche. Gaskasten im vorderen Schrank.
Wasseranlage: 2 × 15 Liter Wechselkanister im vorderen Schrank. Elektrische Wasserpumpe. Automatikhahn.
Heizung: Flüssiggas-Umluftheizung Trumatic, Einbau neben der Küche. Be- und Entlüftung seitlich nach außen.
Preise: Kleiderschrank 376 DM, Heckschrank 276 DM, Küchenmöbel 300 DM.

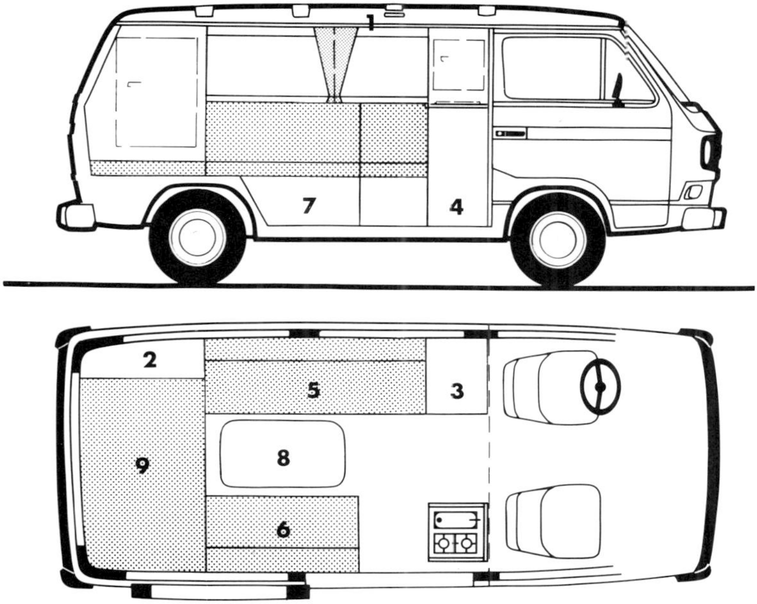

Syro Modell 3/1

Dach: Serienmäßiges Dach ohne Stehhöhe. Dachisolierung (1) aus Mineralwolle. Einbau einer Dachluke 50 × 50 cm oder eines Dachlüfters möglich.
Schränke: Möbel mit Kunststoffoberflächen. Wäscheschrank (3) hinter dem Fahrersitz mit zwei Türen und abklappbarer Arbeitsplatte.
Küche: Kombination (4) 50 cm breit. Vorbereitet für zweiflammigen Gasherd, Spüle und Absorber-Kühlschrank, 60 Liter Inhalt, für 12 Volt-, 220 Volt- oder Gasbetrieb.
Sitzgruppe: Lange Seitensitzbank (5) mit losem Rückenpolster, kurze Seitensitzbank (6) mit losem Rückenpolster, Staukästen (7) mit Deckel, Schwenktisch (8) 80 × 50 cm. Motorraumpolster (9).
Gasanlage: 2 × 5 kg Gasflasche. Gaskasten im vorderen Schrank.
Wasseranlage: 2 × 15 Liter Wechselkanister im vorderen Schrank. Elektrische Wasserpumpe. Automatikhahn.
Heizung: Flüssiggas-Umluftheizung Trumatic, Einbau neben der Küche. Be- und Entlüftung seitlich nach außen.
Preise: Kleiderschrank 376 DM, Seitenbänke 613 DM, Küchenmöbel 300 DM.

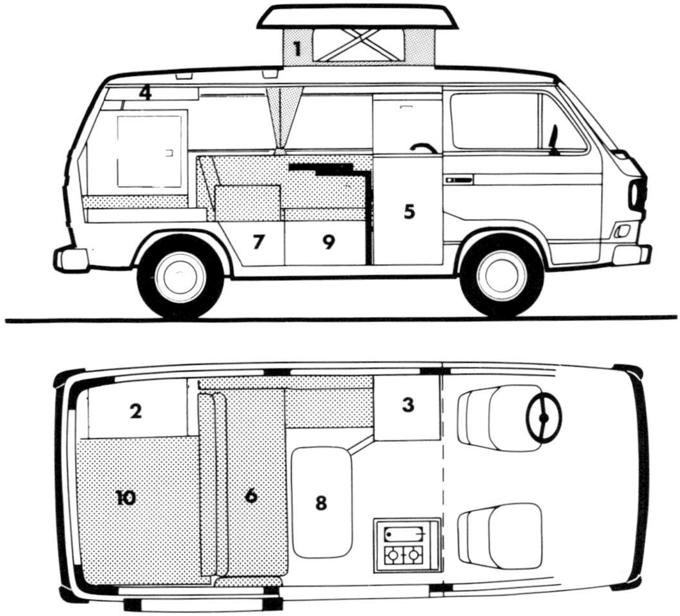

Syro Modell 4

Dach: Hubdach (1) für Stehhöhe in Wagenmitte. Zeltstoff-Faltenbalg mit verschließbaren Lüfterklappen. Dachausschnitt etwa 110 × 90 cm.
Schränke: Möbel mit Kunststoffoberflächen. Kleiderschrank (2) auf dem Motorraum mit von hinten zugänglichen Fächern. Seitlicher Wäscheschrank (3) neben der Klappsitzbank. Dachstaukasten (4) im Wagenheck.
Küche: Kombination (5) 52 cm breit. Vorbereitet für zweiflammigen Gasherd, Spüle und Absorber-Kühlschrank, 60 Liter Inhalt, für 12 Volt-, 220 Volt- oder Gasbetrieb.
Sitzgruppe: Zweisitzige Polsterbank (6) 120 cm breit, mit Klappbeschlägen und Staukasten (7), Schwenktisch (8) 80 × 50 cm. Seitlicher Sitzkasten (9), Motorraumpolster (10).
Gasanlage: 5 kg Gasflasche. Gaskasten im seitlichen Wäscheschrank.
Wasseranlage: 2 × 15 Liter Wechselkanister im seitlichen Sitzkasten. Elektrische Wasserpumpe. Automatikhahn.
Heizung: Flüssiggas-Umluftheizung Trumatic, Einbau neben der Küche. Be- und Entlüftung seitlich nach außen.
Preise: Schrank komplett 408 DM, Klappsitzbank 678 DM, Schwenktisch 145 DM.

Syro Moby Dick

Dach: Spezielles Kunststoff-Hochdach (1) mit Doppelbett 195 × 120 cm, vollisoliert mit Hartschaum und Velour. Dachhaube und Gepäckreling.
Schränke: Möbel mit Kunststoffoberflächen. Kleiderschrank (2) auf dem Motorraum mit von hinten zugänglichen Fächern. Seitlicher Wäscheschrank (3) neben der Klappsitzbank. Dachstaukasten (4) im Wagenheck.
Küche: Kombination (5) 52 cm breit. Vorbereitet für zweiflammigen Gasherd, Spüle und Absorber-Kühlschrank, 60 Liter Inhalt, für 12 Volt-, 220 Volt- oder Gasbetrieb.
Sitzgruppe: Zweisitzige Polsterbank (6) 120 cm breit, mit Klappbeschlägen und Staukästen (7), Schwenktisch (8) 80 × 50 cm. Seitlicher Sitzkasten (9), Motorraumpolster (10).
Gasanlage: 5 kg Gasflasche. Gaskasten im seitlichen Wäscheschrank.
Wasseranlage: 2 × 15 Liter Wechselkanister im seitlichen Sitzkasten. Elektrische Wasserpumpe. Automatikhahn.
Heizung: Flüssiggas-Umluftheizung Trumatic, Einbau neben der Küche. Be- und Entlüftung seitlich nach außen.
Preise: Dachschale 2280 DM, Dachhaube 248 DM, Dachbett 268 DM, Reling 32 DM.

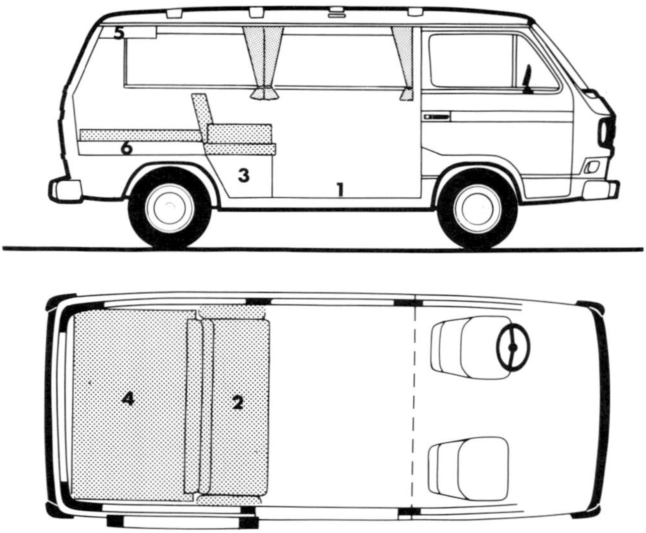

Teca Alpha 80

Karosserie: Serienmäßiges Dach ohne Stehhöhe. Nachträgliche Dachisolierung aus Mineralwolle. Einbau einer Dachluke, eines Aufstell- oder Hubdachs möglich. Bodenplatte (1) aus Sperrholz mit PVC-Belag und 15 mm Isolierung. Auch die Wände und Türen des Wohnraums sollten eine Wärmedämmung erhalten.
Sitzgruppe: Dreisitzige Polsterbank (2) 160 cm breit, mit Klappbeschlägen und Staukasten (3) sowie Motorkasten-Polster (4) gehören zur Grundausstattung. Ergänzung: Seitlicher Sitzkasten und Schwenktisch.
Schränke: Möbel mit Kunststoffoberflächen. Dachstauschrank (5) und Heckstauraum (6) im Bausatz enthalten, späterer Einbau eines Kleider- und Wäscheschranks.
Küche: Raum ausreichend für Kombination 80 oder 50 cm breit, mit zweiflammigem Gasherd, Spüle und Absorber-Kühlschrank, 45 Liter Inhalt, für 12 Volt-, 220 Volt- oder Gasbetrieb.
Gasanlage: 2 × 5 kg Gasflasche. Gasfach in Küche oder Sitzkasten möglich.
Wasseranlage: 15 Liter Wechselkanister oder 45 Liter Wassertank mit elektrischer Wasserpumpe sowie Abwassertank können eingebaut werden.
Heizung: Gas- oder Kraftstoff-Heizung mit thermostatischer Regelung.
Preise: Grundversion aus Bodenplatte, Klappsitzbank, Dachstauschrank, Motorraumpolster und Heckstauraum 1535 DM.

Teca Delta 80

Dach: In Fahrtrichtung aufstellbares Kunststoffdach (1) mit Dachbett 185 × 120 cm. Zeltstoff-Faltenbalg mit vorderer Reißverschlußklappe. Gepäckwanne über dem Fahrerhaus.
Schränke: Möbel mit Kunststoffoberflächen. Wäscheschrank (2) auf dem Motorraum. Kleiderschrank (3) mit Vorratsschrank und Spüle. Dachstaukasten (4) unter dem Dachbett.
Küche: Kombination (5) 48 cm breit. Vorbereitet für zweiflammigen Gasherd, Spüle und Absorber-Kühlschrank, 45 Liter Inhalt, für 12 Volt-, 220 Volt- oder Gasbetrieb.
Sitzgruppe: Dreisitzige Polsterbank (6) 146 cm breit, mit Klappbeschlägen und Staukasten (7), Schwenktisch (8) 70 × 50 cm. Seitlicher Sitzkasten (9), Motorraumpolster (10).
Gasanlage: 5 kg Gasflasche. Gaskasten im Kleiderschrank.
Wasseranlage: 15 Liter Wechselkanister im Kleiderschrank. Elektrische Wasserpumpe. Automatikhahn.
Heizung: Flüssiggas-Umluftheizung Trumatic, Einbau im Sitzkasten. Be- und Entlüftung seitlich nach außen.
Preise: Kleiderschrank 398 DM, Wäscheschrank 354 DM, Küchenmöbel 438 DM.

Teca Sigma H 80

Dach: Serienmäßiges Hochdach (1) mit Innenstehhöhe. Dachisolierung aus Mineralwolle und Hartschaum. Einbau einer Dachluke 50 × 50 cm oder eines Dachlüfters möglich.
Schränke: Möbel mit Kunststoffoberflächen. Wäscheschrank (2) auf dem Motorraum. Kleiderschrank (3) seitlich von der Sitzbank. Dachstaukästen (4) über der Küche, im Bug und im Heck.
Küche: Kombination (5) 80 cm breit. Vorbereitet für zweiflammigen Gasherd, Spüle und Absorber-Kühlschrank, 60 Liter Inhalt, für 12 Volt-, 220 Volt- oder Gasbetrieb.
Sitzgruppe: Zweisitzige Polsterbank (6) 120 cm breit, mit Klappbeschlägen und Staukasten (7), Schwenktisch (8) 80 × 50 cm. Seitliche Sitzkästen (9), Motorraumpolster (10).
Gasanlage: 2 × 5 kg Gasflasche. Gaskasten im seitlichen Sitzkasten.
Wasseranlage: 2 × 15 Liter Wechselkanister in der Küchenkombination. Elektrische Wasserpumpe. Automatikhahn.
Heizung: Flüssiggas-Umluftheizung Trumatic. Einbau neben der Küche. Be- und Entlüftung seitlich nach außen.
Preise: Kleiderschrank 354 DM, Hochraumausbau 984 DM, Küchenmöbel 438 DM.

3

Der Selbstausbau

Bei einem Angebot von 46 verschiedenen Wohnmobilen auf Typ 2-Basis könnte man meinen, jeder Interessent müßte etwas finden, was seinen Vorstellungen von Design und Raumaufteilung entspricht. Wer sich aber alle in Frage kommenden Varianten angesehen hat, kommt unter Umständen zu dem Schluß, daß er eigentlich gerne ein Hochdach vom Joker 3, die Naßzelle und den Klapp-Kocher vom Dehler-Profi, den größeren Kühlschrank aus dem Elektrolux-Programm und die Möbel von Syro möchte. Und dann bleibt nur ein Weg offen: der Selbstausbau.

Selbstausbau für 6000 Mark

Das zweite Argument, das für die Do-it-yourself-Methode spricht, ist natürlich der Preis. Grundelemente wie Heizung, Isolierfenster, Kühlschrank, Spüle und Wassersystem kosten, über den Zubehörhandel bezogen, zusammen kaum über 2500 Mark, ein Aufstell- oder Hochdach kommt auf weitere 2000 Mark und die restliche Einrichtung mit Schränken, Betten und einem Tisch läßt sich für 1500 Mark realisieren. Ein Kostenaufwand von rund 6000 Mark steht einem Preis von 10000 Mark und mehr gegenüber, der bei den ausgebauten Mobilen für die Ausstattung zu bezahlen ist.

Dazu kommt die Möglichkeit, mit einem billigen Gebrauchtauto einzusteigen. Ein Verfahren, das auch für fertige Wohnmobile in Frage kommt, sich aber für einen 13000 Mark-Ausbau kaum lohnt. Wer dagegen eine Tischer-Aufsatzkabine kauft, kann als Basisfahrzeug unbesorgt ein Modell aus zweiter Hand nehmen – im Zweifelsfall muß ja nach einem oder zwei Jahren nur die Kabine ummontiert, und nicht eine komplette Einrichtung aus- und wieder eingebaut werden.

Aber egal, ob man sich zum Selbstausbau entscheidet, um Geld zu sparen, oder ob der Wunsch nach Individualität vorne steht, sollte das Projekt generalstabsmäßig angegangen werden. Einfach einen billigen Transporter zu kaufen und dann mit Sperrholz und Stichsäge munter ans Werk zu gehen, ist der falsche Weg.

Was soll es werden?

Die Grundüberlegung muß sein: Was soll es werden?

- Ein Freizeitauto, um damit ins Wochenende zu fahren?
- Ein Wohnmobil, in dem die ganze Familie auch während eines längeren Urlaubs Platz findet?
- Ein Van, der viel hermachen muß, aber hauptsächlich als Pkw genutzt wird?

Auf den nächsten Seiten ist aufgeführt, welche Transporter-Modelle sich für die verschiedenen Einsatzzwecke am besten eignen, wo sie gebraucht preisgünstig zu kaufen sind und vor allem, was beim Ausbau alles zu beachten ist, um nicht nach monatelanger Mühe am TÜV zu scheitern.

Fahrzeugzulassung und Versicherung

Eine wichtige Entscheidung ist dabei auch, als was der VW nachher zugelassen wird: als »Sonderkraftfahrzeug-Wohnwagen« mit dem Versicherungseinheitstarif von 100 Prozent für alle Fahrzeuge, egal wie groß, lang oder stark motorisiert sie sind, oder soll das Auto als Bus oder Transporter laufen und damit der normalen Versicherungsstaffelung unterliegen?

Wer schon eine Police mit einem Schadensfreiheitsrabatt von 40 oder 50 Prozent hat, auf die er den Wagen anmelden kann, liegt mit der normalen Zulassung unter Umständen günstiger. Wer eine neue Police braucht, ist mit dem Wohnmobil-Sondertarif nicht schlecht beraten.

Sondertarif für Wohnmobile

Am Beispiel Allianz sieht das so aus: Ein Bus mit 50 PS-Dieselmotor kostet als Sonder-Kfz-Wohnwagen rund 470 Mark Haftpflicht im Jahr. Für eine Vollkaskoversicherung mit 600 Mark Selbstbeteiligung sind bei einem Fahrzeugwert von 35000 Mark zwei Prozent zu zahlen, also 700 Mark. Dieser Betrag bleibt dann unverändert, das heißt, es gibt für unfallfreies Fahren keinen Rabatt, dafür aber bei verschuldeten Schäden auch keinen Zuschlag.

Bei der Zulassung als Personenwagen dagegen kann ein vom vorigen Auto bestehender Rabatt übernommen oder bei Einsteigern damit gerechnet werden, daß sich der 100prozentige Beitragssatz mit der Zeit senkt.

Während Käufer von Serienwohnmobilen diesbezüglich keinen Spielraum haben, da die Fahrzeuge schon als Sonderkraftfahrzeuge zugelassen sind, haben Selbstausbauer hier mehr Möglichkeiten. Kommt jemand mit bezogenen Betten und zugezogenen Vorhängen zum TÜV vorgefahren, wird es zwar auch keine Diskussion geben, als was dieses Fahrzeug einzustufen ist. Fährt man dagegen mit einem selbstgebauten Van oder einem Freizeitgefährt vor, das zwar mit Surfbretthalterung, Skiträger, einer Kühlbox sowie einer Klappbank, die sich zum Bett verwandeln läßt, ausstaffiert ist, bleibt es Diskussionssache, ob das nun ein Sonder-Kfz oder ein ganz normales Auto ist.

TÜV gibt Auskunft

Aber nicht nur, um von vorneherein Streitigkeiten über die gewünschte Zulassung zu vermeiden, sondern auch um Probleme über die genehmigten Sitzplätze und die eingebaute Gasanlage auszuschließen, sollte der Gang zum TÜV schon vor dem großen Tag der Erstzulassung angetreten werden.

Die Gutachter sind immer willig, bereits während und vor dem Ausbau Tips zu geben und auf Dinge hinzuweisen (Richtlinien siehe Seite 245, die unbedingt zu beachten sind. Leute, die meinen, alles selbst besser zu wissen, sollten eines nicht vergessen: Tragische Unfälle durch undichte Gasanlagen oder an fehlenden Zwangsentlüftungen erstickte Insassen gab es bislang kaum bei Serien-Wohnmobilen. In fast allen Fällen waren es Selbstausbauer, die durch Baumängel diese Tragödien verschuldet haben. Ganz zu schweigen von Verletzten, die bei Crashs von Schränken und Kühlboxen fast erschlagen wurden, nur weil die Teile nicht ausreichend verankert waren.

Deshalb also der dringende Tip: Nicht überhastet losbauen, sondern sich vorher genau informieren, das richtige Basisfahrzeug auswählen und bei Einrichtungsgegenständen auf ausreichende Befestigungsmöglichkeiten achten.

DER GEBRAUCHTWAGEN-KAUF

Wer sich für den Selbstausbau entschieden hat, muß vor der Suche nach einem preisgünstigen Basisauto wissen, was es einmal werden soll.

Probleme mit alten Postautos

Für das klassische Wohnmobil eignen sich zum Beispiel Hochraumwagen der Bundespost, die den Kauf eines Aufstell- oder Hochdaches überflüssig machen. Aber so günstig, wie die Lösung auf den ersten Blick erscheint, ist sie nicht: Im hinteren Bereich sind bei diesen Fahrzeugen keine Befestigungspunkte für Sicherheitsgurte vorgesehen. Wer später nur zu zweit reisen will und während der Fahrt keine Sitzplätze im Wohnbereich benötigt, braucht sich daran nicht stören. Soll im Heck ein Kind mitbefördert werden, sieht das schon anders aus. Im Normalfall wird der TÜV

die Zulassung für mehr als zwei Personen verweigern. Wer aus Preisgründen trotzdem die Post-Wagen vorzieht, sollte vor dem Ausbau zumindest mit dem Technischen Überwachungsverein absprechen, ob weitere Passagier-Plätze – außer den zwei Vordersitzen – genehmigt werden, wenn es sich dabei um Sitzgelegenheiten mit dem Rücken in Fahrtrichtung handelt, für die bislang keine Gurte vorgeschrieben sind; bei einem möglichen Aufprall dient dann die Lehne als Sicherheitsvorkehrung.
Der Kombi- und Bus haben dagegen serienmäßig Befestigungspunkte und ersparen diesbezügliche Probleme. Dafür muß aber die Anschaffung eines höheren Daches mit in die Kalkulation einbezogen werden.

Doppelkabine als Freizeitauto

Wenn der Freizeitaspekt im Vordergrund steht und von vorneherein klar ist, daß in dem Auto zwar am Wochenende einmal geschlafen wird, das ganze Gefährt aber mehr dazu dient, ein Geländemotorrad, Surfbrett, die Tauchausrüstung oder ähnliches zu befördern, gibt es einen Geheimtip, der unter Transporter-Enthusiasten immer noch stiefmütterlich behandelt wird: die Doppelkabine.
Während der normale Pritschenwagen ein reines Nutzfahrzeug ist, das nur mit einer Aufsatzkabine zum Wohnmobil verwandelt werden kann, ist die Doppelkabine recht vielseitig: Während der Fahrt stehen vier Sitzplätze zur Verfügung, die kurze Ladepritsche kann zur Beförderung des Sportgeräts dienen, und mit etwas Geschick läßt sich aus dem Fahrgastraum sogar ein Wohnbereich zaubern, der Schlafmöglichkeiten, eine Kühlbox und Stauraum bietet. Wie aus der Doppelkabine sogar ein wollwertiges Wohnmobil werden kann, zeigt das Beispiel der Firma Höhn (siehe Seite 96).
Das klassische Grundmodell bleibt für den Ausbau als Freizeitauto oder Wohnmobil allerdings die Busversion. Billige Gebrauchtautos werden hauptsächlich von Polizei und Bundeswehr verkauft – die allerdings auch geschlossene Kastenwagen als Einsatzfahrzeuge benutzen. Ein für Wohnmobilisten ebenfalls geeignetes Modell, denn eines sollte beim Ausbau nie vergessen werden: wie beim Wohnungseinrichten schränken zuviele Fenster den nutzbaren Raum nur ein.

Bus oder Kastenwagen?

Während die zwei Fenster nach dem B-Holm – also das in der Schiebetür und das gegenüberliegende auf der Fahrerseite – durchaus sinnvoll sind, damit Mitfahrer im Wohnbereich auch etwas sehen, sind die zwei seitlichen Fenster im Heck und die Heckscheibe eigentlich unnötig. Durch den üblichen Staukasten

über dem Motorraum bedingt ist die Sicht nach hinten so eingeschränkt, daß ohnehin mit den Außenspiegeln gefahren werden muß. Die seitlichen Fenster hinten sind überflüssig, da dort normalerweise das Bett untergebracht wird und man beim Fehlen dieser Ausschnitte schon keine Vorhänge zum Verdunkeln anbringen muß. Außerdem: drei eingesparte Isolierfenster sind beim Ausbau ein Kostenfaktor, der mit rund 450 Mark Ersparnis zu Buche schlägt.
Wer sich nach all diesen Überlegungen sicher ist, welches Transporter-Modell am ehesten seinen Wünschen entspricht, der hat eigentlich nur noch ein Problem: billig an ein Auto zu kommen.

Kostenrechnung

Die erste Überlegung sollte eine Kostenplanung sein. Vom Betrag, der für ein Wohnmobil aufgewendet werden kann und soll, müssen erst einmal die Kosten für die gewünschten Einbauteile wie Dachaufbau, Fenster, Möbel, Kühlschrank etc. abgezogen werden.

Teure Gebrauchtwagen

Danach bleibt ein Betrag übrig, der für die Anschaffung des Basisautos ausgegeben werden kann. Liegt diese Summe im Rahmen von 5000 bis 15000 Mark, ist der private oder gewerbliche Gebrauchtwagen-Handel die beste Adresse. Den Typ 2 in Busform findet man als Angebot in Tageszeitungen, Kasten- oder Pritschenwagen werden dort allerdings selten offeriert. Wer sich für ein solches Modell interessiert, sollte bei einer Großmetzgerei, einem Fuhrunternehmen, einem Autoverleiher oder einer anderen Firma mit einem Fuhrpark in seiner Nähe anrufen und sich dort erkundigen, auf welchem Weg der Betrieb seine Gebrauchtautos weiterverkauft. Meist über Händler, die sich auf kleinere Nutzfahrzeuge spezialisiert haben oder manchmal auch über V.A.G.-Betriebe, die beim Kauf oder Leasen der Neuwagen die alten in Zahlung nehmen.
So auf die richtige Adresse gekommen, ist es kein Problem mehr, ein passendes Auto zu finden.

Billige Gebrauchtwagen

Die meisten Gebrauchtwagen-Käufer wollen aber nicht soviel ausgeben, sondern in Eigenarbeit ein »ganz billiges Auto« aufmöbeln. Und dann ist der Staat die beste Adresse.
Post, Bahn, Polizei und Bundeswehr mustern Dienstfahrzeuge aus, wenn sie »wirtschaftlich nicht mehr reparaturwürdig« sind. Im Klartext heißt das meist, wenn sie nicht mehr richtig fahren. Im schlimmsten Falle bedeutet das Schrott, im günstigeren, daß eine Reparatur mit 20 Arbeitsstunden sich bei einem Schätzwert von ein paar tausend Mark nicht mehr lohnt.
Bastler, die ihre Stunden nicht mit 50 Mark kalkulieren, haben die

Chance, auf diesem Weg einen VW zu bekommen, der ihnen noch viele Jahre treu dient.

Auto-Versteigerung der Post

Bundespost und Polizei verkaufen solche Fahrzeuge direkt, das heißt, sie werden am Ort öffentlich versteigert. Bei den knapp 20 Oberpost-Direktionen im Bundesgebiet gibt es jeweils ein »Kraftfahrzeugtechnisches Referat« mit Sachverständigen, die entscheiden, ob ein Auto wieder instandgesetzt oder abgegeben werden soll. Wer dort anruft (die Nummer der zuständigen Oberpost-Direktion kann in jedem Postamt erfragt werden) erfährt, welche zuständigen Bereichswerkstätten eine Versteigerung anstehen haben. Zusätzlich werden diese Termine meist noch in den örtlichen Tageszeitungen veröffentlicht.

Zustand der Wagen

Die Oberpostdirektion Stuttgart beispielsweise setzt im Sechs-Wochen-Rhythmus an Samstagen eine Auktion an, auf der 50 bis 70 Wagen angeboten werden – fast immer auch ein Transporter. Um neun Uhr stehen die Fahrzeuge zur Besichtigung bereit, ab zehn Uhr kann geboten werden. Probefahrten gibt es nicht, eine Gewährleistung für fehlende Teile und später erkannte Schäden wird nicht übernommen. Im Extremfall heißt das, ein Kunde ersteigert einen Bus, der ihm optisch sehr ordentlich erscheint und stellt nach der obligatorischen Barzahlung fest, daß gar kein Motor im Auto ist. Vor dem Steigern muß also genau geschaut werden – den fehlenden Motor erkennt selbst der Laie an der entlasteten und damit hochbeinigen Hinterachse.

Preise nicht hochtreiben

Weil das Risiko für den Kunden hoch ist, sind dafür die Preise niedrig. 400 Mark bis 600 Mark werden im Normalfall für einen Transporter bezahlt. Ein denkbar schlechter Termin für eine Auktion ist dabei der Frühsommer. Unter den durchschnittlich 100 Interessenten, die man bei der Versteigerung antrifft, sind dann viele Studenten und Wohnmobilisten, die einen VW oder Mercedes 406 Paketwagen als Urlaubsauto suchen. Im Herbst und Winter ist das Interesse daran deutlich geringer, das heißt, die Preise werden nicht hochgesteigert. Herbert Leiss von der Stuttgarter Dienststelle hat dafür kein Verständnis: »Da schaukeln sich Camper gegenseitig auf Preise, die total überhöht sind«, meint er. Sein Tip: Nicht unter Zeitdruck steigern, sondern lieber beim Bieten aussteigen und sechs Wochen später wieder mitmachen, wenn kein Konkurrent da ist, der den Preis ins Uferlose treibt.

Auto-Versteigerungen bei der Polizei

Ähnlich ist die Situation auch bei der Polizei. Statt der Oberpost-Direktionen sind es hier die Landespolizei-Direktionen, die ausgemusterte Fahrzeuge anbieten. Dabei handelt es sich allerdings

Vor der Reise-Saison herrscht bei Versteigerungen der größte Andrang.

nicht nur um Dienstwagen, sondern es kommen auch beschlagnahmte oder sichergestellte Autos unter den Hammer.
Sonderzubehör wie Blaulicht oder Martinshorn werden bei den Einsatzfahrzeugen vorher immer entfernt, manchmal fehlen bei einem VW-Bus aber auch die Heckklappe oder eine Tür. Das sind dann Teile, die in den Betriebswerkstätten der Polizei weiterverwendet wurden.
Die Angebote für solche Occasionen fangen bei 50 Mark an und gehen – je nach Zustand – bis 2000 Mark oder mehr für einen Transporter. Die Preisbasis ist dabei immer realistisch, da ein Dekra-Gutachter die Wagen geschätzt hat und diese Preise als Ausgangspunkt beim Bieten gelten. Bleiben die Interessenten allerdings unter diesem Mindestangebot, geht das Auto auch für weniger weg. Im Prinzip gilt also das gleiche wie bei der Post: lieber öfter auf eine Auktion gehen und dafür nur dann bieten, wenn kein anderer Interessent den Preis hochschaukelt.

Barzahlung ist Pflicht

Wer den Zuschlag erhalten hat, muß bei solch einer Versteigerung dann sofort bar bezahlen – also immer den großen Geldbeutel mitnehmen. Auch Euro-Schecks werden nur zum Höchstbetrag von 300 Mark pro Stück angenommen.

Gebrauchte Bundeswehr-Fahrzeuge

Das ist bei der Bundeswehr anders. Dort kommt eine Rechnung ins Haus, die innerhalb von zehn Tagen »ohne jeden Abzug« zu bezahlen ist. Geschäftspartner ist dabei die VEBEG, die bundeseigene Verwertungsgesellschaft.

Wer an folgende Anschrift schreibt:

VEBEG
Verwertungsgesellschaft mbH
Günderrodestraße 21
6000 Frankfurt

Die VEBEG

oder unter 0611/230491 anruft, bekommt auf Verlangen eine Ausschreibung zugesandt, in der alle im Moment zum Verkauf angebotenen Fahrzeuge aufgeführt sind. Wer sich Zeit lassen möchte und in Ruhe suchen kann, hat außerdem die Möglichkeit, für 39 Mark im Halbjahr das Bundesausschreibungsblatt zu abonnieren. Dreimal wöchentlich wird darin mitgeteilt, was es aus Staatsbeständen zu kaufen gibt. Die Anschrift des Verlages:

Das Bundesausschreibungsblatt

Bundesausschreibungsblatt GmbH
Postfach 200180
4000 Düsseldorf 1

Im Zweifelsfalle eine Lektüre, die sich für ein halbes Jahr auch lohnt, wenn man seinen VW schon längst gefunden hat. Wer will sich nicht einmal mit dem Gedanken tragen, einen Starfighter, ein »entmilitarisiertes« Schiff der Bundesmarine oder einen sechsradgetriebenen Lkw zu kaufen – und das zu unwahrscheinlich günstigen Preisen?
Aber selbst auf dem Automarkt ist das Angebot beachtlich. Da verkauft zum Beispiel unter der Losnummer 3432.13 das Amt für Landwirtschaft und Landentwicklung in Fulda einen VW-Bus und die Autobahnmeisterei in Bad Hersfeld unter der Losnummer 3432.19 eine Doppelkabine – beides Angebote aus nur einem der Ausschreibungsblätter.

Probleme beim VEBEG-Angebot

So übersichtlich diese Offerteen aufgemacht sind, so verzwickt ist der Kauf. Wie Post und Polizei übernimmt die VEBEG keinerlei Gewährleistungen. Die Fahrzeuge werden ausgeschrieben mit der Angabe des Standortes. Dort muß der Interessent dann anrufen und einen Besichtigungstermin ausmachen. Vor Ort darf er sein Traumauto betrachten – manchmal aber nicht einmal aus der Nähe und schon gar nicht im Detail. Probefahren ist sogar gänzlich unmöglich. Ein Problem, das der VEBEG selbst im Magen liegt, sich aber nicht ändern läßt. Bei der Bundeswehr gibt es zum Beispiel Standorte, sagt der zuständige Marketingmann in Frankfurt, in denen können mögliche Käufer auch einmal unter das Auto schauen oder an einem Rad wackeln. Dann gibt es aber wieder

welche, dort läßt man mögliche Käufer nicht einmal die Motorklappe öffnen.
Bei der VEBEG zu kaufen heißt also in den meisten Fällen, die Katze im Sack zu erwerben. Aber wie bei Post und Polizei gehabt – die Preise sind so günstig, daß sich das Risiko lohnen kann.

Reines Glücksspiel

Freunde des Glückspiels werden bei dem Frankfurter Staatshändler sogar noch besser bedient: Der Verkauf erfolgt nach dem Höchstgebot, das für einen Artikel, das heißt in diesem Fall für einen VW, eingeht. In der Ausschreibung gibt es allerdings keine Angabe über ein Mindestgebot. In der Praxis bedeutet das, wenn jemand 50 Mark als schriftliches Gebot einreicht und niemand anderes mindestens 51 Mark bietet, hat der Bieter den Zuschlag.

Auskünfte einholen

In Wirklichkeit sieht das weniger günstig aus. Autohändler und spezialisierte Werkstätten mischen mit und haben durch ihre Praxis meist ein besseres Gespür für den Preis, als Anfänger in diesem Geschäft. Der einzige Ausweg bleibt da für Selbstausbauer ein Anruf bei der Verkaufs- oder Kfz-Abteilung der VEBEG, wo man sich dann bemüht, etwas detailliertere Auskünfte zu erteilen.
Wer sich auf diesem Wege ein preisgünstiges Fahrzeug beschaffen will, sollte sich außerdem unbedingt an die Richtlinien halten, die es für das Steigern bei der VEBEG gibt und sich die allgemeinen Geschäftsbedingungen der Verwertungsgesellschaft genau durchlesen.

VEBEG-Richtlinien

Die Richtlinien für die Gebotsabgabe lauten:
1. Gebote schriftlich, möglichst auf VEBEG-Gebotsscheinen an die Zentrale in Frankfurt senden. Telegrafische oder fernschriftliche Gebotsabgabe ist zulässig. Sammel- und Einzelgebotsscheine können angefordert werden.

2. Los-Nummer genau bezeichnen.

3. Gebote entsprechend der geforderten Basis (z.B. DM/je Stück, je kg, en bloc) abgeben.

4. Gebote gelten jeweils für die Gesamtmenge des jeweiligen Loses.

5. Zuzüglich zum Gebotspreis wird die gesetzliche Umsatzsteuer berechnet.

6. Gebote, auch telegrafische oder fernschriftliche, müssen die genaue Anschrift des Bieters (möglichst mit Fernsprech- oder Telexnummer) enthalten.

7. Rechtsgültige Unterschrift nicht vergessen.

8. Bitte deutlich schreiben. Verschriebene Gebote nicht ausbessern, sondern neu schreiben.

9. Gebote dürfen keine Bedingungen oder Vorbehalte aufweisen.

10. Ware unbedingt vor Gebotsabgabe besichtigen. Gewährleistungsansprüche sind ausgeschlossen.

11. Gebote so rechtzeitig zur Post geben, daß sie vor Ablauf des Gebotstermins bei der VEBEG vorliegen.

12. Die Rücknahme eines Gebotes muß vor dem Gebotstermin bei der VEBEG vorliegen. Bei mehreren Geboten eines Bieters auf das gleiche Los gilt stets das höchste Gebot.

13. Die Gebotsbekanntgabe ist öffentlich. Nur derjenige, der den Zuschlag erhält, wird bekanntgegeben. Er wird innerhalb von zehn Tagen benachrichtigt. Bieter, die nach Ablauf dieser Zeit keine Nachricht erhalten haben, können davon ausgehen, daß ihr Gebot nicht berücksichtigt werden konnte.

TIPS UND TRICKS FÜR DEN AUSBAU

Nach dem Kauf eines neuen oder gebrauchten Transporters ist der Ausbau zum Wohnmobil der nächste Schritt. Zubehörteile wie Gepäckträger, Stereoanlagen, Fernsehantennen, Leichtmetallfelgen und ähnliche spielen dabei erst einmal keine Rolle. Sie werden deswegen in diesem Buch gesondert unter Zubehör abgehandelt – ein Teilbereich, der auch für die Besitzer eines serienmäßigen Wohnmobils interessant ist.
Auf den nächsten Seiten geht es ausschließlich um den langen Weg, der vom Grundfahrzeug zum Wohnmobil führt. Wer nur ein Freizeit-Auto mit Wohnmöglichkeit sucht, oder wer seinen schlichten Transporter einfach zum Van aufmotzen will, findet hier zwar Anregungen, wie er das Fahrzeug mit einer Heizung für den Standbetrieb, mit isolierten Fenstern oder zusätzlichen Lüftern ausrüsten kann, wird sich aber im Normalfall mit reinen Zusatzteilen behelfen können. Ein richtiggehender Aufbau des gesamten Autos wird sich ansonsten erübrigen. Nicht so für Bastler, die ihr eigenes Wohnmobil haben wollen.

Erster Schritt: General-Check

Je nach Zustand des vorhandenen Fahrzeugs ist das Durchchekken von Fahrwerk, Motor, Getriebe, Bremsanlage, Lenkung und Antriebsachsen der erste Schritt. Wer sich hier seiner nicht ganz sicher ist, sollte diese Arbeiten unbedingt einer V.A.G.-Werkstatt überlassen. An den Bremsen oder der Lenkung ohne Fachkenntnisse herumzuschrauben, hieße nicht nur am falschen Platz zu sparen, sondern auch das eigene und das Leben der Mitfahrer zu riskieren. Wer dagegen über genügend Erfahrung verfügt, kann zumindest einige Arbeiten selbst durchführen.

DAS PROBLEM STEHHÖHE

Das größte Problem beim Selbstausbau: aufrechtes Stehen ist im Transporter nicht möglich. Dieser Luxus läßt sich nur durch die Anschaffung eines Hoch- oder Aufstelldaches erkaufen. Wer meint, sein Auto später auch mit dem Seriendach als Wohnmobil fahren zu können, weil er nur zum Schlafen oder Essen im hinteren Bereich sein und dann eben den Kopf einziehen will, der wird diesen Irrtum bitter bereuen. Ein Wohnmobil ohne volle Stehhöhe ist ein Marterinstrument.

Die volle Kopffreiheit ist sicher nicht nötig, um an der Autobahn auf einem Parkplatz Pause zu machen – aber spätestens, wenn länger an einem Platz geblieben wird, müssen die Passagiere aufrecht stehen können.

Prinzipiell gibt es zwei Möglichkeiten: starre Hochdächer, die einem permanent volle Stehhöhe bringen – oder sogenannte Aufstelldächer, die nur im Bedarfsfall aufgeklappt werden und dann als Zeltaufbau über dem Auto stehen.

Hochdach oder Aufstelldach?

Wer glaubt, das feste Hochdach wegen seiner klobigen Form und dem damit verbundenen Luftwiderstand aus Gründen der Benzineinsparung von vorneherein ausschließen zu können, muß sich eines besseren belehren lassen: Aufbauten wie beim Joker 3 beispielsweise wirken sich auf den Verbrauch kaum aus, da der im Vergleich zum Joker 1 wesentlich bessere cw-Wert die größere Fläche fast aufhebt – das heißt, im für den Verbrauch wichtigen Wert cw · F sind keine großen Unterschiede festzustellen.

Vorteile Aufstelldach

Die Entscheidung, ob Hochdach oder Aufstelldach, sollte nach anderen Gesichtspunkten getroffen werden: Mit einem relativ flachen Aufsatz, der sich nur bei Bedarf hochstellen läßt, kommt der Typ 2, je nach verwendetem Dachmodell, auf eine Gesamthöhe von 2,05 bis 2,1 Meter. Abmessungen, die es noch ermöglichen, in der Stadt in vielen Parkhäusern zu parken oder durch Waschanlagen zu fahren.

Bei den 2,6 bis 2,7 Metern Höhe mit starren Aufbauten geht das meist nicht mehr. Außerdem bietet der variable Aufbau in allen Fällen mehr Bewegungsfreiheit im oberen Bett (falls ein solches vorgesehen ist) und sorgt mit seinen Zeltwänden im Sommer für eine bessere Belüftung des Autos.

Vorteile Hochdach

Die Vorteile des festen Hochdaches dagegen liegen in der ungleich besseren Isolierung im Winter, wenn beim Aufstelldach nur dünner Stoff und eine zusätzliche Isoliermatte die Wärme im Inneren halten sollen – und in der Anonymität des Kunststoffaufbaues. Wer mit einem aufgestellten Zeltdach irgendwo in der Stadt übernachten will, kann nicht verhindern, daß jeder Passant sieht: Hier wird gewohnt. Und erfahrungsgemäß findet sich immer ein liebenswerter Zeitgenosse, der nachs um drei Uhr unbedingt ans Fenster klopfen oder im Vorbeigehen besonders viel Lärm machen muß. Einem Wohnmobil mit festem Hochdach dagegen ist nicht anzusehen, ob der Wagen abgestellt ist oder ob jemand darin schläft.

Von all diesen praktischen Überlegungen abgesehen, ist die Dachform aber auch eine Frage des persönlichen Geschmacks. Vor allem, wenn das Auto dunkel lackiert ist und von einem weißen Aufsatz gekrönt wird, sieht der Transporter etwas unproportioniert aus.

Bevor entschieden wird, welches Dach man beim Selbstausbau verwendet, sollte man folgende Argumente gegeneinander abwägen:

- Wird später hauptsächlich in den sonnigen Süden gefahren, ist ein Aufstelldach mit Zeltwänden und großem Reißverschlußfenster im Frontbereich wegen der besseren Durchlüftung vorzuziehen.
- Ist häufiges Wintercamping geplant, sollte man ein festes Hochdach einbauen, das auf jeden Fall besser isoliert, als ein Zeltdach – selbst wenn zusätzliche Matten verwendet werden, wie sie im Zubehörhandel zu haben sind.
- Soll der Transporter als Wohnmobil und Alltagsauto genutzt werden, dann dem flach bauenden Aufstelldach den Vorzug geben, da das Auto sonst nicht in Parkhäuser, die eigene Garage oder eine Waschstraße paßt.
- Müssen Kinder im eventuell oben untergebrachten Bett schlafen, geht ein festes Hochdach. Sollen Erwachsene oben schlafen – dann ist das Aufstelldach wieder vorzuziehen, da im aufgeklappten Zustand immer mehr Platz vorhanden ist, als im festen Aufbau.

Nicht jedes Dach paßt

Sind diese Fragen geklärt, kann der gewünschte Aufsatz gekauft werden. Was an Modellen auf dem Markt ist, steht im zweiten Kapitel des Buches. Vor dem Bestellen sollte allerdings geklärt sein, ob der Hersteller für das vorhandene Auto ein Dach anbietet,

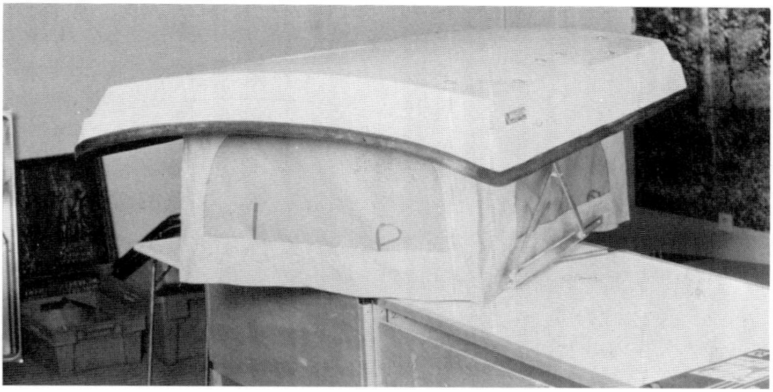

Hubdach aus dem Lieferprogramm der Firma Fritz Berger.

oder ob dieses nur für bestimmte Transporter-Typen und Baujahre lieferbar ist. Einige Dächer können beispielsweise nur mit dem sogenannten Modell Camping von VW verwendet werden, das serienmäßig bereits eine Dachöffnung hat und schon vom Werk für den Ausbau vorgesehen ist.
Bei gebrauchten Fahrzeugen, die aufgesägt werden müssen, ist die Verwendung dieser Dächer dann nicht möglich. Also unbedingt vor der Bestellung mit Angabe von Baujahr und Fahrgestellnummer nachfragen, ob das vorgesehene Dach überhaupt verwendet werden kann!
Für den Anbau des Daches selbst lassen sich kaum spezifische Tips geben, außer sich genau an die Angaben des Herstellers zu halten und lieber dreimal nachzumessen, bevor gesägt wird. Ein zu kleiner Dachausschnitt läßt sich immer noch nacharbeiten – wenn das Loch zu groß ist, wird es sehr aufwendig, wieder Material anzuschweißen.
Allgemein ist ansonsten zu beachten, daß keine scharfen Kanten stehen bleiben dürfen, Schnittflächen sorgfältig zu enkraten sowie zu grundieren sind, und daß die Dichtleisten und Bänder mit großer Genauigkeit verlegt werden, um spätere Wassereinbrüche auszuschließen.

Der Ausbau

Außer den auf den Seiten 126 bis 150 gezeigten Innenausstattungen gibt es noch eine Reihe von Firmen, die kein komplettes Ausbau-Programm offerieren, sondern nur einzelne Teile wie Schränke, Betten, Küchenblöcke, Fenster, Luken, Heizungen, Wasserinstallationen, Kühlschränke, Isoliermaterial und ähnliches anbieten.

Wichtige Ausstatter und Zubehörfirmen

Wer nicht Bauteile aus dem Syro-Mobiliar oder Mosaik-Programm möchte, sollte deshalb unbedingt die Angebote anderer Firmen durchgehen, wie beispielsweise Fritz Berger, KDM, Sport Berger,

Steinmann, Därr, Intercamp, VSW, Sportscraft, Haas oder anderen (Anschriften stehen im Anhang des Buches).

Auch Kaufhäuser, Caravan-Händler oder Campingartikel-Geschäfte haben Ausbauteile im Angebot. In den meisten Fällen lohnt aber ein genauer Preisvergleich der Offerten von Versandfirmen eher, da diese in der Regel preisgünstiger sind. Vor allem auf Sonderangebote achten! Manchmal wird ein Artikel, wie zum Beispiel ein Seitenfenster mit Lamellen-Lüftungsklappen, nach einiger Zeit wieder aus dem Programm genommen und die restlichen Einzelposten sind dann mit 50 Prozent Nachlaß zu kaufen. Das sind Chancen, die man nutzen sollte.

Vorbereitungen

Wenn dann mit dem Ausbauen begonnen wird, müssen vorhandene Einrichtungen wie VW-Wandverkleidungen und Bodenteppiche als erstes entfernt werden. Bei Teilen wie Sitzbänken oder Fahrersitzen, die gegen Schwebesitze oder Schalenexemplare (siehe Seite 197) ausgetauscht werden, sollte man versuchen, die alten Sitzgelegenheiten entweder über eine Kleinanzeige in der Tageszeitung loszuwerden, oder sie in Zahlung zu geben. Die Firma Syro beispielsweise kauft ihren Kunden die Serien-Sitzbänke, je nach Zustand, zu Preisen von 50 bis 140 Mark ab.

Grundreinigung

Wenn der Ladebereich dann kahl und leer vor einem liegt, ist meist Sand, Dreck und an einigen Stellen Rost zu sehen. Jetzt nicht mit dem Gartenschlauch und viel Wasser reinigen, sondern lieber mit Drahtbürste und Staubsauger, um zu verhindern, daß Wasser in Ritzen und Ecken eindringt, was später zu zusätzlichen Rost führen kann.

Rostbehandlung

Bereits angerostete Stellen mit der Schleifscheibe blank machen und gründlich mit einem Rostschutzmittel, wie »Rostfrei F« von Brennerstuhl, behandeln, bevor grundiert wird. Sowohl an der Karosserie als im Innenbereich können kleinere durchgerostete Stellen an nicht tragenden Teilen mit Glasfasermatten und Kunstharz repariert werden – an tragenden Teilen sollte man nur einen Fachmann Reparaturbleche einschweißen lassen.

Streichen und Isolieren des Wagenbodens

Der nächste Schritt ist das Vorbereiten des Fahrzeugbodens für das Verankern der Einbauteile. Während Westfalia für das Mosaik-Programm oder Syro für die diversen Ausbaureihen zugesägte Bodenplatten anbieten, die auch unbedingt verwendet werden sollten, führen andere Ausstatter diese speziellen Platten für den Typ 2 nicht. Aber bevor diese Grundplatte verlegt wird, muß der Boden vorbereitet werden. Eine erfahrungsgemäß gute Lösung ist es, das

Blech und einen zehn Zentimeter hohen Rand im Innenraum mit einer bis zu drei Zentimeter dicken Bitumenmasse einzustreichen, die später ein Durchsickern von Feuchtigkeit verhindert und der erste Schritt zur Isolierung ist. Wer darauf noch eine Kunststoff-Wärmedämmatte legt, kann sicher sein, daß er gegen die Auskühlung von unten schon einiges getan hat.

Verankerung

Wer jetzt nicht auf eine fertige Bodenplatte zurückgreifen kann, muß eine anfertigen. Am besten eignet sich hierfür eine wasserfest verleimte Tischlerplatte mit mindestens 14 Millimeter Dicke. Diese muß mit dem Bodenblech verbunden werden. Dazu nicht vier oder fünf Blechschrauben verwenden! Bei einem möglichen Unfall hängt die Sicherheit aller Insassen davon ab, daß sich keine Möbel und andere Einbauteile lösen und durch das Fahrzeug fliegen. Deswegen mit stabilen Schloßschrauben arbeiten. Und am besten mehrere Reihen mit je drei Schrauben anbringen.

Bodenbelag

Vor dem weiteren Ausbau sollte jetzt ein Belag verlegt werden. Statt gleich einen Teppichboden zu nehmen, empfiehlt sich ein pflegeleichtes Kunststoffmaterial, das als Restposten gekauft wird. Den komfortfördernden Teppich erst nach dem Ausbau exakt zuschneiden und so einlegen, daß er zum Säubern wieder herausgenommen werden kann.

Isolieren der Seitenteile

Seitenteile und Dach müssen als nächstes isoliert werden. Hartschaumplatten eignen sich hierfür wegen ihres günstigen Preises besonders. Glasfasermatten mit einer aluminiumbeschichteten Seite (Quadratmeter um 17 Mark) sind nur für das Dach zu empfehlen, in Seitenteilen rütteln sie sich zusammen und schaffen Kältebrükken.

Schaumplatten und Folien

Sowohl für den Hartschaum wie für Fasermaterial im Dachbereich eignen sich zusätzlich Kunststoff-Folien, in die Luftblasen eingeschlossen sind. Dieses Material ist einfach zu verlegen und erhöht den Isolationswert um weitere 30 Prozent.
Mit den Platten und der Matte werden Seitenteile, Schiebetür und Dach (bei Fahrzeugen ohne Kunststoff-Aufsatz) ausgelegt. Zur Befestigung sollte bei Styropor doppelseitiges Klebeband verwendet werden, da Kontaktkleber das Material auflöst. Sogenannter Klebeschaum aus der Sprühdose sorgt für zusätzlichen Halt und füllt Zwischenräume. Beim Verlegen ist darauf zu achten, daß auch kleinste Löcher zu Wärmeverlusten führen.

Isolieren von Blechteilen Wenn jetzt die Innenverkleidungen wieder angebracht werden, hat man ein isoliertes Fahrzeug – zumindest theoretisch. Denn jedes Metallteil, das von außen nach innen führt, ist auch eine Kältebrükke. Ein Umstand, gegen den nicht allzuviel zu tun ist, da sonst jeder Fahrzeugholm, jedes Stück Blech im Innenraum extra isoliert werden müßte. Wer diesen Aufwand betreiben will und nicht vor zuviel Plüschatmosphäre zurückschreckt, kann auf ein fellartiges Material aus Kunststoff zurückgreifen, das im Fachhandel erhältlich ist und wie Klebefolie verlegt wird. So ein Teddybären-Interieur ist allerdings nicht jedermanns Sache. Ansonsten kann man davon ausgehen, daß ein mit den beschriebenen Glasfasermatten und Hartschaumplatten isolierter Typ 2, der mit einer Diesel- oder Gasheizung mit mindestens 2200 kcal Leistung ausgerüstet ist, durchaus für Wintercamping bis minus zehn Grad geeignet ist; aber nur, wenn die Fenster stimmen!

Isolierfenster Alle Fenster im Wohnbereich des Busses oder alle im Kastenauto nachträglich vorgesehenen Fenster müssen doppelt verglast sein. Während im Führerhaus die Serienscheiben beibehalten und im Winter des Nachts nur mit dicken Vorhängen zugehängt werden, sind im Wohnbereich unbedingt Isolierfenster nötig, um die von der Heizung produzierte Wärme halten zu können.

Geeignete Ausstell-, Lamellen- oder Schiebefenster finden sich im Lieferprogramm der aufgeführten Firmen. Beim Kauf sollte Wert auf mindestens zwei Exemplare gelegt werden, die sich durch Schieben oder Ausstellen öffnen lassen, da es im Sommer sonst zu warm im Innenraum wird. Die restlichen Sichtluken können dann feste Ausführungen sein.

Typgeprüfte Scheiben Unbedingt ist darauf zu achten, daß Scheiben typgeprüft sind. Ist die Wellenlinie, das Symbol für diese Prüfung, nicht vorhanden, kann der TÜV die Abnahme verweigern. Beim Einbau gilt ansonsten das gleiche wie beim Dach:

- Kanten müssen gratfrei und gegen Rost behandelt sein;
- Dichtungen sollten sehr sorgfältig verlegt und zusätzlich mit Silikonkautschuk oder einem ähnlichen dauerelastischen Mittel bestrichen werden.

Luken und Lüfter Außer Fenstern, die sich öffnen lassen, muß jedes Wohnmobil eine Dachluke haben. Einen sogenannten Zwangslüfter schreibt sogar der Gesetzgeber vor, sobald mit Gas gekocht oder geheizt wird. Aber einmal abgesehen von der sinnvollen Zwangsmaßnahme, die verhindern soll, daß Insassen des Nachts im gut isoliert und damit luftdicht gemachten Auto ersticken, ist solch eine Entlüftung auch dem Komfort dientlich, wenn vier Personen in einem so begrenzten Raum schlafen.

Zwangsentlüfter

Dachlüfter sorgen zudem während der Fahrt für zugfreie Frischluft und bei länger stehenden Fahrzeugen dafür, daß es nicht allzu muffig im Inneren wird. Geliefert werden Modelle mit meist 105 Millimeter Durchmesser zu Preisen von fünf bis 45 Mark.

Dachluken

Größere Dachluken dagegen gibt es in Größen von 20 Zentimetern Kantenlänge bis zu quadratmetergroßen Hauben. Je nach Ausführung kann entweder eine Seite des Deckels hochgestellt, der gesamte Deckel angehoben oder auf Schienen nach hinten geschoben werden.
Beim Kauf ist zu beachten: Das Modell muß TÜV geprüft sein, um möglichem Ärger mit dieser Institution bei der Abnahme aus dem Weg zu gehen. Die Preise liegen bei 65 Mark für eine 40 mal 40 Zentimeter große Luke und knapp 400 Mark für eine Schiebe-Kuppel.

DIE MÖBEL

Der einfachste Weg, um an Möbel zu kommen, ist der Kauf fertiger Teile oder wenigstens die Anschaffung als Bausatz. Individualisten und eingeschworene Bastler können natürlich auch hier weiteres Geld sparen und alles selbst machen.

Inneneinrichtung

Gleichgültig, welcher Weg beschritten werden soll, ist eine genaue Raumplanung empfehlenswert. Wer sich aus Pappe eine maßstabsgetreue Wiedergabe des Innenraums macht und mit Schränken und Betten aus Papierschachteln hantiert, findet sicher die für ihn günstigste Lösung. Ein anderer Tip für Selbstausbauer:

- Man suche sich auf den Seiten 76 bis 150 die passende Einrichtung und kopiere diese.

Gewichtsprobleme

Vor dem Kauf fertiger Einbaumöbel oder dem Griff zur Säge, um die Einrichtung selbst zu zimmern, sollte sich jeder Ausbauer zudem mit Bleistift und Notizblock hinsetzen und zumindest überschlägig zusammenrechnen, was die Teile wiegen, oder wieviel Quadratmeter Holzplatten mit welchem Gewicht er verarbeiten will. Dank der enormen Zulademöglichkeit wirft der Transporter im Gegensatz zu anderen Basisfahrzeugen für Wohnmobile keine großen Gewichtsprobleme auf. Ein Überblick ist trotzdem nötig, um von Anfang einzuplanen, wieviel Nutzlast später bleiben wird. Die Faustregel:

- Immer Gewicht sparen, aber nie zu Ungunsten der Stabilität.

In der Praxis heißt das, tragende Seitenteile an Schränken und Sitzkisten sollten aus mindestens zwölf Millimeter starken Tischlerplatten sein, Einlegeböden und nicht tragende Rückwände können aus dünnem Preßspan gesägt werden.

Beim Kauf eines Kühlschranks ist dabei genauso auf das Gewicht zu achten, wie bei der Anschaffung eines Wassertanks. Ein im Staukasten oder Schrank untergebrachter 50 Liter-Tank mit Außenanschluß ist dabei sicher die bequemste, aber auch schwerste und teuerste Lösung.

Verankern der Einbauten

Bei den Tanks und Möbeln ist außer auf das Gewicht vor allem auf die Verankerung zu achten. In die Bodenplatte eingeschlagene Metallkrallen mit einem Gewinde sind gebräuchlich, aber nicht sonderlich stabil. Besser eignen sich L-Profilschienen, die durch die Platte noch in den Fahrzeugboden verschraubt werden und ein sicheres Befestigen der Möbelteile erlauben. Beim Typ 2 können zudem Schränke noch in den Seitenholmen verankert werden. Blechschrauben sind auch dafür nicht geeignet – aufgeschweißte Muttern oder geschnittene Gewinde (bei genügender Materialstärke) sind besser.

Eine mögliche Alternative sind Schraubhülsen, die in vorgebohrte Löcher genietet werden. Wer solcherart Staukästen und Schränke verarbeitet hat, braucht nur noch Bett und Küchenblock.

Motorraum-Polster

Für die Liege auf dem Motorkasten, wo sie sich bei fast allen Ausbauten in Kombination mit einer Klappbank (ähnlich wie bei den Anbietern von Fertig-Wohnmobilen) befinden wird, gibt es fertige Polsterteile. Ein 100 mal 146 Zentimeter großes Exemplar kostet um 200 Mark.

Fertige Küchenblöcke gibt es als breite Ausführung mit großem Spülbecken und viel Stauraum oder als Kompaktmodell mit begrenztem Platzangebot.

Ähnlich wie mit den Polstern verhält es sich mit dem Küchenblock. Der Selbstbau für eine kompakte Einheit mit Kühlschrank, Herd und Spüle ist möglich, meist aber nicht viel billiger als der Kauf eines fertigen Blocks, der schon für den Einbau der Teile vorbereitet, oder sogar bereits damit bestückt ist. Ein Ratschlag für technisch und handwerklich nicht perfekte Ausbauer:

Küchenblock

- Küchenblock fertig kaufen,
- klappbare Sitzbank für das Heckbett zumindest als Bausatz erwerben,
- passende Polster gleich mitbestellen,
- nur Schränke, Stau- und Sitzkisten selber bauen.

Kaufen oder bauen?

GAS, WASSER, STROM

Um mit dem Wohnmobil autark zu sein, braucht der Camper Strom, Gas und Wasser für mindestens drei Tage. Wer seine Kapazitäten geringer ansetzt, wird es bald büßen: Mitten im sommerlichen Hochbetrieb müssen Campingplätze angefahren werden, um Gas zu holen, an überfüllten Tankstellen darf ein übelgelaunter Tankwart um Wasser angegangen werden und nachts, wenn das Buch gerade richtig spannend ist, fängt das Licht der zwölf Volt-Lampe an zu flackern und verglimmt schließlich wegen Strommangel.

Stromversorgung

Die Versorgung mit ausreichend Elektrizität läßt sich dabei beim Transporter relativ einfach lösen. Je nach Modell ist die Fahrzeugbatterie im Motorraum (Diesel) oder unter dem Beifahrersitz (Benziner) untergebracht. In beiden Fällen bietet es sich an, eine unbedingt erforderliche Zweitbatterie für den Wohnbereich unter dem Fahrersitz in dem dort befindlichen Kasten unterzubringen.

Zweitbatterie

Über ein sogenanntes Trennrelais muß dieser zweite Akku so auf die Fahrbatterie geschaltet werden, daß die Lichtmaschine die Wohnbatterie zwar mitlädt, beim Stromentnehmen während des Standbetriebes das Trennrelais aber verhindert, daß die Fahrbatterie ebenfalls entladen wird – so ist gesichert, daß morgens der Motor noch genügend Startspannung hat.

Trennrelais

Empfehlenswert ist auch eine 220 Volt-Außensteckdose mit Schutzschalter und Innensteckdose, damit man auf einem Campingplatz auf Außenstrom zurückgreifen und Geräte wie Haarföhn, 220 Volt-Lampen oder Fernseher und Rasierapparate betreiben kann.

Umspanner von 12 auf 220 Volt mit 220 VA Ausgangsleistung.

Umspanner

Eine andere Lösung, um 220 Volt zu bekommen: ein Umspanner. Modelle mit 220 VA Ausgangsleistung kosten rund 300 Mark.

Ladegerät

Wer einen 220 Volt-Anschluß vorsieht, sollte auch noch die rund 150 Mark Mehrausgaben in Kauf nehmen und gleich ein überladungssicheres Ladegerät installieren, das – sobald 220 Volt anliegen – automatisch Fahr- und Wohnakku auflädt.
Folgende Punkte sind bei der Installation der zusätzlichen Bordelektrik zu beachten:

Elektro-Installationen

- Beim Anschließen aufpassen und das Ladegerät mit dem Fahrakku verkabeln; wer es auf den Wohnakku legt, lädt sonst den Fahrakku nicht mit, da das Trennrelais den Strom in diese Richtung nicht durchläßt!
- Zwölf Volt und 220 Volt-Anschlüsse getrennt verlegen – der Gesetzgeber verlangt dies!
- Beide Stromkreise in Kabelsträngen verlegen und nicht wild durchs Auto Leitungen ziehen.
- Jeweils einen Sicherungskasten für 220 Volt und zwölf Volt vorsehen, in dem alle Geräte einzeln abgesichert sind. Keine fliegenden Sicherungen im Kabelstrang verwenden, die nachher nur mit Aufwand zu erreichen sind.
- Für die Hauptanschlüsse von Batterie zu Batterie Kabel mit einem genügend großen Querschnitt verwenden.
- Während der Verkabelung einen Schaltplan zeichnen – nach zwei Jahren weiß man in der Regel bei Defekten nicht mehr, wohin die einzelnen Kabel führen – und nur um Anschlüsse zu kontrollieren, lohnt es nicht, das halbe Auto zu zerlegen.
- Alle Kabel in Plastikschläuchen verlegen, damit die Isolierung nicht an Kanten durchscheuern kann.
- Alle Verbindungen mit Quetschverbindungen herstellen. Nicht löten! Durch Vibrationen können sich Lötstellen lösen, die im Handel erhältlichen Verbindungen dagegen nicht.

Wasser-Versorgung

Genügend Wasser ist mindestens genauso wichtig, wie ausreichend Stromkapazität. Wer glaubt, mit nur einem einfachen 20 Liter-Kanister unter der Spüle auszukommen, muß wasserscheu sein und auf das Geschirrwaschen weitgehend verzichten.

Kanister

40 Liter sollten das mindeste sein, 50 oder 60 Liter sind noch besser. Dabei muß die praktische Lösung mit den Kanistern und der billigen Zwölf-Volt-Tauchpumpe nicht als erledigt betrachtet werden: Man sollte nur genügend Raum für zwei oder drei Kanister vorsehen und den Schlauch der Pumpe so lang zuschneiden, daß sie einfach von einem Kanister in den anderen umgesteckt werden kann.

Tanks

Diese Lösung hat den festinstallierten Tanks mit Außenanschluß gegenüber den Vorteil, daß nicht das ganze Auto zum Wasserhahn bewegt werden muß, sondern man mit dem Kanister in der Hand auch einmal losziehen kann, um nur 20 Liter für den nächsten Tag zu holen.

Filter

Sowohl für feste Tanks mit Druck- oder Saugpumpe, als auch für die beschriebene Versorgung mit der Tauchpumpe gibt es Filteranlagen, um verschmutztes oder gar verseuchtes Wasser zu regenerieren. Eine Investition, die sich nur für Leute lohnt, die nach Afrika oder in die extrem wilden Gegenden Europas wollen. Ansonsten genügt die Beigabe von Micropur oder einem anderen Mittel zur Frischhaltung und Entkeimung.

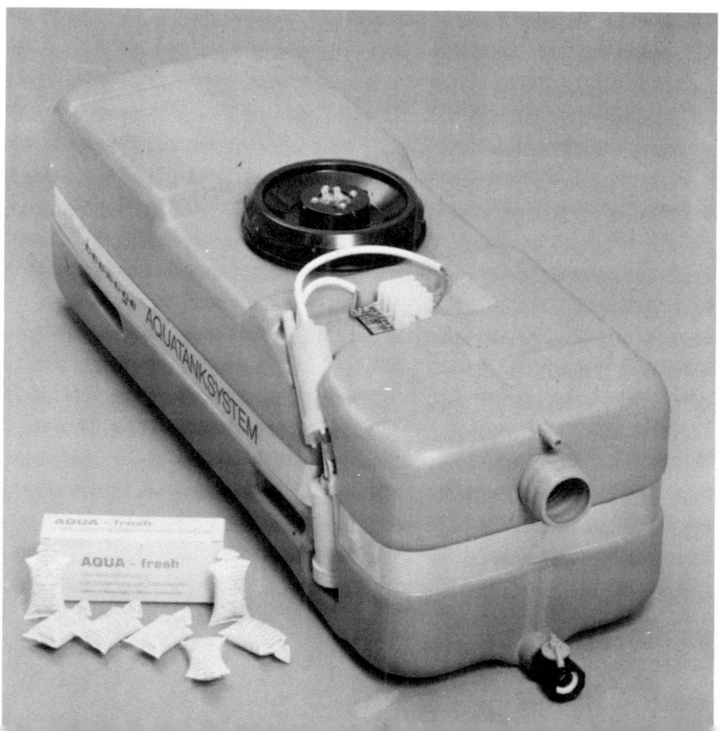

Einbau-Wassertank mit Pumpe und Entkeimungspräparat aus dem Fritz Berger-Katalog.

Abwasser Wer Wasser aus dem Tank pumpt, muß das Abwasser auch wieder loswerden. Einfach einen Schlauch vom Abfluß der Spüle ins Freie zu verlegen ist dabei keine Lösung. Mag es dem Sand der Sahara nichts schaden, wenn einmal ein Camper drei Liter Spülwasser hineinrinnen läßt – auf europäischen Campingplätzen und Standplätzen in der Stadt reagieren die Mitmenschen mit Recht empfindlich auf eine schäumende Brühe, die zwischen den Rädern hervorrinnt.

Abwassertanks, die unter das Auto installiert werden, gibt es im Zubehörhandel, im Prinzip reicht aber auch ein Faltkanister, der unter den Wagen gestellt wird und das Schmutzwasser auffängt, um es später in die Kanalisation zu entleeren.

Toilette und Dusche Wer dann die Meinung vertritt, mit einer Spüle allein sei es nicht getan, eine Toilette und Dusche müßten auch noch installiert werden, der sollte sich spätestens jetzt für einen VW LT oder Mercedes 308 D als Basisauto entscheiden. Alle Versuche, den Typ 2 mit einer Naßzelle zu versehen (z.B. beim Profi von Dehler) sind Konstruktionen, die trotz ihrer sinnreichen Ausführung eine große Bereitschaft zu Kompromissen von Dusch-Delinquenten erfordern.

Preiswerter ist da zumindest eine Behelfsdusche, die bei ausgeklappter Hecktür hinter dem Auto benutzt werden kann. Wer nicht auf ein WC verzichten will, findet eine andere Notlösung in Form von Chemietoiletten, die sich für die Montage in einem Staukasten oder einer Sitzkiste eignen.

Bei der Installation der Wasseranlage ist ansonsten folgendes zu beachten:

Dusche zur Montage an der Heckklappe

Chemietoilette für den Einbau in Staukästen oder Sitzkisten.

Tips zur Wasser-Installation

- Pumpe, Tank und Schlauchverbindungen am besten zusammen bestellen und dabei gleich darauf achten, daß alle Teile ¼- oder ½-Zoll-Anschlüsse haben. Es gibt zwar Reduzierstücke, aber mit jedem zusätzlichen Anschluß wächst das Risiko, daß eine Schlauchverbindung durch Vibration oder Alterung undicht wird.
- Glasklare PVC-Schläuche verlegen. Im Zweifelsfall kann man sehen, wo das Wasser sich durch Verschmutzung staut.
- Möglichst mit kurzen Wegen arbeiten. Je länger die Schläuche, desto größer das Risiko einer Undichtigkeit.
- Warmwasserboiler, die mit Gas oder 220 Volt arbeiten, lassen sich im Typ 2 kaum unterbringen. Alternativ lieber einen billigen Tauchsieder verwenden, wenn auf dem Campingplatz Wasser nicht auf dem Herd erwärmt werden soll.
- Tanks, die in Staukästen unter dem Dach untergebracht sind, ersparen dank des Gefälles zwar eine Pumpe – auf diese Möglichkeit sollte aber verzichtet werden, da der Schwerpunkt des Autos zu weit nach oben verlagert und damit das Fahrverhalten negativ beeinflußt wird.
- Beim Installieren auf jeden Fall einen Abwasser-Unterflurtank oder zumindest einen Anschluß für einen Faltkanister vorsehen, der unter das Auto gestellt werden kann.

Gas-Versorgung

Nachdem der Typ 2 mit Strom und Wasser versorgt ist, kommt das heikelste Kapitel: das Gas. Benötigt wird es, um damit Kocher, Kühlschrank und vielleicht auch die Heizung zu versorgen, wenn diese nicht mit Benzin oder Dieselkraftstoff betrieben wird.
Während bislang versierte Bastler noch problemlos alles selber machen konnten, fängt es bei der Gasanlage an, kritisch zu werden. Die benötigten Teile gibt es zwar alle im Zubehörhandel, eine Rücksprache mit dem TÜV, einem Spezialisten der Herstellerfirma der Geräte, oder einem qualifizierten Verkäufer – wie zum Beispiel Herrn Behr bei der Firma Sport Berger – empfiehlt sich aber auf jeden Fall.

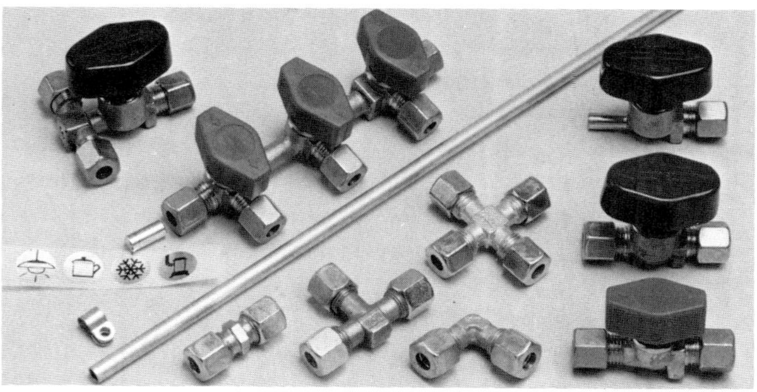

Installationsteile für Gasanlagen

Tips zur Gas-Installation

An Grundregeln für das Installieren eines Gastanks oder einer Flasche und das Anschließen der Schläuche sind folgende Punkte wichtig:

- Sich genau an die Einbauvorschriften des Gasgeräte-Herstellers halten.
- Wird mit Gas nicht nur gekocht und der Kühlschrank betrieben, sondern auch eine Gasheizung versorgt, sollte ein Unterflurtank oder eine Flasche mit mindestens elf kg Füllmenge vorgesehen werden. Drei kg-Flaschen reichen für Kocher und Kühlschrank, nicht aber für eine Heizung.
- Gasflaschen-Staukästen müssen eine Entlüftung nach außen im unteren Bereich haben, durch die ausströmendes Gas entweichen kann.
- Längere Gerätezuleitungen sind mit festen Metallrohren zu verlegen, wobei im Abstand von 50 Zentimetern Rohrschellen vorzusehen sind.
- Schläuche vom Gasrohr bis zum Verbraucher dürfen im Wohnbereich nicht länger als 40 Zentimeter sein und sollten alle zwei Jahre ausgetauscht werden.
- Vor jedem Verbraucher muß ein Schnellverschluß-Ventil installiert sein.
- Für Kocher ist eine Entlüftungsöffnung mit 150 cm^2 vorgeschrieben.
- Außer den Schnellverschlußventilen muß ein Gashauptventil vorhanden sind und ein Regler installiert werden, der den Flaschendruck (bis zu 10 bar) auf den Betriebsdruck der Geräte von 50 mbar herabsetzt. Zusätzlich muß ein Sicherheitsventil eingebaut sein, das bei Störungen verhindert, daß ein zu hoher Druck an die Geräte gelangt.
- Alle gekauften Ventile, Regler und Leitungen sowie Schlauchverbindungen sollten DIN-geprüft sein, das GS-Zeichen für geprüfte Sicherheit haben und DIN-DVGW registriert sein.
- Vor dem Betrieb müssen alle Gasanlagen von einem Sachverständigen abgenommen werden. Dieser überprüft die Anlage und händigt eine Prüfbescheinigung aus, die bestätigt, daß die Anlage den Regeln G 607 entspricht. Diese Druckprüfung, bei der das Gasnetz belastet und auf Undichtigkeit untersucht wird, muß alle zwei Jahre wiederholt werden.

Gas-Prüfbescheid

Eine TÜV-Abnahme des Transporters ist bei einer vorhandenen Gasanlage nur nach Vorlage des Prüfbescheides über eine durchgeführte Gaskontrolle möglich.

DIE HEIZUNG

Die bei der Gasversorgung angesprochene Heizung ist das letzte Problem für einen Wohnmobilisten. Selbst wer vorhat, nur im Sommer auf Reisen zu gehen, sollte nicht auf eine Heizung verzichten. Auch an kalten Sommerabenden kann es sonst ungemütlich werden.

Kraftstoff- oder Gasheizung?

Grundsätzlich stehen zwei Varianten zur Wahl: eine Gasheizung, die im Auto installiert wird und ihre Energie aus Flaschen oder einem Gastank bezieht, oder eine Kraftstoffheizung (Benzin oder Diesel), die aus dem Fahrzeugtank mitversorgt wird.
Vom Wohnkomfort schenken sich beide Systeme nichts. Eine thermostatische Regelung ist in beiden Fällen möglich, die Luftverteilung kann ähnlich ausgelegt und die gewünschten Heizwerte können sowohl mit Gas als auch mit Kraftstoff erreicht werden.
Ein Argument, das für die Kraftstoffheizung spricht: Benzin oder Diesel ist eigentlich immer vorhanden oder es kann zumindest problemlos an jeder Zapfsäule nachgetankt werden. Gas gibt es dagegen nur an Gastankstellen und auf Campingplätzen – und ausgerechnet im Winter, wenn viel Propan benötigt wird, sind diese meist nicht in der Nähe zu finden. Andererseits: Die Kraftstoff-Heizung verbraucht mehr Strom und bei längeren Standzeiten wird entweder ein Außenanschluß benötigt oder der Motor muß gelegentlich zum Aufladen der Batterie angelassen werden.

Tips zur Heizungs-Installation

Aber gleichgültig, für welchen Weg man sich entscheidet, folgende Kriterien sind zu beachten:

- Für den Transporter mit einer ausreichenden Isolierung und Wintervorhängen in der Fahrerkabine reicht eine Heizleistung ab 2200 kcal für Außentemperaturen bis minus zehn Grad Celsius.
- Die Heizung sollte die Wärme möglichst über ein Gebläse so abgeben, daß die Warmluft erst im Bodenbereich zirkuliert, bevor sie sich nach oben verflüchtigt.
- Der Wassertank oder die Kanister sollten über eine Belüftungsöffnung so viel Warmluft abbekommen, daß im Winter das Wasser nicht einfrieren kann. Das gleiche gilt für alle Staukästen, in denen Wasserschläuche verlegt sind.
- Bei Gasheizungen sind die Vorschriften über Installation, Entlüftungen und den Kaminen genauestens zu befolgen.
- Bei Kraftstoffheizungen ist darauf zu achten, daß das Abgasrohr mit leichtem Gefälle verlegt wird. Kondenswasser gefriert sonst im Winter darin – und mit zugefrorenem Abgasrohr funktioniert die beste Heizung nicht mehr.

Zusatz-Heizungen und Warmwasser-Boiler für den Typ 2

Heizungsausführung	Betriebsart	Einbaumöglichkeit	Heizleistung in kW	Preis in Mark	Hersteller
Luftheizgerät LB 2305	Benzin	Motorraum oder Unterflur im Schutzkasten	3,5	um 1700,–	Webasto
Luftheizgerät LO 2305	Diesel	Motorraum oder Unterflur im Schutzkasten	4,0	um 1800,–	Webasto
Wasserheizgerät WO 2353[1] (nur bei wassergekühlten Motoren zu verwenden)	Diesel	Im Wasserkühlkreislauf Unterflur in Schutzkasten oder im Motorraum	4,7	um 1300,–	Webasto
Luftheizgerät B2 L	Benzin	Unterflur	2,3	um 2000,–	Eberspächer
Luftheizgerät D2 L	Diesel	Unterflur	2,3	um 1900,–	Eberspächer
Luftheizgerät Trumatic SW	Gas	Schrank oder freistehend, Abgasführung seitwärts	2,4	um 500,–	Truma
Luftheizgerät Trumatic EU 2800	Gas	Unterflur	2,7	um 1400,–	Truma
Luftheizgerät Trumatic EU 4000	Gas	Unterflur	3,9	um 1700,–	Truma
Warmwasser-Boiler Truma, BO 10 mit 10 Liter Inhalt	Gas (gegen Aufpreis mit zusätzl. Elektro-Beheizung oder Frostschutzautomatik)	Im Staukasten oder Küchenblock mit Seitenwandkamin	1,4	um 600,–	Truma

[1] Für Wohnmobile nicht geeignet, da Wärmeverteilung über normale Kfz-Heizung.

Lehrgang für Selbst-Ausbauer

Eine gute Möglichkeit, sich mit diesen ganzen Problemen in der Praxis vertraut zu machen, bietet die Firma Sport-Berger, die regelmäßig Kurse zum Thema »Ausbau eines Reisemobils« abhält. Die Lehrgänge finden ganztags in Karlsfeld-Rothschwaige statt und kosten 25 Mark pro Teilnehmer – eine Ausgabe, die gut angelegt ist. Im Kapitel 6 dieses Buches ist zudem ein Merkblatt wiedergegeben, das der TÜV-Bayern zum Thema Selbstausbau herausgegeben hat.

4

Vom Lieferwagen zum Freizeitmobil

Nichts ist so gut, daß es nicht noch verbessert werden könnte. Eine Weisheit, die auch auf den Typ 2 zutrifft. Seit seiner Geburt im Jahre 1950 wurde er von VW ständig modifiziert und weiterentwikkelt. Die Leistung des luftgekühlten Boxermotors wuchs und wuchs, bis er im Herbst 1982 vom Wasser-Boxer ersetzt wurde, der dank der fehlenden Gebläsekühlung nicht nur leiser, sondern durch die optimierten Brennräume und weitere Überarbeitungen auch leistungsstärker und sparsamer ausfiel, als der vom VW-Käfer hergeleitete Motor.

Fahrwerk und Äußeres wurden vom Volkswagenwerk ebenfalls ständig weiterverbessert, und ein Transporter des Jahrgangs 1982 hat mit einem 30 Jahre älteren Modell noch so viel gemeinsam, wie ein Doppeldecker mit einer Boing 747.

Aber bei aller Forschung und Entwicklung hat das Werk in Wolfsburg mit dem gleichen Problem zu kämpfen, wie alle großen Firmen auf dem Automarkt: Eine forsche Gangart in Sachen Neuerungen, eine stärkere Anpassung an individuelle Kundenwünsche, liegt nicht im Naturell der Giganten.

Von der Flügel- zur Schiebetür

Ein Beispiel dafür ist die seitliche Tür im Ladebereich. Einst hatte der Typ 2 eine Flügeltür, die sich beim Ausbau zum Wohnmobil sinnvoll für ein Regal oder ein Schränkchen nutzen ließ. Ende der 50er Jahre kam dann die Schiebetür, die für Nutzfahrzeuge zwar sinnvoll, für Wohnmobilisten aber ein Ärgernis ist. Wer sie nachts auf einem Campingplatz öfter auf- und zumacht, bekommt garantiert Ärger mit den anderen Campern, die in ihrer Nachtruhe gestört werden. Also wünschen sich viele Busfahrer schon lange wieder eine Flügeltür. VW hat eine: In den bestehenden Rahmen wird ein Paßstück eingefügt, die ganze Tür ist dann zwar schmaler, ihr einer Flügel läßt sich aber geräuschlos öffnen und schließen. Nur – diese Tür wird wahrscheinlich nie auf den Markt kommen, weil die von Wohnmobilausbauern gewünschten Stückzahlen zu gering sind. Ein Dinosaurier ist eben nicht sonderlich flexibel.

100 PS-Serienmotor

Ausgesprochen verschlafen ist solch ein Riese aber auch nicht. Das beweist der Umstand, daß man bei VW den Typ 2 schon längst nicht mehr als reines Nutzfahrzeug sieht. Sondermodelle mit 100 PS Einspritzmotor und einer Luxusausstattung, wie es sie bis 1984 geben soll, sind Anzeichen dafür.

Design-Studien

Und die Design-Studien der Wolfsburger lassen auch hoffen, daß es einmal eine Basisversion geben wird, die vom Kunden mit Hilfe einer großen Anzahl von verschiedenen Zusatzausstattungen individuellen Bedürfnissen angepaßt werden kann.

Bis es soweit ist, sind Transporter-Enthusiasten allerdings noch auf Motoren-Tuner sowie Firmen wie Dr. Höhn, Dehler und andere für eigenwillige Auf- und Ausbauten angewiesen. Oder aber auf das eigene Geschick, um sich ihr Auto so auszustatten, wie sie es gerne hätten.

Design-Studien des Volkswagen-Werks zeigen den Typ 2 in möglichen Freizeit-Varianten.

Basierend auf dem Zubehör, das der Markt bietet, lassen sich aus dem Bus, dem Pritschenwagen, dem Kastenauto oder der Doppelkabine grundsätzlich fünf verschiedene Konzepte verwirklichen, auf die hier eingegangen werden soll.

Fünf Ausbau-Alternativen

DER FAMILIENWAGEN

Die Großfamilie und ihre Probleme

Wer mit einer Großfamilie und womöglich noch mit einem Hund im Format einer Dogge oder eines Berhardiners gesegnet ist, kennt die Probleme, die jede längere Fahrt mit sich bringt. Wohin mit Ehefrau, Kindern, Hund, Kinderwagen, Ersatzwindeln und Spielsachen? Und wenn es in den Urlaub gehen soll, mit Zelt, Campingzubehör, Reisegepäck, Sportgerät und allem, was sonst noch mit muß?
Außer einigen wenigen Groß-Kombis bleibt eigentlich nur der Typ 2 als Alternative, wenn sich das Auto auch noch wie ein solches – und nicht wie ein Lkw – fahren soll.

Das Serienauto

Der einfachste Weg ist es, zum V.A.G.-Händler zu gehen und sich einen Bus mit der gewünschten Spar-Dieselmotorisierung oder der Fahrspaß-Benzinvariante zu kaufen. So kleine Annehmlichkeiten wie Radio, Scheinwerferwaschanlage, beheizte Heckscheibe, Zigarettenanzünder und ähnliche lassen sich da gleich mitbestellen. Aber wer von einer Limousine aus Platzgründen umsteigt, der will eigentlich mehr. Erst einmal Fahrleistungen, die ausreichen, dann Sitze, die nicht für den Ausfahrer Maier konstruiert wurden, der täglich 5000 Brötchen ausliefert. Auch die Belüftung und Heizung für die hinteren Passagiere ist beim Serienauto nicht optimal. Und das biedere Aussehen bleibt Geschmackssache.

Caravell von VW

Eine Serienlösung für ein aufgewertetes Familienauto bietet VW mit dem Luxusbus auf Caravell-Basis an, der 1983 auf den Markt kommt. Aber es muß ja nicht unbedingt Exklusivität von der Stange sein – und nicht unbedingt ein neues Wasserboxer-Auto als Grundmodell. Auch aus einem gebrauchten Typ 2 läßt sich noch ein Reisewagen für die ganze Familie machen, der von der Norm abweicht. Die Änderungen können dabei in drei Teilbereichen erfolgen:

- Komfort
- Aussehen
- Fahrleistungen

Die Sitze Der Bequemlichkeit kommen vor allem neue Sitze zu Gute. Was der Markt bietet, findet sich auf Seite 197. Wer den Heckpassagieren ähnliches gönnen will, steht allerdings vor größeren Problemen. Dort bieten sich statt der serienmäßigen zweiten Bank nur Einzelsitze an, die über eine hohe Konsole verfügen, die sich ausreichend mit dem Fahrzeug verschrauben läßt. Eine Rückfrage beim VW-Werk und dem TÜV empfiehlt sich hier auf jeden Fall, bevor etwas gekauft wird.

Weniger kompliziert sind dagegen der Einbau von elektrischen Fensterhebern für die vorderen Seitenscheiben, die Installation von zusätzlichen Lautsprechern im Heckbereich für die Stereoanlage und das Umrüsten auf H4-Licht, das sich bei älteren Fahrzeugen empfiehlt.

Das Schiebedach Ein Luxus, der nachträglich nur mit großen Kosten installiert werden kann, ist ein Schiebedach. Gerade beim Familienauto ist es aber sinnvoll, und wer schon nicht die serienmäßige Ausführung hat, sollte zumindest ein nachrüstbares Sonnendach einbauen, um im Sommer für genügend Luftzirkulation zu sorgen. Sonst kommen Heckpassagiere ganz schön ins Schwitzen.

Die Klimaanlage Das Beste wäre natürlich eine Klimaanlage, die zu Preisen zwischen 700 Mark und 6000 Mark erhältlich ist. Was der Zubehörmarkt in diesem Bereich speziell für den Transporter bietet, findet sich auf den Seiten 225.

Die Standheizung Wenn man schon über die angenehmste Temperierung des Innenraums nachdenkt, lohnt sich auch die Überlegung, ob eine Standheizung für den Winter nicht sinnvoll wäre (siehe Seite 176). Für Busfahrer, die keine genügend große Garage für den VW haben und die im Winter regelmäßig damit zur Arbeit gondeln, lohnt sich diese Anschaffung wahrscheinlich sogar eher als eine Klimaanlage, die bei deutschen Wetterverhältnissen selten wirklich gebraucht wird und sich nur bei Reisen in südlichere Gefilde auszahlt.

Nicht nur, daß die Zusatzheizung den Innenraum schneller aufheizt, als die motorabhängige Heizung – mit einer Schaltuhr kombiniert sorgt sie auch dafür, daß der Fahrer im Winter schon beim Einsteigen ein warmes Auto mit eisfreien Scheiben vorfindet.

Der Frontspoiler Was die äußeren Möglichkeiten angeht, einen Familienwagen aufzuwerten, beschränken diese sich hauptsächlich auf einen Frontspoiler – der beim Typ 2 nicht nur eine optische Spielerei ist, sondern nach VW-Messungen den cw-Wert wirklich um zwei Punkte verbessert – und auf breitere Reifen sowie Leichtmetallfelgen (siehe Seite 227). Seitenverkleidungen aus Kunststoff, Kotflügelverbreiterungen, ein Lüftungsgrill mit Doppelscheinwerfern und zusätzliche Scheiben im unteren Bereich der Schiebetür sind dann schon Attribute, die der Van-Version zustehen. Familienväter mit einem gesunden Verständnis fürs Praktische sollten sich da eher überlegen, ob sich für sie eine Anhängerkupplung lohnt, um einen Hänger oder ein kleines Boot mit in den Urlaub zu nehmen oder welchen Gepäckträger sie montieren sollen. Denn bei allem Innenraum: die Skier, Rennräder oder Schlitten gehen zur Familie doch nicht mehr ins Auto hinein.

Leistungssorgen

Wenn der Bus dann so dasteht, mit Dachträger, Klimaanlage, anderen Sitzen, vielleicht noch einer festmontierten kleinen Kühlbox für Getränke und einem Klapptisch, der sich für die Rast unterwegs aufstellen läßt, dann hat das Grundmodell einiges gewonnen. Leider auch an Gewicht. Und da zumindest die älteren 1,6 Liter und 2,0 Liter-Motoren schon von Natur aus keine Offenbarungen an Kraft, Stärke und vor allem Sparsamkeit sind, kommt meist unweigerlich die Überlegung auf, wie man dem Typ 2 auf die Sprünge helfen kann.

Tuning
Kostenrechnung

Wohnmobilfahrer haben sich damit abgefunden, daß ihre Autos 2000 Kilogramm wiegen und dementsprechend beschleunigen – wer von einer gutmotorisierten Limousine aus Vernunft und Rücksicht auf die Familie auf den Bus umgestiegen ist, tut sich da meist schwerer. Im Kapitel Tuning finden sich auf den Seiten 202 bis 207 Angebote für Leistungssteigerungen. Ob der Kauf eines solchen Krafteies oder der Einbau eines Kits in einen älteren Typ 2 mit luftgekühltem Motor noch sinnvoll ist, bleibt angesichts der neuen Wasserboxer fraglich. Das Tuning kostet in der Regel so viel, daß damit der Fehlbetrag zwischen dem vorhandenen Auto und einem neuen Modell mit wassergekühltem 60 oder 78 PS-Motor finanziert werden kann.

Turbo-Diesel

Sparsame Familienväter, die zum Diesel gegriffen haben und erst dann feststellen, daß ihnen die Leistung eigentlich in der Ebene reicht, es nur am Berg etwas mehr sein dürfte, finden dagegen mit einem nachgerüsteten Turbolader eine relativ preiswerte Alternative. Die für 2500 Mark erhältlichen 20 zusätzlichen Pferdestärken verhelfen dem Bus nämlich fast zu den Fahrleistungen eines normalen Golf Diesel – und damit liegt man nun wirklich in der Klasse der Familienautos.

DAS FREIZEITAUTO

Nicht jeder hat eine Familie zu transportieren oder schläft gerne im Auto. Mancher fährt lieber im Porsche oder Mercedes an sein

Reiseziel und zieht ein Hotel dem gemütlichsten Wohnmobil vor. Das heißt aber nicht, daß ein Typ 2 für ihn nicht in Frage kommt. Zum Beispiel als Freizeit-Auto, um ein Survbrett, die Tauchausrüstung, ein Geländemotorrad oder eine Jolle zu transportieren.

Pritsche und Doppelkabine

Die Amerikaner haben für solche Zwecke den Pickup. Ein Trend, dem Volkswagen seit 1982 mit dem Golf Carry mit Ladepritsche Rechnung trägt. Und schon immer mit den zwei Transporter-Modellen Pritsche und Doppelkabine.

Der Super-Ausbau

Gerade letztere eignet sich hervorragend, um mobile Freizeit zu erleben. Auf die kurze Ladefläche passen nicht nur Wohnaufsätze, wie zum Beispiel der von Tischer, sondern alternativ auch alle Sportgeräte, wenn es darum geht, samstags an den nächsten Weiher oder ans Meer zum Surfen zu fahren. Der Phantasie sind da keine Grenzen gesetzt.

Vom Autohaus Nordstadt aufgewerteter Doppelkabinen-Transporter.

Kotflügelverbreiterungen, breite Räder, ein verchromter Überrollbügel über der Ladepritsche, Suchscheinwerfer auf dem Dach, Schalensitze für Fahrer und Beifahrer mit Liegesitzbeschlägen sowie ein Küchenblock mit Kocher und Kühlbox im Fond machen aus der Doppelkabine nicht nur ein vielseitiges, sondern auch ausgesprochen exklusives Fahrzeug, in dem zur Not auch einmal geschlafen werden kann (Teile siehe unter Zubehör).

Der Freizeit-Bus und Transporter

Aber nicht nur die ausgefallene Modellvariante, die sonst von Straßenbauämtern und Landschaftsgärtnern bevorzugt wird, eignet sich als Freizeitauto. Auch ein normaler Bus oder Kastenwagen bietet sich an. Taucher können auf eine hintere Sitzbank verzichten und dort die voluminösen Flaschen samt einem Kompressor unterbringen, Rennräder passen in den Typ 2 bequem hinein, und sind dort nicht Schmutz und Wasser ausgesetzt, wie beim Dachtransport.

Zugegeben – all das kann mit jedem anderen Kleinlaster auch bewegt werden. Aber welches andere Nutzfahrzeug ist dabei so sparsam, bietet so beachtliche Fahrleistungen, ist im Fahrkomfort einem Pkw so ähnlich und außerdem so leise, daß man sich während der Fahrt noch normal unterhalten und Radio hören kann.

Die auf den Seiten 178 gezeigten Design-Studien vom Volkswagenwerk zeigen, was aus diesem Auto alles gemacht werden kann.

Freizeit-Anhänger

Freizeit-Anhänger von Westfalia.

Wer nicht auf die Zukunftspläne von VW warten will, kann auch klein anfangen, um ein ideales Freizeitgefährt zu bekommen. Westfalia bietet beispielsweise zum Joker einen 1,80 Meter langen Hänger an, der in der gleichen Lackierung und mit den typischen Seitenstreifen des Wohnmobils geliefert wird und dessen Einsatzmöglichkeiten deutlich erweitert (siehe auch Seite 208). VW will einen ähnlichen Hänger ins Programm aufnehmen. Beide sind so ausgelegt, daß man all das unter dem abschließbaren Deckel transportieren kann, was nicht ständig im Auto gebraucht wird. Treibstoffkanister, zusätzliche Wassertanks, Werkzeug und Konservendosen finden darin genauso Platz, wie möglicherweise ein kleines Stromaggregat, Gartenstühle, ein Campingtisch und das Vorzelt. Für Freizeitsport-Zubehör muß zusätzlich nur ein Grundträger von Thule montiert werden, und schon können auf dem Hänger Fahrräder, Skier oder ein Boot befestigt werden – wesentlich besser erreichbar als auf dem Dach und durch abschließbare Halterungen genauso vor Dieben geschützt.

Sinnvolle Einrichtung

So gesehen sind die Möglichkeiten, aus dem Transporter ein individuelles Freizeitauto zu machen, beachtlich. Die ideale Kombination ist ein Fahrzeug, das genügend Platz für das Sportgerät bietet und trotzdem noch erlaubt, eine Nacht darin zu schlafen. Eine Hecksitzbank mit Motorraumpolster, wie sie im Angebot von Syro oder anderen Teilelieferanten ist, plus einer Kühlbox für Getränke, ist dafür eine sinnvolle Ausstattung. Die mittlere Sitzbank kann dann wahlweise montiert bleiben, um mehrere Personen transportieren zu können, oder daheim in der Garage aufbewahrt werden, wenn einmal im Auto geschlafen oder viel Sportausrüstung mitgenommen werden soll.

DAS WOHNMOBIL

Die individuellste Form eines Wohnmobils ist sicher der Eigenbau. Leider bleibt dieser Weg in der Regel handwerklich begabten Studenten, Frührentnern und Lehrern mit überdurchschnittlich viel Freizeit vorbehalten. Aber auch der Kauf eines fertigen Fahrzeuges muß nicht unbedingt zur Aufgabe persönlicher Vorstellungen führen. Dafür sorgt das Angebot auf dem Markt – und die Möglichkeit, das gekaufte Auto durch Zubehör noch den eigenen Bedürfnissen anzupassen.
Die Grundüberlegung für ein optimales Wohnmobil muß dabei immer heißen:
Wieviel Personen sollen darin reisen?
Wohin sollen die Touren hauptsächlich gehen?
Welcher Komfort muß geboten werden, auf was kann man verzichten?

Bei aller Freundschaft zum VW-Transporter – ein Platzwunder kann er bei bei diesen Außenabmessungen nicht sein. Wer deshalb weiß, daß er im Normalfall nur zu zweit reisen und nicht im Winter unterwegs sein wird, ist schlecht beraten, sich ein Modell mit zwei Doppelbetten, einer teuren Kraftstoffheizung und vollisolierten Fenstern zu kaufen. Dann ist nicht nur Platz, sondern auch viel Geld verschenkt.

Das Sommer-Auto

Wenn es jedes Jahr nur im Sommer ein paar Wochen in den sonnigen Süden auf einen Campingplatz gehen soll, tut es für einen möglichen dritten Passagier auch ein Klappbett im Vorzelt, der Raum für das zweite Doppelbett kann mit Schränken genutzt werden, und eine kostengünstigere Gasheizung reicht völlig für die zwei oder drei kühlen Nächte, die man bei der Anreise nach Italien vielleicht in den Alpen zubringt.

Das Winter-Wohnmobil

Ganz anders bei Wohnmobilisten, die mit ihrem Typ 2 auch ins Skifahren wollen, um beispielsweise die Traumpisten in den französischen Alpen zu genießen, ohne die dortigen Wahnsinnspreise für Hotels zu bezahlen. Dann sind Isolierfenster und eine Heizung dringend nötig.

Mögliches Zubehör

Die persönliche Note liegt aber nicht nur in solch grundsätzlichen Überlegungen. Der Komfort fängt beim Detail an. Warum sich Naßrasieren, wenn man eigentlich eine Elektro-Rasur vorzieht? Dafür gibt es schließlich Umsetzer, die aus zwölf Volt die üblichen 220 Volt transformieren (siehe Kapitel 3 »Selbstausbau«). Oder warum auf das warme Wasser beim Zähneputzen verzichten, wenn es auch für den Typ 2 geeignete Warmwasserboiler gibt?

Kein Problem: Wintercamping mit dem dafür ausgestatteten Wohn-Typ

Verzicht muß sein

Nur – alles geht eben nicht. Wer Warmwasser will, muß dafür vielleicht auf die Chemietoilette verzichten, um den Platz für den Boiler zu gewinnen; und wer mit Kindern verreist, muß zugunsten des zweiten Bettes eben mit weniger Schränken auskommen. Um

dieses Dilemma zu lösen gibt es nur einen Weg: Sich informieren, was es an Möglichkeiten und Ausstattungen gibt, dann heraussuchen, was man unbedingt möchte – und schließlich solange Abstriche machen, bis man eine praktikable Lösung gefunden hat.
Als Beispiel: Das Wohnmobil soll den bisherigen Pkw ersetzen und außer für Urlaubsreisen auch für die tägliche Fahrt ins Büro genutzt werden. Zudem muß es Platz für zwei Erwachsene und ein dreijähriges Kind bieten, wintertauglich und möglichst sparsam im Betrieb sein:

Aufstelldach günstiger

Als Auto bietet sich nur ein Transporter mit Aufstelldach an, da die Hochdachversionen meist nicht ins Parkhaus in der Stadt oder in die Tiefgarage des Supermarktes paßt. Das Bett unter dem Dach sollte so groß sein, daß die Erwachsenen oben und das Kind unten schlafen können, damit der Nachwuchs nachts nicht aus Versehen abstürzt. Außerdem muß es für das Aufstelldach eine zusätzliche Außenisolierung geben, damit Wintercamping möglich wird.

Vorzugsweise ein Diesel

Als Motorisierung kommt eigentlich nur ein Diesel in Frage, der sich mit zehn Litern und weniger Kraftstoff auf 100 Kilometer zufrieden gibt. Für den täglichen Weg zum Arbeitsplatz reichen die 50 PS, um im Berufsverkehr mitzuhalten, für die Urlaubsreise muß man mit ihnen eben Vorlieb nehmen. Die stärkeren Benzinversionen wären da zwar angenehmer, und auf die 30 oder 40 Liter, die man auf 1000 Kilometer mehr braucht, käme es in den schönsten Wochen des Jahres vielleicht auch nicht an – aber beim Alltagsbetrieb summiert sich dieser Mehrverbrauch zu beachtlichen Beträgen.

Betten für große Leute

Aber auch auf Kleinigkeiten, wie die eigene Körpergröße, ist beim Kauf eines Wohnmobils zu achten. Sind die Betten lang genug? Gibt es für besonders große Zeitgenossen eine Möglichkeit, die Liegefläche zum Beispiel durch eine Sitzkiste, die ans Fußende gestellt wird – zu verlängern? Auch das Kochen ist ein Kriterium. Wer nur Spiegeleier und heiße Würstchen machen will, kommt mit dem üblichen Küchenblock zurecht. Wer auch einmal aufwendiger dinieren möchte, sollte darauf achten, daß es neben dem Herd eine Ablage gibt, auf der man Zwiebeln schneiden oder Zutaten bereitstellen kann.

Duschen im Freien

Das individuelle Wohnmobil gibt es eben nicht von der Stange. Ab Werk kann man nur eines kaufen, das sich so optimieren läßt, daß es den persönlichen Ansprüchen am besten entspricht. Manchmal mit Kompromissen, wie einer Dusche in der Heckklappe, die sich nur zum Betrieb im Freien eignet oder einer aus einem schwarzen Plastiksack bestehenden Solar-Dusche, deren Wasser sich durch

Solar-Dusch zum aufs Dach montieren.

Sonnenwärme aufheizt und die einfach auf den Gepäckträger montiert wird; aber um nach einem Bad im Meer das Salzwasser abzuspülen, reichen diese Ausführungen. Wer dagegen eine Naßzelle im Auto möchte, muß einen Profi von Dehler kaufen – und Abstriche beim Schlafen oder Kochen machen.

DAS FERNREISEAUTO

Reisen in ferne Länder kann man mit einem serienmäßigen Bus genauso machen, wie mit einem Wohnmobil. Touren, die schon eher Expeditionscharakter haben und über unwegsame Pisten in Afrika, Südamerika oder Asien führen, erfordern dagegen ein Fahrzeug, das diesen Bedingungen angepaßt ist.

Allradbus kommt 1984

Für solche Unternehmungen eignet sich außer einem Geländewagen der VW-Transporter besonders. Heckmotor und große Bodenfreiheit sorgen für das Durchkommen, der vorhandene Innenraum reicht nicht nur für das Gepäck, sondern erlaubt auch, im Auto zu schlafen. Ein Traumauto wäre natürlich der Allradbus, wie ihn das Volkswagenwerk vor Jahren einmal vorstellte, aber bisher nicht in Serie baute.
Off Road-Freunde und überzeugte Fernreisende werden diesen geländetauglichen Typ 2 kaufen können – allerdings erst 1984. Der

Mit dem Bus auf Abenteuer-Tour durch die Sahara.

neue Allrad-Bus soll einen permanenten Vierrad-Antrieb sowie ein Fünfgang-Getriebe mit kurzem Geländegang haben und auf ein Vorgelege verzichten. Bis dahin sind Naturen mit Fernweh weiter darauf angewiesen, einen normalen Transporter für erschwerte Fahrbedingungen auszurüsten.

Bei der Anschaffung des Grundfahrzeuges sollte dabei schon darauf geachtet werden, daß man einen Teil der Ausstattung gleich aus dem VW-Zubehörprogramm mitkauft. Folgendes an Ausrüstung ist zu empfehlen:

Grundausstattung für Fernreise-Autos

Windschutzscheibe aus Zweischichten-Glas,
Frischluft-Gebläse,
Standheizung,
zusätzlicher Steckdose im Innenraum und am Armaturenbrett,
Spezial-Luftfilter für staubige Wegstrecken,
ausstellbare Seitenfenster,
Rückfahrscheinwerfer,
Kopfstützen für Fahrer und Beifahrer,
abschließbarer Tankdeckel,
H4-Scheinwerfer,
verstärkte Stoßdämpfer,
unter Umständen Erhöhung der Bodenfreiheit durch größere Vorspannung der hinteren Federstäbe,
Stromhauptschalter,
Diebstahl-Alarmanlage,
Schutzgitter oder -Scheiben vor den Scheinwerfern,
Bodenschutz-Platten.

Ausrüstung für Geländefahrten

Die hier aufgeführten Teile gibt es alle entweder im normalen Zusatzausstattungs-Paket von VW oder als spezielle Ersatz- oder Austauschteile bei V.A.G.-Händlern sowie im Zubehörhandel. Wer allerdings nicht nur gelegentlich auf Schotter- oder Sandpisten fahren will, sondern vorhat, lange Strecken unter extremen Bedingungen zurückzulegen, muß dann noch einiges mehr ändern, um möglichst problemlos ans Ziel zu kommen.

Schutz vor der Sonne

Zuerst einmal empfiehlt es sich, zumindest das Wagendach hell zul lackieren, damit sich der Innenraum nicht zu stark aufheizt. Eine weitere Möglichkeit, diesem Übel abzuhelfen, ist ein Markisendach, das über ein aufs Dach geschraubtes Rohrgestell oder den durchgehenden Dachgepäckträger gezogen wird. Wer so fährt, hat durch den Stoff einen Schutz vor direkter Sonnenbestrahlung sowie eine bessere Luftzirkulation am Dach und damit eine erträglichere Innentemperatur.

Um das Aufheizen von unten zu verringern – heißer Sand oder

Schutzgitter von VW für die Fahrzeugunterseite

Asphalt strahlen beachtlich viel Wärme ab – sollten unter die Bodenmatten Isolierplatten gelegt werden, wenn das Auto keine serienmäßige Wärme- und Schalldämmung hat. Blendschutzstreifen an der Windschutzscheibe (im deutschen Straßenverkehr nicht zugelassen) oder Folien an den anderen Fenstern sorgen für weiteren Schutz vor zu viel Sonne.

Zusätzliche Einbauten, die sich für den Einsatz abseits befestigter Straßen lohnen:

- Verstärkungen, Gleit- und Steinschlagschutz-Vorrichtungen (fertig bei VW zu beziehen, Bauskizzen für Selbstbauer finden sich in dem V.A.G.-Serviceheft »Ratgeber, Reisen unter erschwerten Bedingungen«, Z4, Ausgabe März 1980),
- ein stabiler Dachgepäckträger,
- eine zusätzliche Wagenheberaufnahme an der vorderen und hinteren Stoßstange, um den Wagen im Gelände unter Umständen hier anheben zu können,
- Halterungen am Heck oder auf der vorderen Stoßstange für 20 Liter Wasser- und Kraftstoffkanister (in Deutschland nicht zulässig),
- starkes Zweiklanghorn,
- Tropenkühler mit verstärktem Gebläse für die wassergekühlten Motoren,
- Öldruck-Manometer und Öltemperatur-Instrument,
- starke Lichtmaschine, unter Umständen wie bei Wohnmobilen mit zwei Batterien und Trennrelais,
- Schlafgelegenheit im Auto, wie zum Beispiel eine hintere Klappbank mit Motorraumpolster oder aber ein Dachzelt, das über das Schiebedach zugänglich ist,

- intakte Türdichtungen, damit das Eindringen von Staub reduziert wird,
- Luftlande- bzw. Sandbleche,
- Ersatzteile für Motor, Getriebe und Fahrwerk (siehe Seite ●).

Leichtmetallfelgen fürs Gelände

Weiter empfiehlt es sich, das Fahrzeug auf die maximal zulässige Reifengröße umzurüsten (siehe Seite 238) und Leichtmetallfelgen zu verwenden, die verwindungssteifer sind und das Risiko mindern, daß sich das Felgenhorn verbiegt und ständig Luft entweicht. Schläuche zu benutzen ist eine zweischneidige Lösung: Luft kann zwar nicht mehr entweichen, der Schlauch sorgt aber für eine stärkere Erwärmung und so für neue Gefahren. Zudem sind Diagonal-Reifen zu empfehlen, wenn es über Schotter und Geröllstrecken gehen soll, da diese durch ihre stärkeren Flanken geschützt sind. M+S-Reifen aufzuziehen lohnt meist nicht, da diese sich auf lockerem Untergrund nur eingraben. Eine Alternative ist es, mit Sommerreifen (je mehr Sand, desto weniger Profil) zu fahren, und für Schlammstrecken zwei M+S-Exemplare als Ersatzräder mitzuführen, die dann besser sind.

Wer seinen Transporter so ausgerüstet hat, kann sicher sein, fast genausoweit zu kommen, wie andere Reisende, die sich in einem Landrover oder Landcruiser wesentlich unbequemer fortbewegen. Nur auf die extremen Abstecher ins Gelände sollte man tunlichst verzichten (siehe auch »Fahren unter erschwerten Bedingungen« auf Seite 239).

Schrauben sichern

Ansonsten muß der VW nur ordentlich gewartet sein und vor allem die Schutzbleche an der Unterseite und die Verstärkungen aufweisen. Eine weitere Vorsichtsmaßnahme ist es, wenn sämtliche Schrauben, die gefährdet sind, angebohrt und mit Splinten gesichert oder zumindest mit Sicherungslack gegen das unvermeidliche Aufrütteln auf Wellblechpisten geschützt werden.

DER VAN

Die Möglichkeiten, in Deutschland Besitzer eines Vans nach amerikanischem Vorbild zu werden, sind begrenzt. Gegen Toilettenhäuschen mit Achtzylinder-V-Motor, Badewannen mit 400 PS und fahrbare Liebeslauben mit Formel 1-Reifen hat der Gesetzgeber entschieden etwas einzuwenden. Andererseits machen Vorhänge vor den Fenstern und ein Schild auf der Heckklappe »Mütter lacht nicht, vielleicht ist Eure Tochter an Bord« auch noch kein Lustmobil aus.

VW-Van-Club Deutschland

Ein klassischer US-Van gibt sich ganz in Plüsch und Glimmer, hat ein großes Bett, Farbfernseher, Bar, überdimensionierte Stereoanlage und Lehnsessel an Bord. Daß ähnliches mit einem Typ 2 praktizierbar ist, hat Manfred Sbrzesny aus Seelze bei Hannover bewiesen. Er baute sich einen Joker seinen Vorstellungen entsprechend um und fand auf Anhieb so viele Gleichgesinnte, daß es sich lohnte, den »VW-Van-Club Deutschland« zu gründen.

Während bei der Außengestaltung noch auf Kunststoffteile von Taifun oder Autoform zurückgegriffen werden kann und jeder einigermaßen talentierte Lackierer in der Lage ist, für Regenbogenfarben und goldenen Glimmer zu sorgen, sind Van-Bauer bei der Inneneinrichtung auf ihr eigenes Geschick angewiesen Teddyfell, Plüsch und lila Brokatstoff für die Vorhänge gibt es nur als Meterware.

Der Introvertierte

Für Leute, die nicht vor der Disco die große Schau abziehen wollen, ist eine mehr introvertierte Art des Van interessant, die in Deutschland beliebter ist, als das protzige amerikanische Spielmobil. Da fahren Transporter durch die Lande, die aussehen, als seien sie gerade einer Schrottpresse von der Schaufel gesprungen. Liebevoll gepflegte Beulen zieren das Äußere, die Stoßstangen wurden mit viel Mühe beim Autoverwerter ausgesucht, und nichts deutet darauf hin, daß im Heck 100 PS und mehr wirken, sich hinter den von außen undurchsichtigen Scheiben Ledersitze und feudale Atmosphäre verbergen.
Auch Nato-olivgrün gestrichene Wohnmobile finden sich, oder weiße Transporter mit der Aufschrift »Metzgerei Müller« stehen mitten in der Stadt, bewohnt von reiselustigen Leuten, die nicht auffallen wollen.

Die Zeiten, in denen jedes Postauto auch wirklich Briefe und Pakete transportiert hat, sind vorbei. Außer den offensichtlich umgebauten alten Bundespost-Transportern gibt es auch eine ganze Menge gelbe Wagen, die noch nach Dienstauto aussehen und in Wirklichkeit viel Plüsch bieten.
Der Traum jedes Van-Fahrers bleibt dann nur noch, richtig motorisiert zu sein. Was es da an Möglichkeiten gibt, steht im Tuningteil auf der Seite 202.

5

Zubehör

Ein komplettes Auto gibt es nicht. Wer beim Kauf eines Neuwagens die besorgniserregend umfangreiche Zubehörliste von Volkswagen en bloc mitgeordert hat, wird feststellen, daß ihm trotzdem noch einiges fehlt, was das Fahren schöner, das Wohnen komfortabler oder das Aussehen des Autos gefälliger macht.

Vom Kitsch bis zum sinnvollen Detail

Das Angebot der Industrie für den Transporter ist phänomenal. Da gibt es vom barocken Kitsch bis zum sinnvollen Detail alles, was man haben möchte.
Bequemere Sitze für Fahrer und Beifahrer gehören ebenso dazu, wie Leichtmetallfelgen, Breitreifen, getunte Motoren oder eine zusätzliche Ablage im Führerhaus. Speziell für Wohnmobilisten kommen noch Vorzelte, Campingtoiletten, Abwasserbehälter oder Dachlüfter hinzu (siehe auch Kapitel 4 »Selbstausbau«). Eine komplette Klimaanlage oder eine Standheizung sind dagegen Dinge, die auch für einen Van oder ein Familienauto ohne Wohneinrichtung interessant sind.
Auf den nächsten Seiten wird über diese Dinge informiert. Die Entscheidung, was sinnvoll oder wünschenswert ist, muß jeder selbst treffen. Einige Kriterien für den Kauf gelten dagegen prinzipiell:

Zubehör-Kaufhilfe

- Zubehör wird beim Wiederverkauf meist nicht besonders gut honoriert. Da die Erfahrung zeigt, daß Typ 2-Fahren offensichtlich süchtig macht und viele ihren VW-Bus erst verkaufen, wenn der neue schon bestellt ist, sollte diesem Umstand beim Erwerb von Zubehör Rechnung getragen werden. Aufsatz-Klimaanlagen lassen sich beim Verkauf beispielsweise leicht vom Dach demontieren und auf das neue Auto schrauben. Die festeingebaute Anlage dagegen lohnt diesen Aufwand kaum, da zu viele Löcher gebohrt und Teile geändert wurden, die dann wieder kaschiert werden müßten. Wer seine Einbauklimatisierung aber mitverkauft, bekommt von den 3000 oder 4000 Mark, die sie einmal gekostet hat, nur einen Bruchteil vom Käufer bezahlt. Bei teuren Zubehörteilen lohnt sich also die Überlegung, ob man sie später einmal abmontieren und weiterverwenden kann oder ob sie mitverkauft werden müssen.

Verkauf von getunten Autos

● Getunte Motoren sind eine teure Leidenschaft. Die Anschaffung geht ins Geld und beim Wiederverkauf wirken sie sich meist wertmindernd aus. Wer will schon ein Auto, das frisiert und wahrscheinlich auch dementsprechend gefahren wurde? Die Erfahrung zeigt, daß hier der Name des Tuners viel ausmacht – renommierte Firmen stehen in dem Ruf, standfeste Triebwerke zu produzieren. Wenn am Heck des Autos dagegen der Name einer ausländischen Wald- und Wiesenfirma steht, die vielleicht gute, aber bei uns unbekannte Aufrüstarbeit leistet, findet sich kaum ein Interessent. Wer nicht auf einen Umrüstsatz bei der Leistungssteigerung zurückgreifen will, sondern einen kompletten Motor mit mehr Kraft kauft, tut darum gut daran, das Serientriebwerk aufzuheben. Oft läßt sich das Fahrzeug damit besser verkaufen, als mit dem aufgemotzten Exemplar. Das kann dann zusätzlich an einen anderen Interessenten veräußert werden.

Preisvergleiche lohnen sich

● Was sich bei allen Zubehörteilen lohnt, ist ein Preisvergleich zwischen verschiedenen Anbietern. Vorzelte, Markisen, Isolierfenster, Anhängekupplungen, Radios oder andere Dinge werden oft von Versand- oder Kaufhäusern zu 20 oder 30 Prozent geringeren Preisen angeboten als von kleineren Geschäften. Selbst der Blick in einen Quelle- oder Neckermann-Katalog lohnt manchmal – beide Firmen bieten einiges an brauchbarem Zubehör für Transporter an.

Geschmacksfrage

Ohne sich die Freude am individuellen Auto zu verderben, sollte man beim Kauf außerdem bedenken, ob zum Beispiel die Ablage über dem Küchenblock im Wohnmobil oder die überdimensionierten Versenk-Lautsprecher in den Türen des Van sonst noch jemandem gefallen könnten.

Die DAT (Deutsche Automobil Treuhand) zum Beispiel ist sonst schnell zur Hand mit gewinnbringenden Preislisten für den Gebrauchtwagenhandel. Für Wohnmobile aber wurde bislang Abstand von solch einem Handbuch genommen, weil die Bemessungsgrundlagen zu unterschiedlich sind. Wie soll ein Schätzer ein

Wohnmobil mit lilablaßblauen Bezügen und Kuckucksuhr taxieren? Für Normalverbraucher ist das eine klare Wertminderung, ein Geschmacksignorant zahlt dafür womöglich noch einen Aufpreis.

ZUSATZ-INSTRUMENTE

Von Haus aus ist der Transporter so gesund, daß es einer Überwachung der Motorfunktionen durch Zusatz-Instrumente nicht bedarf. Zumindest nicht unter normalen Bedingungen. Ein Wasser-Thermometer oder eine Öltemperatur-Anzeige werden erst nötig, wenn in extrem heißen Gebieten gefahren werden soll und der schwierige Untergrund oft den ersten Gang erfordert. Kurz: Wer mit einem Serienfahrzeug auf europäischen Straßen bleibt, kann sich das Geld für diese Instrumente sparen.

Überwachtes Tuning

Anders sieht das aus, wenn am Motor etwas verändert wurde. Leistungsgesteigerte Ausgaben bedürfen der Kontrolle und Tuningfirmen wie Oettinger und Zöllner haben ein Öltemperatur-Instrument im Preis für die Umbauten gleich eingeschlossen.

Drehzahlmesser

Dank seines Drehzahlbegrenzers macht der Typ 2 einen Drehzahlmesser eigentlich überflüssig – aber der Drang nach mehr sportlichen Instrumenten im Cockpit ist ja auch nicht immer nur auf echten Bedarf ausgerichtet. Manche mögen es eben, wenn es selbst im biederen Bus zugeht wie in einem Sportwagen.

Vier Instrumentenbretter von Oettinger

Vier optisch schöne Lösungen bietet die Firma Oettinger an. Als aufsetzbare Instrumentenkonsole werden zum Preis von knapp 700 Mark ein Drehzahlmesser, Öldruckmesser und Ölthermometer angeboten. Als Einbauteil in den Instrumententräger (ab dem Baujahr 1980) gibt es die gleiche Ausrüstung für rund 900 Mark.
Wer es noch sportlicher haben will, muß 1800 Mark auf den Tisch des Hauses legen, um für seinen Transporter einen Satz Rundinstrumente zu bekommen, wie sie Porsche für seine Autos verwendet. Die Kombination besteht aus Tachometer, Drehzahlmesser, Kombi-Instrument für Öldruck- und Temperatur, Tankuhr und Zeituhr.
Im Vergleich zu dieser Edel-Ausgabe erscheinen die knapp 900 Mark fast bescheiden, die Oettinger für Digital-Instrumente verlangt. Integriert in der Armaturentafel geben Leuchtzeichen Aufschluß über Öldruck- und Temperatur sowie über die Außentemperatur.

Einzelinstrumente preiswerter

Wer weniger Wert auf gutes Aussehen legt, oder sich sein Armaturenbrett selbst gestalten will, kommt wesentlich billiger ans Ziel, wenn er Einzelmodelle und die dazu passenden Geber von VDO oder Moto-Meter kauft.

Das Angebot im Fachhandel reicht über die bereits erwähnten Geräte bis zu Eiswarnern, Schließwinkelanzeigen und ähnlichem. Sinnvoll muß es ja, wie gesagt, nicht unbedingt sein, wenn es nur schön mit den Zeigern zuckt und nachts sportlich grün oder rot leuchtet.

Nötig werden die Instrumente aber nicht nur bei getunten Otto-Motoren, sondern auch bei aufgeladenen Diesel-Triebwerken. Um mögliche Schäden durch Überlastung zu vermeiden, empfiehlt sich hier durchaus eine Wassertemperatur-, Öldruck-, Öltemperatur- und Ladedruckanzeige. Das mit über 300 Mark ausgesprochen teure Abgastemperatur-Instrument dagegen kann man sich sparen – wenn das Gerät zu hohe Werte anzeigt, ist es meist ohnehin zu spät, um noch etwas zu retten.

Wer einen Dieselmotor in Sachen Drehzahl kontrollieren will – etwa um zu wissen, wann er bei einem Turbo in den Ladebereich kommt – hat drei Möglichkeiten. Entweder kann die Drehzahl über einen aufwendigen Klopfgeber, die Einspritzintervalle am ersten Zylinder oder – etwas ungenauer – über die Lichtmaschine festgestellt werden.

Billig-Lösung

Wer dagegen mit einem ganz serienmäßigen Auto fährt und nur Angst hat, daß es bei einer Fernreise in heißen Gefilden zu Problemen kommen könnte, ist mit einem einzigen Instrument kostengünstig alle Sorgen los. Handelt es sich um einen luftgekühlten Boxer, reicht ein Öltemperatur-Anzeiger völlig. Komplett mit Geber kostet das Gerät rund 90 Mark und läßt sich problemlos selbst einbauen. Wer den Geber in der Ölablaßschraube hat, sollte nur darauf achten, daß die Kabelverbindung nicht mit heißen Motorteilen in Berührung kommt und daß der Geber im Gelände nicht beschädigt werden kann.

Mit kochendem Wasser eichen

Wer einen Diesel oder Wasserboxer fährt, braucht nicht unbedingt zwei separate Temperaturanzeigen für Wasser und Motorenöl. Sparsame Naturen können für beides die bis über 150 Grad Celsius reichende Ölanzeige verwenden. Sie müssen nur einen weiteren Geber für die Wassertemperatur und einen Umschalter montieren, um so wahlweise informiert zu werden. Doch ein Problem besteht: Der Wassergeber wird nicht unbedingt exakte Werte auf der Skala des Ölinstruments liefern. Das aber läßt sich durch Nacheichen schnell beheben. Nach der Montage braucht der Fühler nur in einen

Topf kochendes Wasser gehalten zu werden, und schon läßt sich zumindest die 100 Grad-Anzeige nachprüfen und notfalls mit einem Punkt auf dem Instrument fixieren.
Für Fernreisen reichen ansonsten die Drehzahlbegrenzung und Öldruckwarnlampe aus, um Ärger vorzubeugen. Wer wirklich in schwierigem Gelände fährt, tut seinem Motor einen größeren Gefallen, wenn er ihn weniger überwacht, dafür aber öfters frisches Motorenöl einfüllt.

SITZE

Zum Komfort eines Wohnmobils gehören nicht nur bequeme Betten, ein großer Kühlschrank und kommode Hocker und Bänke im Wohnbereich – körpergerechte Sitze für Fahrer und Beifahrer zählen auch dazu.

Seriensitze

Die Seriensitze von VW sind zwar nicht unangenehm, auf langen Strecken haben sie aber ihre Nachteile. Die Seitenführung ist nicht sonderlich, die Verstellmöglichkeiten sind begrenzt, und die Position der Kopfstütze ist auch nicht jedermanns Geschmack. Dazu lassen sich die Sitze nicht in Liegestellung bringen – ein Nachteil, der vor allem zum Tragen kommt, wenn der Copilot unterwegs gerne ein bißchen ausruhen würde, mit der relativ steilen Lehne aber kaum eine entspannte Lage einnehmen kann.
Für Käufer eines Gebrauchtautos kommt noch hinzu, daß bei diesen Fahrzeugen die Bezüge nicht zum für den Ausbau gewählten Stoff der Sitzbank passen, oder daß die vorhandenen Exemplare einfach zerschlissen und unansehnlich sind. Wer seinen Typ 2 zum Van ausbaut oder auf ein sportliches Interieur im Fahrerhaus Wert legt, muß sich erst recht nach adäquatem Gestühl umschauen.
Das Angebot des Marktes ist beachtlich. Bevor aber zum Kauf geschritten wird, sollte beachtet werden,

Kauftips

- daß die Seitenpolster der Sitzfläche und Lehne nicht zu ausgeprägt sind, da sonst das Ein- und Aussteigen unnötig erschwert wird,
- daß die Beinauflage der Sitzfläche nicht zu weit nach vorne gezogen ist. Eine solche Position kann zwar in einem Sportwagen recht angenehm sein, in dem Fahrer und Beifahrer flach über dem Fahrzeugboden sitzen – im Transporter wirkt sie sich eher unbequem aus, da die Beine dank der hohen Sitzführung stark angewinkelt werden müssen.
- Zudem sollte zumindest der Beifahrersitz einen Liegesitz-Beschlag haben und auf Laufschienen sitzen, die eine möglichst

große Verstellmöglichkeit bieten. Beim Fahrersitz zählen diese Argumente meist nicht, da dessen Stellung bei Wohnmobilen im Normalfall durch den Küchenblock oder Schränke begrenzt wird, die sich an der linken Fahrzeugseite entlang ziehen.

- Alle Sitze müssen zudem eine ABE (Allgemeine Betriebserlaubnis) haben sowie mit Konsolen im Auto eingebaut werden, die den TÜV-Anforderungen entsprechen.

Recaro-Sitze

Die Firma Recaro bietet zwei Modelle an, die diesen Anforderungen entsprechen und sich gut für den Transporter eignen. Die Idealsitze N und LS haben keine zu ausgeprägte Schalenform, lassen sich durch eine Sitztiefenverstellung anpassen und weisen eine Sitzfederung auf, die vor allem bei schlechten Straßen Rückenschmerzen vorbaut; um ein ermüdungsfreies Fahren zu ermöglichen, läßt sich außerdem das Rückenprofil des Sitzes nachpolstern. Ein Farbsortiment von acht Stoffen und verschiedenen Lederbezügen sorgt für eine optimale Anpassungsmöglichkeit an die restliche Innenausstattung. Die Preise für die beiden Modelle liegen bei 760 Mark für einen N- und 818 Mark für einen LS-Sitz (eine Kopfstütze kostet je nach Ausführung weitere 70 Mark bis 145 Mark).

Elektrische Sitzverstellung

Wer noch mehr Geld ausgeben will, hat die Möglichkeit, den Idealsitz C mit elektrischer Verstellung zu ordern. Die Preise liegen dann bei 1500 Mark bis 1866 Mark. Der Nachteil aller Recaro-Sitze: Für den Typ 2 ist keine spezielle Einbaukonsole lieferbar, sondern es kann für 70 Mark nur ein Universalbausatz gekauft werden, der selber zusammengeschweißt werden muß.

Scheel-Mann-Sitze

Die Firma Scheel-Mann ist ebenfalls auf Sitzgelegenheiten für Autos spezialisiert. Aus dem Liefer-Programm, das hauptsächlich sportliche Schalensitze und Komfortgestühl für Sportwagen und Limousinen umfaßt, empfiehlt sich für den Einbau in den VW besonders das Modell 201 E. Trotz der relativ schmalen Bauweise ist die Sitzposition ausgesprochen bequem und die Seitenführung gut, ohne durch zu wulstige Polster beim Ein- und Aussteigen zu behindern. Die kurze Sitzfläche trägt der hohen Position des Fahrers im Typ 2 Rechnung. Der Einbau ist in alle Modelle ab dem Baujahr 1980 mit einer als Zubehör lieferbaren Konsole möglich; die Preise liegen bei 700 Mark für den 201 E, 100 Mark für den Einbausatz und 80 Mark für die Kopfstütze. An Farben stehen schwarz, beige, zwei Brauntöne, blau und zwei Grauabstufungen zur Verfügung.

Schwebesitz

Während die bislang vorgestellte Bestuhlung aus dem Sport- und Komfortwagen-Bereich kommt, den auch Firmen wie Ass, Interad, Rubi und König abdecken, ist der nächste Fahrerstuhl eine Ent-

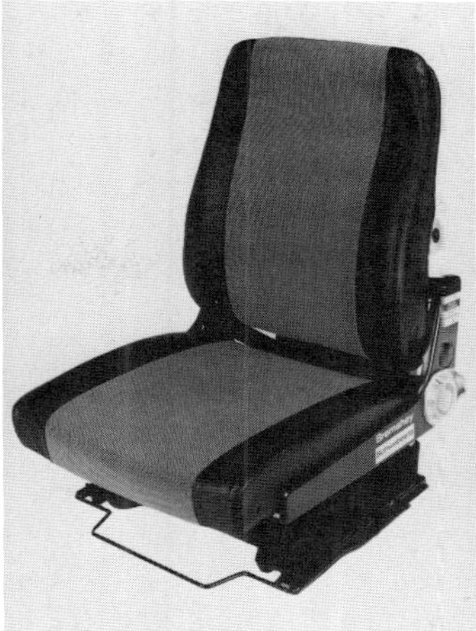

Links oben: Recaro-Idealsitz C mit elektrischer Verstellung.

Mitte: Bremshey-Schwebesitz

Rechts und unten: Sportscraft-Pilotensitz mit Armlehnen...

...und Van-Rücksitzbank mit klappbarer Mittellehne

wicklung aus dem Lastwagen-Bau. Fernfahrer, die ihre Arbeitszeit auf Autobahnen und Landstraßen zubringen, brauchen extrem körpergerechte Sitze mit einer Federung, die vor Bandscheibenschäden schützt.

Einfacher Einbau

Anforderungen, die von den sportlicher aussehenden Pkw-Sitzen nicht in dem Maß erfüllt werden, wie dies ein Schwebesitz kann. Bei ihm läßt sich nicht nur die Sitzposition sehr variabel gestalten, sondern auch der Federungskomfort. An einem Einstellrad an der Seite wird das Körpergewicht des Fahrers justiert und schon sorgt ein System mit Stoßdämpfer und Druckfeder dafür, daß Bodenwellen und damit verbundene Erschütterungen individuell abgefangen werden – ein Umstand, der einen sehr schnell von diesem Sitz überzeugt – auch wenn er optisch nicht so viel hermacht und die Seitenführung schlechter ist. Ein weiterer Vorteil ist dagegen, daß der Schwebesitz ohne Änderungen in die vorhandenen Sitzschienen eingeschoben werden kann.

Bremshey-Sitz Bezogen werden kann der Sitz direkt über Volkswagen als Sonderausstattung oder von der Herstellerfirma Bremshey. Der Preis liegt bei 600 Mark ohne Kopfstütze.

Piloten-Sitz Eine weitere ausgesprochen kommode Art im VW Platz zu nehmen, offeriert die Firma Sportscraft mit dem Pilotensitz. Dieses Modell hat eine erhöhte Lehne, integrierte Nackenstützen, hochklappbare Armlehnen und bietet eine gute Seitenführung. Dazu kommen ein verstärkter Sitzkern und eine per Gasfeder stufenlos bis in Liegestellung verstellbare Rückenlehne. Ab dem Modell-Baujahr 1980 des Typ 2 paßt der Sitz auf den normalen Drehteller, für andere Modellvarianten gibt es spezielle Untergestelle. Lieferbar ist der Armlehnen-Sessel in den Farben braun und beige. Der Preis hält sich dabei mit 570 Mark pro Exemplar in Grenzen.

Van-Sitzbank Die gleiche Firma liefert auch eine dreisitzige Rückbank und Einzelsitze auf Drehfüßen, die hauptsächlich für Vans in Frage kommen. Die Bank hat ein klappbares Rückenlehnenteil in der Mitte, das mit zwei Armlehnen und Flaschenhalter ausgerüstet ist.

Mittelsitz für vorne Ein zwar teures aber durchaus sinniges Zubehör bietet Dr. Höhn zu seinen Mexico-Schalensitzen (um 600 Mark) an: Zwischen Fahrer- und Beifahrergestühl gibt es einen klappbaren Mittelsitz (um 800 Mark), damit zum Beispiel auch ein Kind vorne mitfahren kann.

FERNSEHANTENNEN

Mancher Wohnmobilist mag auch unterwegs nicht auf die Tagesschau verzichten. Und wenn die Reise in Ausland führt – die Sportschau versteht man schließlich auch, wenn der Moderator italienisch oder spanisch spricht. Das einzige Problem ist der Empfang. Mit der Teleskop-Antenne des tragbaren Fernsehers ist im Auto nichts anzufangen, und der einzige Weg, die Wirkung des Faraday'schen Käfigs zu umgehen, den ein Metallkäfig auch in Form eines Typ 2 nun einmal darstellt, ist eine Außen-Antenne.

Außenantennen Das bekannte Modell vom Dach zu Hause gibt es zwar auch in klein als Campingantenne – geeignet ist diese Ausführung aber nur für Caravans. Bei Wohnmobilen ist der Sachverhalt schwieriger. Da der TÜV wuchtige VHF- und UHF-Antennen stets mit Argwohn betrachtet und meist eine Zulassung verweigert, zogen sich

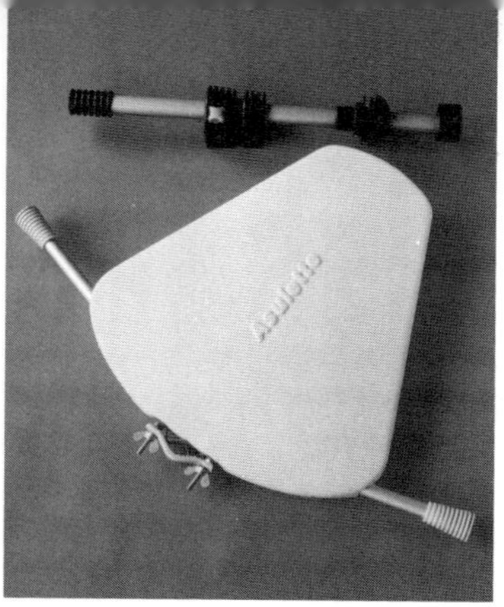

Preiswert und gut: Die Asulette-Antenne von Ullrich.

renommierte Hersteller wie Hirschmann vom Auto-Fernseh-Geschäft zurück. Firmen wie Kathrein, Shapeg Teko und Ullrich blieb das Problem, Ausführungen auf den Markt zu bringen, die bei Unfällen keine Verletzungsrisiken in sich bergen und trotzdem für guten Empfang sorgen.

TÜV-Probleme

Während der Technische Überwachungsverein noch immer Schwierigkeiten macht, wenn solch ein Exemplar auf einem Pkw montiert ist, wird der Anbau an Wohnmobile geduldet. Unauffällig auf dem hohen Dach angebracht, hält sich die Wahrscheinlichkeit, daß sich ein Fußgänger daran verletzt, ja auch in Grenzen.

Richt- oder Rundantenne

Die Preisunterschiede bei diesen Antennen, die entweder über den Fachhandel oder Zubehörfirmen angeboten werden, sind beachtlich. Gewählt werden sollte für Wohnmobile stets ein Modell mit einem aerodynamischen Gehäuse, wobei in die zwei Gruppen Richt- und Rund-Antennen unterschieden wird. Der Typ Kathrein HD 36 für knapp 370 Mark hat beispielsweise eine 360 Grad-Charakteristik und eignet sich deswegen vor allem für den Empfang während der Fahrt. Das Modell HD 35 (um 200 Mark), die Schwaiger-Antenne CAS 700 (Set mit Anschlüssen, Verstärker und Netzgerät um 320 Mark), die Teko-Roul-Antenne (mit eingebautem Verstärker um 220 Mark) oder die Ausführung Asulette von Ullrich (um 150 Mark) sind dagegen als Richtantennen ausgelegt und können beim Standbetrieb optimal den jeweiligen Empfangsbedingungen angepaßt werden.

Antennenmast

Um dies tun zu können, sollte stets ein Antennenmast verwendet werden, der beim Typ 2 leider nicht – wie in anderen Wohnmobilen – in einen Schrank paßt, zumindest nicht bei Fahrzeugen mit Aufstelldach. Es bleibt meist nichts anderes übrig, als den ausziehbaren Mast (bei Ullrich und Shapeg jeweils um 110 Mark) am Heck von außen zu montieren; durch Aus- und Einfahren sowie Drehen kann die Antenne dann justiert werden.

Montage auf dem Hochdach

Wer diesen Aufwand scheut und lieber eine Rundantenne wählt, sollte diese nur nicht unbedingt bei Fahrzeugen wie dem Joker 3 vor der Dacherhöhung über dem Fahrerhaus montieren, da der Aufsatz sonst den Empfang teilweise abschirmt. Im Zweifelsfall ist es besser, die Antenne hinter den Dachlüfter aufs Hochdach zu schrauben.

Elektronische Verstärker

Verbessern läßt sich das Ergebnis all dieser Bemühungen noch durch einen elektronischen Verstärker, der beim Schwaiger-Set mitgeliefert, bei der Teko-Roul-Antenne eingebaut ist. Beim Kauf sollten Wohnmobilisten darauf achten, daß die Elektronik auch mit zwölf Volt, und nicht ausschließlich mit 220 Volt arbeitet, wie das bei einigen, hauptsächlich für Caravan-Besitzer gedachten Modellen, üblich ist. Eine erfreuliche Nebenerscheinung des Aufwandes für den Fernsehempfang ist es, daß sich auf die UHF- und VHF-Anlage leicht noch eine zusätzliche Rundfunkantenne setzen läßt; damit läßt sich dann auch im entlegensten Winkel Italiens wenigstens noch ein deutsches Radio-Programm empfangen.

MOTOREN-TUNING

GTI-Motor für den Typ 2

Groß war der Typ 2 schon am Tag seiner Geburt. Daß er sonderlich stark ist, konnte man allerdings nie behaupten. Und so machten sich bald einige Motorenkünstler daran, dem Transporter auf die Sprünge zu helfen. Das Rezept war in den ersten 30 Jahren der Existenz eigentlich immer das gleiche: Mit Hubraumerhöhungen, anderen Vergasern, größeren Ventilen und geänderten Nockenwellen wurde versucht, Kraft und Herrlichkeit ins Heck zu packen. Zu einer Wende kam es 1980, als das Volkswagen-Werk mit der wassergekühlten Dieselversion ins Licht der Öffentlichkeit trat. Mit einem Schlag taten sich den Tunern zwei neue Möglichkeiten auf: Den Anhängern der Selbstzünder konnte eine Leistungssteigerung durch Turboaufladung angeboten, den Kraft-Fetischisten dagegen der Einbau des ebenfalls wassergekühlten Reihenvierzylinders aus dem Golf GTI offeriert werden.

Und dann kam VW im Herbst 1982 und komplizierte das ganze durch die Einführung des Wasser-Boxers erheblich; das heißt, für Besitzer eines solchen neuen Autos wurde das Thema Tuning erfreulicher, weil sie auf Motoren zurückgreifen können, die ab Werk für Leistungen von über 100 PS ausgelegt sind, und als Sonderzubehör ein Fünfgang-Getriebe zur Verfügung haben, das durch seine Auslegung höhere Geschwindigkeiten ermöglicht. Nur Typ 2-Fahrer, die ein älteres Fahrzeug besitzen, kommen in

Schwierigkeiten. Lohnt es sich für sie überhaupt noch, einen luftgekühlten Boxermotor zu tunen?

Kein Fünfgang für alte Modelle

Da die neuen Motoren kürzer bauen als die bisherigen luftgekühlten Exemplare, konnte VW die gesamte Antriebseinheit knapp vier Zentimeter nach hinten verlegen und so die Pfeilung der Antriebsachsen auf Null bekommen. Eine Maßnahme, die den Verschleiß mindert, es durch die geänderten Motor- und Getriebeaufhängungen aber unmöglich macht, das neue Fünfgang-Getriebe mit der Einpunktbefestigung in ein älteres Fahrzeug einzubauen, daß noch gepfeilte Antriebsachsen und eine Dreipunkt-Aufhängung hat. Im Notfall ließe sich zwar ein Weg finden, das Unterfangen wäre aber so aufwendig, daß es vermutlich billiger ist, gleich ein neues Basisfahrzeug zu kaufen.

Stärkere Serienmotoren

Wer damit bis 1984 wartet, kann vermutlich eine knapp 100 PS starke Einspritzer-Version erwerben oder auf einen aufgeladenen Dieselmotor mit einer Leistung von rund 75 PS zurückgreifen, die VW bis dahin anbieten will. Und das sind dann Triebwerke, mit denen man in jede V.A.G.-Werkstatt kann und im Zweifelsfall nicht auf die Hilfe des Tuners angewiesen ist, weil es woanders an Fachverstand und Ersatzteilen mangelt.

Aber mancher mag eben nicht warten, bis es mehr Pferdestärken vom Fließband gibt, nicht jedem reicht das schon – und einige mögen sich vielleicht auch nicht durch eine um Fingerbreite nach hinten verlegte Antriebseinheit zwingen lassen, gleich ein neues Auto zu kaufen.

Längerer vierter Gang

Schließlich ging es 32 Jahre lang mit einem Vierganggetriebe, das sich durch einen längeren vierten Gang (bei Oettinger, Abt, Mahag, Turbo-Motors) auch an einen stärkeren Motor anpassen läßt.

GTI-Version ohne Zukunft?

Im Übersichts-Kasten finden sich die Angebote der Tuner. Aufgeführt sind darin auch zwei Versionen auf der Basis des GTI-Motors. Ob sich diese Art der Leistungssteigerung nach der Vorstellung des Wasserboxers lange halten wird, ist fraglich. Zu Zeiten, als der Diesel-Bus mit seinem Wasserkühler die Möglichkeit eröffnete, einen modifizierten 1,6 Liter-Einspritzer in den Bus zu packen, waren die so erzielbaren Pferdestärken eine Alternative zum luftgekühlten Boxer. Mit dem neuen Aggregat aus Wolfsburg, das Möglichkeiten »bis über 140 PS beinhaltet«, wie sich die Firma Oettinger zu ihren Zukunftsplänen äußert, ist der drehmomentschwächere Golf-Reihenmotor mit seiner erst bei hohen Drehzahlen anfallenden Leistung vermutlich nur noch ein Thema, bis die Tuner den Wasserboxer in einer standfesten und ausgereiften Version anbieten können.

Basis[1]	Tuning-PS	Tuning-Hubraum	Tuning-Umfang	Preis	Anbieter
Luftgekühlter 2 Liter-Motor	98	2000 ccm	Umbau des angelieferten Motors unter Verwendung einer K-Jetronic-Einspritzung	um 6500 Mark (inklusive Ölkühlanlage)	Oskar Zöllner
Luftgekühlter 2 Liter-Motor	105	2400 ccm	Hubraumvergrößerung und Umbau des angelieferten Motors unter Verwendung einer K-Jetronic-Einspritzung	auf Anfrage	Oskar Zöllner
Luftgekühlter 2 Liter-Motor[2]	90	2000 ccm	Umbau des angelieferten Motors unter Verwendung von zwei 40 PDSIT-Vergasern	um 5000 Mark	Sauer & Sohn
Luftgekühlter 2 Liter-Motor	100	2400 ccm	Hubraumvergrößerung und Umbau des angelieferten Motors unter Verwendung von zwei 32-34 PDSIT-Vergasern	um 8600 Mark (inklusive Ölkühlanlage und Ölthermometer)	Oettinger
Dieselfahrzeug ohne Motor	105	1600 ccm	Umrüstung auf Golf GTI-Motor	um 6000 Mark	Oettinger
Dieselfahrzeug ohne Motor	125	2000 ccm	Umrüstung auf leistungsgesteigerten Golf GTI-Motor	um 12000 Mark	Oettinger
Diesel	74	1600 ccm	Motor auf Basis des Golf Turbo Diesel	um 5400 Mark	Abt
Diesel	68–74[3]	1600 ccm	Anbau eines Turboladers der Firma IHI an den Serien-Dieselmotor	um 3000 Mark	Turbo-Motors
Wasser-Boxer	110–120[4]	2200 ccm	Hubraumvergrößerung und Umbau des angelieferten Motors unter Verwendung einer Einspritzung	auf Anfrage	Oettinger

[1] Die Fahrzeuge müssen alle mit einem Bremskraftverstärker ausgerüstet sein
[2] Mehrpreis bei Anlieferung eines 1,7 oder 1,8 Liter-Motors: um 1000 Mark
[3] Je nach gewünschtem Ladedruck
[4] Lieferbar ab Sommer 1983 – von anderen Tunern noch keine Angaben

Trotz der Möglichkeiten, ins Heck eines biederen Wohnmobils oder Familienautos Kraftquellen zu packen, die einen in die Lage versetzen, auf der Autobahn oder an der Ampel Limousinenbesitzern die Rücklichter zu zeigen, sollte man nicht vergessen, daß Tuning nicht unbedingt nur reine Kraftmeierei ist.

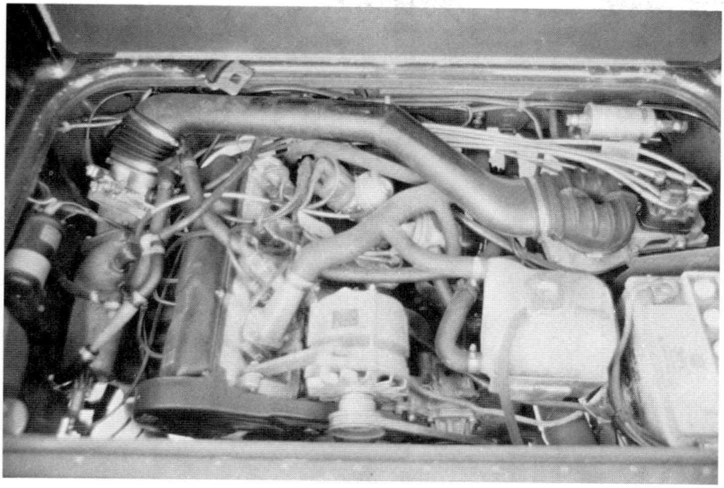

Von Oettinger eingebauter GTI-Motor im Typ 2.

VW-Turbo zu teuer

VW gab bei der Vorstellung der neuen Motoren-Generation im Herbst 1982 bekannt, daß erst 1984 entschieden wird, ob es einen Turbo-Diesel geben wird. Als Argument gegen einen aufgeladenen Selbstzünder wurde angeführt, daß ein solches Aggregat insgesamt rund 3000 Mark teurer ist, als ein vergleichbarer 70 PS-Benziner. Sicher mag das Volkswagenwerk hoffen, bis in ein paar Jahren entweder eine preiswerteren Komprex-Lader oder ein stärkeres Diesel-Triebwerk mit über 2,0 Litern Leistung für den Typ 2 anbieten zu können – Dieselbesitzern, die sich das Auto aus Spargründen gekauft haben und erst dann merkten, daß ihnen 50 PS einfach zu wenig sind, nützt das alles vorerst nichts. Sie sind darauf angewiesen, ihrem vorhandenen 1,6 Liter-Motor wenigstens soweit auf die Sprünge zu helfen, daß damit Autobahn-Steigungen wenigstens im dritten Gang mit 60 oder 70 km/h gefahren werden können. Eine Hilfe ist da schon das Fünf-Ganggetriebe, mit seiner besseren Abstufung – aber wie gesagt, das lohnt sich nicht zum Nachrüsten und kommt deswegen nur für Neuwagen in Frage. Aber die ausgewogenere Auslegung der Gänge ersetzt auch noch keine zusätzlichen 15 oder mehr PS, die es eben braucht, um ein 2000 Kilogramm schweres Diesel-Wohnmobil einigermaßen mobil über den Berg zu bewegen. Da ist eben ein Turbolader eher geeignet.

Diesel-Turbokit

Eine relativ preiswerte Methode ist dabei das angeführte Kit, mit dem eine Leistung von rund 74 PS erzielbar ist. Die Beschleunigung eines Westfalia-Joker-Diesels läßt sich damit beispielsweise von 0 auf 100 km/h um fast 100 Prozent auf knapp 33 Sekunden reduzieren; bei Verwendung eines längeren vierten Ganges erhöht sich die Höchstgeschwindigkeit zudem auf über 120 km/h. Die berühmte Ideallösung ist dieser Lader aber auch nicht. Im unteren Drehzahlbereich fehlt es an Kraft und Fahrspaß stellt sich erst im Laderbereich von über 2800 U/min ein – dann verpflichten Autobahn-Steigungen allerdings nicht mehr automatisch zur Kriechspur und auch Lkw können zügig überholt werden.

Getriebesorgen

Wer seine Einspritzpumpe so einstellen läßt, daß sie nicht bei 4200 U/min zumacht, sondern wie beim Golf Diesel erst bei 4800 U/min, kann den Turbolader noch effektiver nutzen – aber mit Vorsicht! Das Vierganggetriebe ist nicht unbedingt auf diese Belastungen ausgelegt und wer länger als 80000 Kilometer damit fahren will, sollte vor dem Schalten immer etwas Gas wegnehmen, damit die Kraft nicht voll zuschlägt. Eine weitere Vorsichtsmaßnahme ist der Abschluß einer Versicherung, die von der Firma Turbo-Motors angeboten wird: Für einen Betrag von rund 350 Mark läßt sich der VW-Motor auf zwei Jahre gegen alle mechanischen Defekte versichern, die durch den Turbolader verursacht werden können und für die VW durch den Umbau nicht mehr haftet.

Transporter mit Porsche-Sechszylinder

Das Thema Tuning kann man nicht beenden, ohne den Traum jedes leistungsorientierten Typ 2-Fahrers zu erwähnen: ein Bus mit Porsche Sechszylinder. Über 200 Pferdestärken lassen sich so ins Heck packen, Kraft genug, um auf der Autobahn einen Golf das Fürchten zu lehren.

Es gibt eine knappe Handvoll Autos, die so motorisiert auf deutschen Straßen unterwegs sind. Einzelabnahmen, die unter gewaltigem Aufwand entstanden sind. Das Problem liegt dabei nicht einmal darin, daß der Motorraum samt Aufhängung umgebaut werden muß, um den kompletten Sechszylinder-Boxer mit Porsche-Getriebe und Hinterachse aus dem Modell 911 unterzubringen. Die Schwierigkeiten fangen an, wenn es gilt, solch einen Typ 2 wieder zu verzögern.

Bremsprobleme

Weder bei Volkswagen noch bei Porsche gibt es eine Bremse für die Vorderachse, die paßt und die ausreicht, um diese Masse von den erreichbaren 185 km/h wieder herunterzuholen. Unter Spezialisten wird zwar noch der im Audi 200 Turbo verwendete Bremssattel gehandelt, aber selbst dieser Klimmzug nutzt in der Regel nichts, da VW eine Freigabe ablehnt und der TÜV seinen Segen deswegen verweigert.

Die berühmte Ausnahme ist da der Autoveredler Arzt aus Hannover, der sich an einem Super-Bus versucht hat. Aber wer schon Käfer, den VW 411 und den Golf mit Porsche-Triebwerken auf die Straße bringen konnte, schafft das eben auch beim Typ 2. Allerdings mit einem Aufwand, der sich im Preis niederschlägt. Aber das ist auch gut so – wer schon das Auto nicht zahlen kann, würde an der Tankrechnung erst recht verzweifeln; unter 38 Litern gibt sich der Transporter mit Porsche-Sechszylinder nur ungern zufrieden!

ANHÄNGER, MOTORRADHALTER UND LASTENTRÄGER

Je mehr Laderaum man hat, umso mehr soll mit in den Urlaub genommen werden. Vorzelt, Isoliermatten für das Aufstelldach, Surfbretter, Zusatz-Benzinkanister und ähnliches sind aber so voluminös, daß im Typ 2 kaum mehr Platz für das restliche Reisegepäck bleibt.

Auf Anhänger-Fahrwerk achten

Eine Alternative zu dem Gepäckturm auf dem Dachträger, der den Schwerpunkt des Autos nach oben verlagert und so die Fahreigenschaften verschlechtert, ist ein Anhänger. Kasten-Modelle gibt es von knapp 1000 Mark aufwärts (siehe Kasten). Wer allerdings ein Boot oder andere schwere Dinge damit transportieren will, ist gut beraten, sich ein teureres Exemplar mit Einzelradaufhängung statt Starrachse zu kaufen. Die Billig-Anhänger eignen sich nur für leichteres Gut und kommen, zum Beispiel mit einem Motorrad als Fracht, ins Schlingern.

Viele Möglichkeiten

Vor allem, wenn mit Hänger über 80 km/h gefahren wird, wie das in Frankreich erlaubt ist. Wer sich die Möglichkeiten überlegt, die solch ein Kasten im Schlepp beim Typ 2 erschließt, ist vielleicht auch bereit, über 2000 Mark auszugeben.

Schließlich läßt sich außer Sportgerät und Campingbedarf auch ein Notstromaggregat darin unterbringen, das bei längeren Stehzeiten von Außenstromanschlüssen unabhängig macht, oder es können Camping-Tische und Stühle mitgenommen werden, die sonst kaum noch Platz finden.

Heckträger, Dachträger

Den Aspekt, ein Zweirad mitzuführen, sollte dabei niemand vergessen. Während es für Fahrräder noch Heckträger wie das Modell »Paulchen« gibt, das sich auch zum Transport von Skiern eignet (Preis um 600 Mark komplett mit Montage bei der Mahag in München), oder Trägersysteme von Thule (ab 100 Mark für zwei Lastenträger), auf denen sich vom Surfbrett bis zum Rennrad alles befestigen läßt, sind die Möglichkeiten für das Mitnehmen eines Motorrads beim Typ 2 beschränkt.

Ladepritschen

Die Firmen Bauer und Flach sowie Scheuermann bieten zwar am Heck fest montierte Trägergestelle an, die sich aber aufgrund der Transporter-Breite nur für Kleinkrafträder wie eine Suzuki RV, Yamaha Bob, Honda Dax oder einen Vespa-Motorroller eignen. Enduro-Maschinen, die bei Ausflügen in die Berge oder entlang des

Anhänger und Trägergestelle

Kastenanhänger:

- Westfalia-Kastenanhänger, Laderaum-Abmessungen: Länge 1700 mm, Breite 1050 mm, Höhe 380 mm, Leergewicht 146 kg, Nutzlast 455 kg. Preis: um 1800 Mark, zuzüglich elf Mark für den Fahrzeugbrief. Erhältliches Zubehör: Flachplane um 120 Mark, Hochplane (915 mm) um 430 mm Mark, Deckel um 700 Mark. Bezugsquelle: Westfalia Werke
- Mars-Anhänger, Grundtyp M 350. Laderaum-Abmessungen: Länge 1150 mm, Breite 1050 mm, Höhe 330 mm, Leergewicht 70 kg, Nutzlast 280 kg. Preis mit klappbarer Rückwand um 1000 Mark inklusive Fahrzeugbrief. Bezugsquelle: Quelle-Versand
- V.A.G.-Anhänger, Grundmodell Westfalia. Freizeit-Kastenanhänger, der über VW vertrieben werden soll. Genaue Maße und Preise stehen noch nicht fest.

Motorrad-Anhänger:

- Mei-Star II-Motorradtransportanhänger, zerlegbar auf Kofferraumgröße. Länge 2700 mm, Breite 1230 mm, Höhe 700 mm. Leergewicht 85 kg, Nutzlast 315 kg. Preis 1300 Mark, zuzüglich 40 Mark für TÜV-Abnahme und Betriebserlaubnis. Bezugsquelle: Peter Knott
- Motorrad-Transportanhänger, entweder komplett oder als Rohbau ohne Lackierung, Schienen und Beleuchtung erhältlich. Rahmenlänge des Modells MT 450 2000 mm, Rahmenbreite 1050 mm, Gesamtgewicht 450 kg, Nutzlast 320 kg. Preis: um 1100 Mark, inklusive TÜV und Betriebserlaubnis, zuzüglich Schiene (um 150 Mark) und Elektrosatz (um 140 Mark). Bezugsquelle: Mosel & Co.
- Crosstrailer, Typ C 5 S mit Schiene. Länge 2780 mm, Breite 1490 mm, Höhe 650 mm, Leergewicht 95 kg, Nutzlast 405 kg. Preis 1200 Mark zuzüglich TÜV und Betriebserlaubnis (75 Mark). Bezugsquelle: Bauer & Flach
- Halteschiene einzeln für Selbstausbauten von Kastenanhängern: 185 Mark. Bezugsquelle: Bauer & Flach
- Motorradhalter Typ 2. Zur Vorbearbeitung werden Maße und Gewicht des Motorrads benötigt. Preis: von 2500 Mark bis 2700 Mark inklusive TÜV-Abnahme. Bezugsquelle: Bauer & Flach
- Trägergestell. Zur Vorbereitung werden Maße und Gewicht des Motorrads benötigt. Preis: ab 2000 Mark mit TÜV-Abnahme. Bezugsquelle: Scheuermann.

Scheuermann-Trägergestell mit Vespa-Roller...

...Bauer und Flach-Konstruktion...

...und Westfalia-Kastenanhänger.

Strandes am Ferienziel mehr Spaß machen, als die kleinen Kompromiß-Motorräder, dürfen auf der Plattform wegen ihrer Baulänge von 2,10 oder 2,20 Meter nicht mehr transportiert werden – das Gesetz verbietet alles, was seitlich über das Auto hinausragt. Wer also nicht nur auf dem Campingplatz motorisiert Brötchen holen will, ohne das Wohnmobil zu bewegen, sondern per Geländemaschine auch die Gegend erkunden möchte, ist auf einen Hänger angewiesen, auf dem das Zweirad ans Bestimmungsziel der Reise gezogen werden kann.

Kasten-Anhänger Ein Kastenmodell, das sich dafür eignet, sollte mindestens 1,80 Meter lang sein – dann gehen Enduros mit abgewinkelter Vordergabel gerade noch auf die Ladefläche und können mit Spanngurten festgezurrt werden.

Motorrad-Anhänger Wer auf die Möglichkeit, außerdem noch Gepäck unterbringen zu können, verzichten will und auch sonst keinen Hänger braucht, um einmal Gartenutensilien, Möbel oder andere Dinge das Jahr über zu bewegen, der ist allerdings mit einem reinen Motorrad-Anhänger besser beraten, auf den sich sogar zwei oder drei Maschinen stellen lassen.

FERNREISE-ZUBEHÖR

Agile Urlauber, die mit ihrem Wohnmobil durch Afrika, mit einem normalen Bus und Zelt auf den Campingplatz oder einfach mit dem Van ins Blaue fahren wollen, sind auf nützliche, wichtige oder gar unentbehrliche Zusatzausrüstung angewiesen, die für jeden speziellen Zweck angeboten wird. Mit Vierradantrieb in einem Geländeauto querfeldein zu fahren, sich mit eingelegter Sperre und im Geländegang durch unwegsame Gegenden zu kämpfen, ist eine Sache. Das gleiche mit einem normalen Typ 2 zu tun, eine völlig andere.

Luftlandebleche Als nützlich erweisen sich für solche Vorhaben sogenannte Luftlande- oder Sandbleche, die aus Eisen oder Aluminium in drei Meter langen Stücken bei Firmen wie Därr, Syro oder Tesch zu kaufen sind und sich auf dem Autodach oder an den Seiten festgeschraubt (im Straßenverkehr verboten!) transportieren lassen. Um das Blech unter die durchdrehenden Räder zu bekommen, muß das Auto allerdings meist angehoben werden, und das ist mit den serienmäßigen Wagenhebern oft schwierig. Ein zwei Tonnen schwerer Joker beispielsweise bleibt möglicherweise wie festgenagelt stehen, und nur der Heber versinkt langsam im weichen Untergrund. Mit einem untergelegten Brett läßt sich dieses Problem lösen; wenn

aber dann noch Steine im Weg herumliegen, zwischen denen die Vorderräder sich so richtig festgekeilt haben und der Hub des eigentlich nur zum Reifenwechsel gedachten Wagenhebers nicht ausreicht, um sie zu befreien, dann ist etwas wie der Hi-Lift (um 200 Mark bei Tesch) vonnöten, der ein Auto bis zu 1,5 Meter hochstemmen kann und der sich in die zusätzlichen Wagenheberaufnahmen einhängen läßt, die auf Seite 189 erläutert werden.
Manche Wegstrecken lassen sich aber weder mit Sandblechen noch dem Hi-Lift meistern; das hilft nur noch rohe Gewalt. Geländeerprobte Fahrer führen zu diesem Zweck meist wuchtige Seilwinden auf der Stoßstange mit. Im Ernstfall sind solche elektrisch betriebene Hilfsmittel zwar manchmal ganz hilfreich, aber eben nicht immer. Oft sitzt das Auto nämlich in extremer Schräglage fest oder schafft ein Steilstück nicht. Dann brauch man möglicherweise die Winde nicht vorn oder hinten, wohin sich das Seil über Umlenkrollen oder durch Umstecken der Elektrowinde führen läßt, sondern vielleicht seitwärts, um das Auto vor dem Kippen zu bewahren. In solchen Situationen verrichtet ein sogenannter Greifzug gute Dienste, der zwar von Hand betrieben werden muß, aber auch nur knapp 200 Mark (Firma Jockey) kostet und meist völlig ausreicht, um den Wagen wieder flottzubekommen.
Nach dem Durchkommen sind Pannen abseits belebter Straßen das zweite Problem. Ein häufiges Übel, nämlich der Ausfall der Benzinpumpe, läßt sich meist sehr einfach beheben.

Jockey-Greifzug

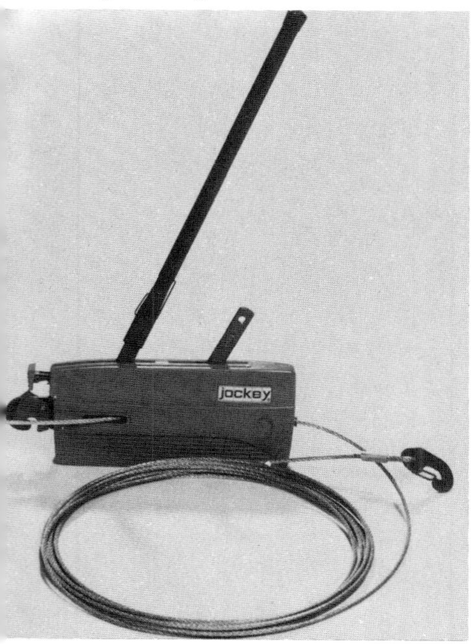

Jerry-Can-Stutzen

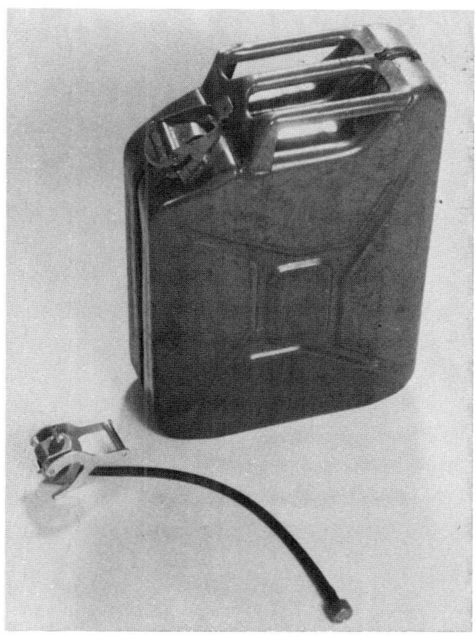

Kanister-Stutzen statt Benzinpumpe

Zu den für Reservebenzin üblichen 20 Liter fassenden Jerry Can-Kanistern (neu 30 Mark, gebraucht bei Tesch für acht Mark zu beziehen) gibt es nämlich für 45 Mark einen Stutzen mit Schlauchanschluß. Ist die Kraftstoffversorgung bei Benzinmotoren nicht mehr gesichert, wird einfach der Kanister auf das Dach geschnallt und ein Schlauch direkt zum Vergaser geführt. Durch den Höhenunterschied fließt genügend Benzin, um weiterfahren zu können.

Auf Expeditionen oder Urlaubsreisen durch wilde Regionen ist es aber mit dem Fahren allein nicht getan. Die Insassen verlangen auch ihr Recht, wenn es statt im Wohnmobil nur im normalen Bus auf Reisen geht.

Dachzelte

Das Wohnen ist zum Beispiel in Gegenden mit viel Schlangen, Skorpionen oder einfach sehr felsigem und mit kleinen Steinen übersäten Untergrund im Zelt nicht ganz unproblematisch. Bequemer haust man da schon auf seinem Auto. Kroppzeug kommt nicht in die luftige Höhe, und auch Kiesel drücken durch den Zeltboden nicht schmerzhaft im Rücken. Sogenannte Autodachzelte gibt es in vielen Variationen, auch speziell für den Typ 2 (Därr und Syro, ab 1000 Mark). Wer ein Schiebedach hat, kann abends problemlos vom Auto direkt aufs Dach steigen, die Zelte selbst müssen nicht lange aufgebaut werden, sondern die ganze Wohnhöhle läßt sich mit ein paar Handgriffen aufklappen.

Edelstahlkanister

Unter nützliche Kleinigkeiten sind dagegen Dinge wie ein zusätzlicher Edelstahlkanister für Trinkwasser einzuordnen. Für die Montage am VW gibt es dazu eine passende Außenhalterung, die abschließbar ist und einfach ans Auto geschraubt wird. Komplett kostet solch ein Nobelkanister um 250 Mark – dafür läßt sich in ihm im Notfall sogar Rotwein transportieren.

Wasserfilter

Wer sich in Gefahr begibt, kommt darin um, sagt ein Sprichwort. An afrikanischem Wasser sind zwar auch schon Menschen gestorben – die meisten leiden aber nur tagelang auf stillen Örtchen. Als Gegenmittel empfehlen sich hier weniger Kohletabletten, sondern vorsorglich mitgeführte oder fest eingebaute Wasserfilter. Das Angebot reicht dabei von Siphonfiltern über Kolbenpumpen-Modelle, Tropffilter und sogar komplette Anlagen, die sich fest in den Wasserkreislauf eines Wohnmobils einbauen lassen (Angebote bei Sport-Berger, KDM, Fritz Berger, Tesch oder Därr). Vollelektronisch überwacht der Typ Camp 3000 von Fichtel und Sachs den Filterprozeß. Er kann über Kanister betrieben oder fest installiert werden und arbeitet mit zwölf oder 220 Volt. Eine Zahnradpumpe drückt verkeimtes Brunnen- oder Seewasser durch einen mechanischen Filter, und am Auslaufhahn kommt das wertvolle Naß in

trinkbarer Qualität heraus.
Billiger sind chemische Präparate wie Micropur im Frischwassertank; sie entkeimen aber nur klares Wasser und halten es frisch – Verunreinigungen können so nicht entfernt werden.

Aluminium-Klappboot

Aber das nasse Element kann noch zu anderen Problemen führen. Oft wäre ein Boot ganz praktisch, um Rastpausen an Seen und Flüssen genießen zu können. Das Aluminium-Klappboot »Instaboat« wurde in Kanada für solche Zwecke entwickelt. Nur 25,5 Kilogramm schwer, läßt es sich zusammengelegt auf das Dach schnallen und kann aufgebaut 283 Kilogramm transportieren (1600 Mark, Victoria Versand).

Ventilator

Aber um von den Extremsituationen auf mehr alltägliche Probleme zu kommen – 60 Grad Celsius und mehr in der Fahrerkabine machen jedem Insassen unter südlicher Sonne zu schaffen. Für Kühlung sorgt entweder eine Klimaanlage (siehe Seite 225) oder billiger ein Ventilator, der um 90 Grad schwenkt und den Innenraum mit Frischluft bestreicht.

Autokompaß

Auch die Navigation birgt ihre Probleme. Berufs-Weltenbummler und Expeditionsausrüster Klaus Därr schwört auf einen Kompaß am Armaturenbrett, der sich kompensieren läßt und so hilft, zumindest die Hauptrichtung zu finden.

Schlangenbiß-Set

Klein aber fein ist noch etwas anders: Ein Schlangenbiß-Set, das in einer Autohalterung immer griffbereit ist und so im Notfall Zeit sparen hilft.

Rettungsdecke als Sonnensegel

Gleichermaßen nützlich ist eine Spezial-Rettungsdecke, die sich vom üblichen dünnwandigen Exemplar durch besondere Reißfestigkeit und die Wiederverwendbarkeit unterscheidet. Nicht nur Verletzte lassen sich darin einwickeln, sondern mit der Decke kann auch ein Sonnensegel gebaut werden, oder die reflektierende Schicht hält allzuviel Hitze vom Wageninnern ab, wenn die Plane über das Dach des geparkten Typ 2 gespannt wird.

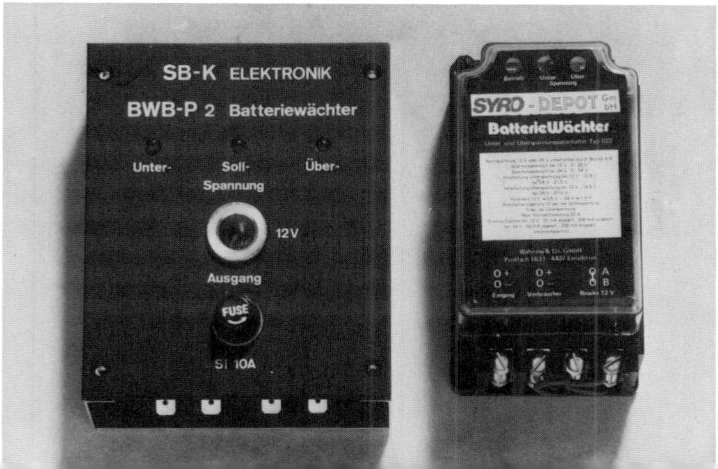

Batteriewächter

Batteriewächter Bei Wohnmobilen mit Zweitbatterie unnötig, ist ein elektrisches Zubehörteil für Selbstausbauer oder Fahrer von unveränderten Serien-Fahrzeugen mit nur einem Akku an Bord für Fernreisen zu empfehlen. Ein Batteriewächter sorgt dafür, daß Stromverbraucher wie Lampen oder Kühlschrank die Starterbatterie nicht total entladen. Außerdem zeigen diese Geräte über Leuchtdioden den Ladezustand an (um 230 Mark bei Campingausrüstern).

Einbaulampe Stromsparen hilft auch eine spezielle Einbaulampe (für 20 Mark), wie sie sonst in Flugzeugen als Leselampe benutzt wird. Im Auto installiert, lassen sich die Kugeln mit den Birnen in die gewünschte Richtung drehen und sorgen für gezielte Helligkeit.

Einmann-Packungen Ein anderes Problem bei Fernreisen sind die Lebensmittelvorräte. Konserven sind schwer, benötigen viel Platz und sind so nur begrenzt mitführbar. Eine Alternative sind Einmann-Packungen, wie sie bei der Bundeswehr zur Tradition im Sturmgepäck gehören. Für 15,90 Mark gibt es bei Därr, im handlichen Karton verpackt, Frühstück-, Mittag- und Abendessen für eine Person, inklusive Kaffee, Milch, Tee, Zucker, Salz, Marmelade sowie Wurst, Fleisch und Gemüse. Für den Bedarf unterwegs sind auch drei weitere Dinge gedacht, die helfen, im Wohnmobil für das leibliche Wohl zu sorgen:

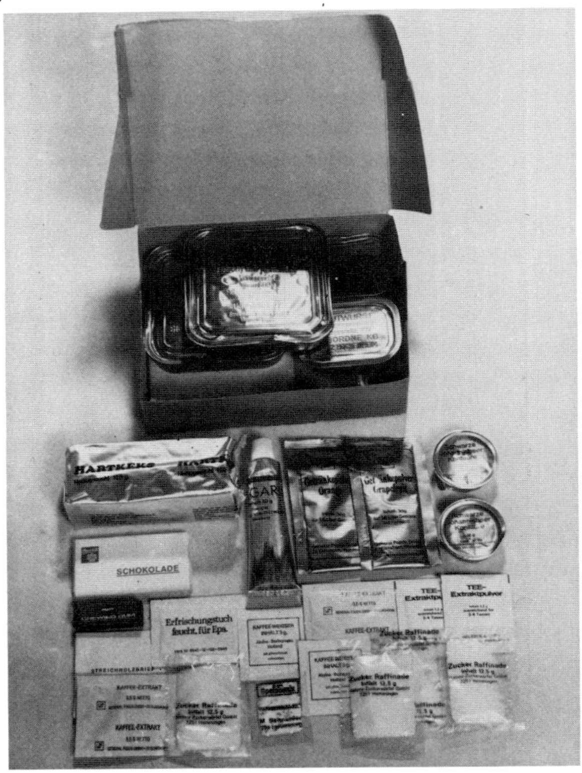

Bundeswehr-Verpflegung

Kochtopf-Set

Spezial-Backofen

Kochtopf-Set

● Ein 74 Mark teures Set von Kochtöpfen läßt sich in unbenutztem Zustand problemlos zusammenstecken, so daß Stauraum gespart werden kann.

Backofen

● Ein Spezial-Backofen sorgt im Typ 2 – der keine Einbaumöglichkeit für einen Mikrowellen-Herd bietet – dafür, daß die Reisekost nicht nur aus Gekochtem besteht: Das zum Brot- oder Kuchenbakken geeigente Modell wird einfach auf die offene Flamme des Gasherdes gestellt und verteilt dann die Hitze einigermaßen gleichmäßig im Inneren.

Schwenkgrill

● Nicht auf Koch-Experimente angewiesen ist man als Anhänger von Barbecues. Wer es romantisch mag, kann über dem offenen Feuer am Schwenkgrill seiner Kochleidenschaft frönen. Das Dreibeingestell (für 60 Mark bei Därr) ist zusammenklappbar, und außer dem Rost und der Stahlkette wird als Zubehör ein Kochtopf geliefert, in dem sich eine Bouillabaisse oder ähnliches garen läßt.

Stausäcke

Um Gepäck zu transportieren, gibt es verschiedene Möglichkeiten. Wer es auf dem Dach verstauen will, greift am besten auf Seesäkke zurück, die wasserfest und leicht festzumachen sind. Einfache Exemplare, wie sie auch bei der Bundeswehr verwendet werden, kosten um 30 Mark, Luxus-Ausführungen, die ein eingebautes Tragegestell haben und sich zum Rucksack verwandeln lassen, kommen ungefähr auf den sechsfachen Preis (Tesch).

Staukiste und Boot

Das Stauproblem löst auch eine Erfindung, die sich »Cat's Carry« nennt und mit einem Dachträger montiert wird. Der Pfiff dieses aerodynamisch günstigen Staukastens von der Firma Trappe und Goldfuß: Abgenommen kann der Deckel als Ruder- oder mit einem

Der Cat's Carry als Staukiste . . .

. . . und Boot.

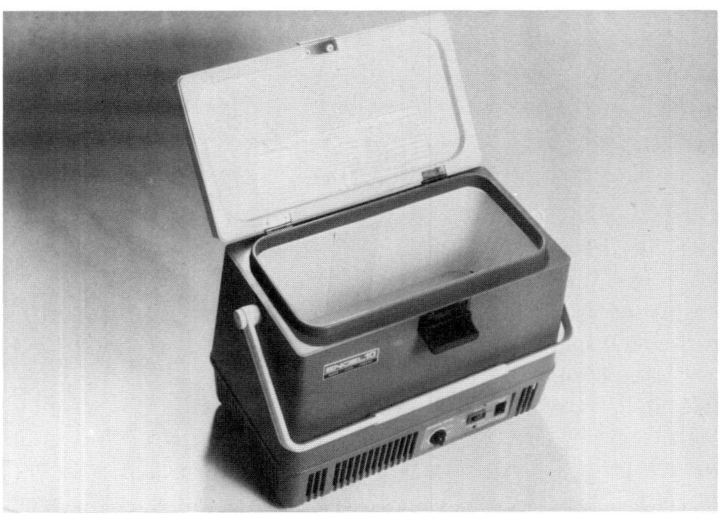

Kühlbox

maximal zwei PS starken Außenborder, auch als Motorboot verwendet werden. Das Leergewicht liegt bei 34 Kilogramm, der Preis bei 1000 Mark und an Stauraum stehen 750 Liter zur Verfügung. Bei der Montage auf ein Aufstelldach, die problemlos möglich ist, sollte die mögliche Dachlast berücksichtigt werden – bei 50 Kilogramm stehen nur noch 16 Kilogramm Zuladung im »Cat's Carry« zur Verfügung.

Kühlbox

Wer in einer einsamen Bucht sein Auto stehen hat und mit dem Dachkoffer zum Angeln rudert, verzichtet dabei nur ungern auf ein kaltes Bier. Wenn man im Auto keinen Kühlschrank hat, kann man auf eine Kühlbox zurückgreifen, die sich mit zwölf Volt betreiben läßt. Die etwas teureren Ausführungen sind meist auch besser in der Kühlleistung und Betriebssicherheit. Die Little-Engel-Box (um 800 Mark) beispielsweise arbeitet nach dem Prinzip des Schwingkompressors und kann 15 Liter Inhalt bis auf minimal minus 20 Grad Celsius einfrieren. Zu Hause oder im Hotel läßt sich das Gerät zudem mit 220 Volt Netzstrom betreiben.

Steckerset

Da in anderen Ländern meist auch abweichende Elektrostecker üblich sind, empfiehlt sich die Mitnahme eines Steckersets, um auf Campingplätzen keine Anschluß-Probleme zu bekommen (um sechs Mark bei Tesch).

Mückenstift

Ebenfalls für den Campingplatz sind besonders robuste Klappstühle geeignet, die Därr für 25 Mark das Stück anbietet. Klein und nützlich für den Aufenthalt vor dem Auto ist dann noch ein lippenstiftgroßes Gerät namens »No Pic« (von der Firma Decur für 24 Mark). Eine 1,5 Volt-Batterie im Inneren sorgt für einen hohen Pfeifton, der nur einen Zweck hat: Angriffslustige Stechmücken abzuhalten.

Denn was nützt das aufwendigste Wohnmobil, wenn am Ziel Tausende von Stechmücken kreisen, um einen Tag für Tag zur Ader zu lassen?

WINTERAUSRÜSTUNG

Bis vor wenigen Jahren gab es in Deutschland noch zwei Klassen von Campern. Eine Mehrzahl, die nur im Sommer unterwegs war und eine Minderheit, die selbst im dicksten Winter noch in ihren Wohnmobilen ausharrte. Diese hartgesottenen Naturen arbeiteten mit allen Mitteln. Einfach verglase Scheiben wurden mit Kartons vernagelt und sämtliche Ritzen und Ecken des Typ 2 mit Isoliermaterialien, von der Tageszeitung bis zur Styroporplatte, ausgestopft.

Mit dem VW-Transporter auf Winterurlaub.

Die Zeiten sind vorbei. Serien-Wohnmobile sind heute zumindest bedingt winterfest – oder lassen sich so ausstatten, daß sie Eis und Schnee trotzen.

Kältebrücken

Die Führerhausfenster dürfen beim Mobil nicht doppelverglast sein und bleiben so, trotz aller Vorhänge und Isoliermatten, eine Kältebrücke; auch die Stahlkarosserie eines Transporters leitet die Kälte besser ins Innere, als das ein Sonderaufbau aus GFK oder Aluminium mit dicker PU-Schaum-Isolierung tut. Aber ein größeres Problem ist das heutzutage nicht mehr. Dafür gibt es ja eine Zubehörindustrie, die von der Gas- und Kraftstoffheizung (siehe Seite 176) bis zu zusätzlichen Isolier-Bodenmatten und Wandverkleidungen (zu beziehen über KDM, Sport-Berger, Haas, Fritz Berger etc.) alles anbietet.

Ventilvereisung

Nicht nur wer mit Gas heizt, sondern alle Wintercamper, die ja zumindest mit Gas kochen, sollten ein Gerät wie das Eis-Ex von Truma eingebaut haben, das nichts anderes ist als ein Heizstäbchen, das am Druckventil der Gasflasche sitzt und elektrisch betrieben wird. So ist gewährleistet, daß durch die Strömungskälte das Ventil nicht vereist und der Gasnachschub ausbleibt. Ein zweiter Punkt, der zu beachten ist: Das im Sommer manchmal verwendete

Nur Propan verwenden

Butan, oder die Gemische aus Butan und Propan in den Tanks und Flaschen, vergasen bei Temperaturen um null Grad Celsius nicht mehr – im Winter also unbedingt reines Propan verwenden, das einen Siedepunkt von minus 45 Grad Celsius hat. Überhaupt ist Camping-Gas ein Punkt, über den es sich vor dem Start in den Winterurlaub nachzudenken lohnt. Viele Typ 2-Fahrer heizen ihr Fahrzeug damit, mit Ausnahme der Autos mit Kraftstoff-Standheizungen. Flaschen mit fünf Kilogramm Inhalt sind dabei durchaus üblich. Wie lange dieser Vorrat reicht, kann sich jeder Fahrer selbst ausrechnen: Bei einer durchschnittlichen Außentemperatur von minus zehn Grad Celsius und einer Innentemperatur von tagsüber

22 und nachts 17 Grad werden in 24 Stunden, je nach Isolierung des Ausbaus, bis zu vier Kilogramm verbraucht; drei für die Heizung, 200 Gramm für den Kühlschrank, 400 Gramm für zwei Stunden Kochen und der Rest für einen eventuell vorhandenen Warmwasserboiler (siehe Seite 176). Wer also nicht am zweiten Tag frieren will, sollte immer eine Ersatzflasche dabei haben. Die geniale Idee, stattdessen von zu Hause einen Elektrolüfter mitzunehmen, erweist sich dabei auch nicht als Ei des Kolumbus. Erstens gibt es während der Anfahrt kaum eine 220 Volt-Steckdose, und zweitens sind die Anschlüsse auf Campingplätzen nur für rund 1000 Watt ausgelegt. Heizer brauchen aber in der Regel 2000 Watt; das einzige, was da elektrisch durchglüht, ist die Sicherung.

Gasverbrauch im Winter

Das Aufwärmen der Luft macht aber noch keinen Winterurlaub aus. Eine ganze Reihe anderer Punkte sollte ebenfalls beachtet werden, um größeren Ärger zu vermeiden:

Elektrik überprüfen

- Die elektrische Anlage muß vor Reiseantritt überprüft werden, der Wasserstand der Zweitbatterie (meist unter dem Fahrer- oder Beifahrersitz) ist wichtig, und neben die Sicherungen für das Heizgebläse, einen Elektroboiler oder andere wichtige Verbraucher, klebt man am besten eine Ersatzschmelzsicherung. Außerdem muß das automatische Ladegerät in Ordnung sein, da im Winter öfters Außenstrom benötigt wird als im Sommer und sämtliche Gasschläuche und Regler sollten auf Wintertauglichkeit und Dichtheit kontrolliert werden.

Wasser ablassen

- Steht das Fahrzeug längere Zeit unbenutzt, ist unbedingt das Wasser aus dem Frisch- und Abwassertank abzulassen. Bei vollen Reservoirs muß die Heizung eingeschaltet bleiben, um ein Einfrieren zu vermeiden.

Salz ins Abwasser

- Bei Fahrzeugen mit Schmutzwasserbehälter gehört in das erste Abwasser, das durch den Spülstein gurgelt, rund ein halbes Kilogramm Salz, um die Schmutzbrühe flüssig zu halten.

Isoliervorhänge

- Beim Typ 2 muß an jedes einfach verglase Fenster ein Isoliervorhang. Noch besser haben sich aluminiumbeschichtete Matten bewährt, die mit Druckknöpfen oder Klettenband montiert werden. Das gleiche Material wird verwendet, um Zusatzwände für Wohnmobile mit Aufstelldächern herzustellen, deren normaler Zeltstoff schlechten Schutz vor Kälte bietet (wird als Zubehör zum Beispiel bei Westfalia angeboten).
- Wird dann im Schnee geparkt, darauf achten, daß nirgends zu viel der weißen Prach am Fahrzeug liegt. Ein Luftabtausch muß möglich sein und die Belüftungen für Heizung, Kühlschrank und Herd sowie die An- und Abluftkanäle der Heizung müssen frei blei-

ben. Bei Fahrzeugen mit Kraftstoffheizung darf kein gefrorenes Kondenswasser das Auspuffrohr verstopfen – sonst steht den Insassen eine kalte Nacht bevor. Ein bewährtes Mittel gegen solche Eispropfen: heißes Wasser. Vor Antritt einer Winterreise auch nachprüfen, ob das Auspuffrohr, wie vorgeschrieben, mit leichtem Gefälle verlegt ist – nur so kann Kondensat ablaufen.

Zwangsentlüftung

● Wer einen Gas-Boiler eingebaut hat, sollte als Frostschutz immer die Pilotflamme brennen lassen; darauf achten, daß keine Zwangsentlüftung zur besseren Isolation verstopft wird – die Flammen des Boilers, der Heizung und des Herdes entziehen sonst dem Innenraum den gesamten Sauerstoff.

Der Trick mit der Heizung

● Besitzer einer Diesel- oder Benzin-Standheizung kennen ein ganz spezielles Problem: Nach einer Nacht heizen ist der Kraftstofftank zwar noch immer voll – die Heizung steht trotzdem, weil es an Strom für das Gebläse mangelt und die Sicherheitsautomatik deswegen den Brenner abschaltet. Die Lösung des Problems: Den Raumthermostat statt auf drei in Position sieben stellen und dafür ein Fenster zum Lüften etwas offen lassen. Über Nacht kostet das vielleicht einen Liter Treibstoff mehr, aber weniger Strom. Die meiste elektrische Energie wird nämlich für das bei Stellung drei häufigere Zünden oder Vorglühen gebraucht, nicht für den Dauerbetrieb, bei dem das Gebläse nur rund 22 Watt benötigt.

Wohnmobilisten sollten außerdem im Winter darauf achten, wo sie sich zum Übernachten hinstellen. Nicht unter jeder festgefahrenen Schneedecke ist auch harter Untergrund. Ein paar Stunden Wärme vom Fahrzeug oder plötzlich eintretendes Tauwetter reichen, und schon ist man bis an die Achsen versunken. Zudem sollte kein Wintercamper vergessen, daß er irgendwann einmal wieder heim muß. Wer sich an einem besonders abgelegenen Stellplatz zwei Wochen eingeigelt hat, steht plötzlich vor dem Problem, durch meterhohen Neuschnee wieder auf die Straße zu müssen. Das sind dann die VW-Fahrer, die schaufeln und schaufeln und schaufeln ...

LEDERLENKRÄDER

Auf ABE achten

Die Kniefreiheit läßt sich beim Typ 2 für den Fahrer durch den Austausch des Serienlenkrades gegen ein Ledermodell vergrößern. Von diesem Vorteil, dem sportlichen Image und der wesentlich besseren Griffigkeit einmal abgesehen, bringt solch ein kleineres Lenkrad mit 400 Millimeter Durchmesser noch einen Vorteil: Ein zusätzliches Kinderbett läßt sich besser im Führerhaus einbauen, als das mit dem Serienlenkrad möglich ist. Verwendet werden sollten nur Modelle mit einer ABE (Allgemeinen Betriebserlaubnis), wie das Indianapolis-Lenkrad von atiwe. Passende Ausführungen finden sich auch in den Katalogen von Sauer & Sohn, der Mahag München und der Firma Abt. Die Preise liegen zwischen 280 und 350 Mark.

SHOW-TUNING

Die lohnendste und dabei noch preiswerteste Änderung am Äußeren des Transporters ist das Anbringen eines Frontspoilers. Laut VW-Messungen verbessert sich die Aerodynamik des Fahrzeuges deutlich, der Kraftstoffverbrauch läßt sich um rund 0,5 Liter bei Autobahnfahrten senken und die Höchstgeschwindigkeit erhöht sich leicht. Dabei spielt es keine Rolle, welcher der drei auf dem Markt angebotenen Spoiler verwendet wird – die Ergebnisse im Windkanal sind alle ähnlich. Der Nachteil des leicht selber durchführbaren Anbaus, bei dem das paßgenaue Kunststoffteil nur an der Frontschürze in vorhandene Löcher verschraubt wird: Die Bodenfreiheit wird reduziert und vor allem auf Wiesen oder Campingplätzen bleibt man gelegentlich hängen.
Aber mit einem Spoiler ist das Angebot an Karosserieteilen für den VW Typ 2 ab Baujahr August 1979 noch nicht erschöpft. Folgende weitere Teile werden zum Beispiel von der Firma Taifun angeboten:

Karosserieteile aus Kunststoff

Doppelscheinwerfer-Griff, Farbe schwarz, lackierfähig, inklusive zwei Halogenscheinwerfern mit H3-Birnen, vorgefertigtem Kabelsatz und Befestigungsteilen. Preis: um 350 Mark
Zusatzgrill, Farbe schwarz, lackierfähig, einschließlich Befestigungsteilen. Mit diesem Teil wirkt der Typ 2 breiter, da der Grill von Blinkleuchte zu Blinkleuchte reicht. Preis: um 150 Mark
Spoiler-Stoßstange, dreiteilig, mit TÜV-Gutachten. Muß lackiert werden. Zum Lieferumfang gehören die Befestigungsteile, der Einbau von zusätzlichen Nebellampen ist vorgesehen. Preis: um 530 Mark
Kotflügelverbreiterung, mit seitlichen Schmutzleisten, TÜV-Gutachten und allen Befestigungsteilen. Muß lackiert werden. Preis: um 500 Mark
Stufenheck-Stoßstangenverkleidung, dreiteilig, mit TÜV-Gutachten und allen Befestigungsteilen. Muß lackiert werden und ist nur in Verbindung mit Kotflügelverbreiterung verwendbar. Preis: um 520 Mark.

Ein mit Taifun-Teilen aufgewerteter Bus

Bus mit Teilen der Firma Autoform

Außer diesen Teilen gibt es von der Firma Autoform noch einen Umbausatz, der aus zwei großen Seitenscheiben in Stahlrohrrahmen besteht und für rund 2000 Mark komplett mit Einbauteilen geliefert wird. Im weiteren Angebot finden sich ein aus vier kleinen Seitenfenstern bestehender Kit, der um 900 Mark kostet, sowie ein Rammschutz mit Kotflügelverbreiterungen. Dieser aus 14 Teilen bestehende Bausatz ist rund 1100 Mark teuer, das verwendete Polyester-Material kann nachlackiert werden.

ABLAGEN FÜRS FAHRERHAUS

Fahrer und Beifahrer haben im Typ 2 im Vergleich zu Pkw-Verhältnissen viel Platz. Aber wer in den Urlaub fährt, braucht nicht nur Stauraum für Sonnenbrillen, Cassetten, einen Autoatlas, Cola-Dosen und anderes, sondern will auch einmal auf einer Karte nach dem rechten Weg schauen. Eine gute Lösung, wie man die Verkleidung über dem Handschuhfach nutzen kann, bietet Dehler im Modell Profi an. Das Kartenbrett aus Kunststoff läßt sich ausklappen und hat Vertiefungen für Getränkedosen.

Kartentisch von Dehler.

Türschale für den Transporter

Eine ganze Reihe von Ablagen, die sich an die Gebläseverkleidung hinter dem Schalthebel kleben oder schrauben lassen, oder die noch an der Tür-Innenverkleidung Platz finden, bietet die Firma Birnkmeyer an. Die Auswahl reicht von der Türablage mit zehn Watt Stereolautsprecher für 60 Mark über Modelle mit integrierten 30 Watt-Boxen, Haltern für Dosen und Flaschen bis zum Fernglas- und Brillenkasten, der überall noch einen Platz findet. Speziell für den Transporter hat Autoform eine Türablageschale entwickelt, die im Zweiersatz 85 Mark kostet. Teurer ist die Sonnenblende des gleichen Anbieters, die mit Halterung auf 220 Mark kommt.

RAMMSCHUTZ-BÜGEL

Schutz vor Hindernissen

Um die Jahrhundertwende fuhr keine Dampflokomotive durch den Wilden Westen, ohne eine Bull-bar vor den Puffern zu haben.

Typ 2 mit einem Rammschutzbügel der Firma Oase

Damit wurden Rinder von den Schienen geschaufelt, wegen denen es sich nicht lohnte, den ganzen Zug anzuhalten. Geländewagenfahrer fingen dann an, die wuchtigen Stahlrohrkonstruktionen vor ihre Autos zu schrauben. Vor allem, weil das eben wild aussieht. Aber so ganz ohne ist solch ein Rammschutz nicht. Die Frontpartie des Autos wird vor Ästen oder anderen Hindernissen geschützt, im Zweifelsfall erspart man sich damit einen größeren Blechschaden. Eine aus 45 Millimeter Stahlrohr gefertigte Ausführung wird zum Preis von knapp 500 Mark von der Firma Oase komplett mit TÜV-Gutachten geliefert und bietet außer dem Schutz auch noch die Möglichkeit, Zusatzscheinwerfer, eine Winde oder Steinschlag-Gitter für die Scheinwerfer daran zu befestigen.

Richtige Montage wichtig

Wer sich mit dem Gedanken trägt, eine solche Konstruktion einfach selbst zu schweißen, sollte sich beim VW-Werk in Wolfsburg vorher ausführlich informieren. Bei einem Aufprall hat ein Rammschutz am Transporter nur einen Sinn, wenn er so verankert wird, daß die Aufprallenergie über die kastenförmigen Träger hinter der Wagenvorderwand und den Türverstärkungen in den hinteren Wagenaufbau weitergegeben wird. Falsch befestigt wird die Bullbar zu einem lebensgefährlichen Instrument für Fahrer und Beifahrer, da die gesamte Wucht unter Umständen auf nicht dafür ausgelegte Blechteile geleitet wird und sich das Crash-Verhalten des Fahrzeugs verändern kann.

ALARMANLAGEN

Wer mit einem Wohnmobil oder Bus auf große Reise geht, hat viel Wertvolles an Bord. Nicht nur teure Kameras, Stereoanlagen,

Leichtmetallräder und tragbare Fernseher haben ihren Preis – geklaut werden auch Dachträger, Nebellampen, Einbaukühlschränke und Kocher. Der beste Schutz ist es, das Auto nicht unbeaufsichtigt stehen zu lassen. Der zweitbeste eine Alarmanlage.
Die handelsüblichen Billiggeräte, die nur auf Erschütterung über ein Pendel reagieren, nutzen dabei nichts. Schwach eingestellt sprechen sie nicht an, empfindlich gemacht gehen sie schon los, wenn das parkende Auto im Fahrtwind eines vorbeifahrenden Lkw schwankt.

Abschließbare Radmuttern

Eine ideale Kombination ist ein Ultraschallgerät, das auf Veränderungen des Innenraums reagiert, in Verbindung mit Türkontakten und einer Zündstromunterbrechung. Dazu sollten teure Räder mit je einer abschließbaren Radmutter (Satz um 70 Mark) sowie Nebel- und Fernlampen nur mit Diebstahlsicherungen (um 13 Mark) montiert werden.
Der Preis für die aufwendige Alarm-Anlage – die es beispielsweise bei Bosch gibt – liegt bei über 500 Mark. Sinnvoll ist die Investition aber nur, wenn als Alarmgeber eine extrem starke Hupe oder Sirene verwendet wird, deren Kabel nicht von außen abgezwickt werden kann.

Motorklappe sichern

Beim Typ 2 sollte zudem die Motorklappe am hinteren Nummernschild gesichert werden. Entweder auch über einen Kontaktschalter oder einfach mit einem Schloß. Abgeschreckte Diebe neigen dazu, sonst beim zweiten Besuch aus Rache eine Handvoll Sand in den Ölstutzen zu werfen. Und der dadurch entstehende Motor-Totalschaden wird teurer als ein geklautes Radio.

KLIMAANLAGEN

Eine unangenehme Eigenschaft des Typ 2 ist es, daß er sich im Sommer durch die großen Fensterflächen stark aufheizt; bei Wohnmobilen tragen die aus Kunststoff gefertigten Aufstell- oder Hochdächer noch dazu bei, und das Ergebnis sind Innentemperaturen wie in einer Sauna. Eine Möglichkeit, für Erfrischung zu sorgen, sind Ausstell- oder Lamellenfenster, wie sie als Zubehör angeboten werden. Auch ein Ventilator ist ganz brauchbar, um die Luft zu bewegen. Nur kühler wird es so noch nicht.

Dachanlagen

Klimaanlagen, die hier Abhilfe schaffen, gibt es in vielen Ausführungen und vor allem Preisklassen. Effektiv arbeitet beispielsweise das Modell Mark IV, das in Deutschland von der Firma Thermo King angeboten wird. Auch die Modelle von Konvekta, die über den

Fahrzeugmotor angetrieben als Dachanlage funktionieren, und in der zwölf Volt-Aufführung um 6000 Mark und in der Auslegung für zwölf Volt Fahr- und 220 Volt-Standstrom 11000 Mark kosten, bringen gute Ergebnisse – nur die Preise sind eben beachtlich.

Einbau-Klimageräte

Billiger und für den Wohnmobil- oder Reisegebrauch ausreichend, sind da Typen wie die Dachklima-Anlage TK 162 von Frigette, die als zwölf Volt-Ausgabe für den Typ 2 mit Einbaumaterial um 3000 Mark kostet. Das Modell Car Top 100 KO, das mit 220 Volt arbeitet, eignet sich dagegen mehr für Caravans mit Außenstromanschluß oder Mobilheime mit 220 Volt-Bordnetz. Einbauanlagen, die ihre Kaltluft über die normalen Lüftungskanäle abgeben und nur während der Fahrt funktionieren, kosten für den Transporter bei Frigette um 2000 Mark; dazu kommen aber noch die Kosten für den Einbau, die je nach Werkstatt sehr unterschiedlich ausfallen können.

Kälte durch Wasser

Eine preisgünstige Alternative haben Zubehörfirmen wie KDM und Steinmann mit den Anlagen Polar Cub II oder Polar Aire im Lieferprogramm. Beide Ausführungen kosten um 700 Mark, arbeiten mit zwölf Volt und haben eine Leistungsaufnahme von maximal fünf A. Nur mit der Wirksamkeit ist es nicht so sehr weit her. Da sie auf Verdunsterbasis arbeiten, brauchen sie erst einmal Wasser. Beim Typ Polar Cub II wird die Klimaanlage aus einem externen Wassertank versorgt, bei der Polar Aire-Version ist ein solcher eingebaut. Der Wasserverbrauch liegt im Dauerbetrieb bei rund 20 Litern am Tag. Außerdem ist die Funktion noch von der Luftfeuchtigkeit abhängig. Je trockener das Klima, desto effektiver arbeiten diese Kühlungen.

Klimaanlage im Selbstbau

Erfahrene Afrika-Reisende haben sich angesichts dieser begrenzten Funktionsfähigkeit der Verdunsteranlagen noch eine sehr viel preiswertere Lösung einfallen lassen: Sie montieren ein altes Gebläse, das Außenluft ansaugt, zusammen mit einem flachen Blechkasten, auf dessen Boden feuchter Sand liegt. Im Vorbeistreichen wird Wasser verdunstet, die damit erzielte Kälte mit der Luft ins Auto geleitet und ein Ergebnis erzielt, das zwar schlechter als das der 700 Mark teuren Fertiganlagen, aber eben auch viel preiswerter ist.

ELEKTRISCHE FENSTERHEBER

In Kleinwagen gehören elektrische Fensterheber fast schon zur Serienausstattung. Im Transporter, wo es für den Fahrer fast unmöglich ist, sich während der Fahrt auf die Beifahrerseite hinüberzulehnen, um das Fenster öffnen oder schließen zu können, gibt es dieses Zubehör nicht ab Werk. Wer sich trotzdem den Luxus automatisch auf- und zugleitender vorderer Seitenscheiben gönnen will, kann allerdings auf das Angebot der Zubehörindustrie zurückgreifen. D & W bietet beispielsweise preiswerte Mechanismen für knapp 300 Mark an, die einfach anstelle der Fensterkurbel auf die Türverkleidung montiert und über Schalter bedient werden, die sich an beliebiger Stelle am Armaturenbrett befinden können. Die Firma Abt offeriert elektrische Fensterheber für die vorderen Scheiben – komplett mit Einbau – für rund 700 Mark, bei der Mahag in München kosten die montierten Fensterheber um 1000 Mark.

LEICHTMETALLRÄDER

Leichtmetallfelgen haben im Vergleich zu den serienmäßigen Stahlexemplaren ihre Vorteile. Aber nur um, wie auf Seite 190 beschrieben, im fernen Afrika keine Radprobleme zu bekommen, rüsten die wenigsten um. Die Optik ist es, die Interessenten über 1000 Mark für vier Lochscheiben- oder Speichenräder ausgeben läßt.

Vor- und Nachteile

Dieser Preis erhöht sich noch, wenn mit den anderen Felgen (je Stück zwischen 240 und 320 Mark) auch Reifen einer anderen Dimension aufgezogen werden, damit der Typ 2 breitbeinig wie ein Sportwagen daherrollt. Bei allen möglichen Pluspunkten, die sich beim Fahrverhalten dadurch ergeben können, und unter Berücksichtigung des vielleicht besseren Aussehens, sollte man die Nachteile nicht übersehen: Die schmalere Bereifung sorgt im Winter für bessere Traktion, die breiten Reifen erhöhen die Stirnfläche des Fahrzeugs und verschlechtern bei cw × F den Faktor Fläche – und sie sind, wie gesagt, teuer. Wer sich trotzdem dazu entscheidet, sein Auto auf Leichtmetallräder und Breitreifen zu stellen, hat eine beachtliche Auswahl an Kombinationen. An Felgen werden zum Beispiel Modelle von Monza, Wolfrace, ATS und atiwe angeboten.

Bereifung

Während die atiwe-Ausführung ein Lochscheibenrad in den Farbtönen Gold, Silber oder Bronze ist, liefert Wolfrace ein silberpoliertes Rad mit fünf Speichen. Für was man sich entscheidet, bleibt letzten Endes Geschmackssache. Während bei den Felgen in der Regel eine ABE (Allgemeine Betriebserlaubnis) mitgeliefert wird, mit der die Änderung bei der Kfz-Zulassungsstelle problemlos in die

Wagenpapiere übernommen wird, muß bei einer Umbereifung auf eine andere Reifendimension beim TÜV vorgefahren werden. Bleibt die Neubereifung in dem von VW als unbedenklich erklärten Rahmen, steht einer Eintragung in der Regel nichts im Wege. Die im Kasten aufgeführten Umrüstmöglichkeiten entsprechen den offiziellen VW-Freigaben:

Mögliche Umrüstung bei Fahrzeugen bis August 1979 und Fahrgestellnummer 2.92153964

Modell/Typ	Reifen	Felgen	Einpreßtiefe (mm)	neue Betriebserlaubnis	Schneeketten vorn/hinten
Bus (22)	185 R 14 C 6 PR	5½ J × 14	41	ja	ja/ja
Bus L (22)	185 SR 14	5½ J × 14	41	ja	ja/ja
Kombi (23)	reinforced	5½ J × 14			
	205/70 HR 14	6 J × 14	41	ja	nein/ja
	185 R 14 C 6 PR	6 J × 14	30	ja	nein/nein
	185 SR 14		30	ja	nein/nein
	reinforced	6 J × 14			
	205/70 HR 14		30	ja	nein/nein

Mögliche Umrüstung bei Fahrzeugen ab August 1979 und Fahrgestellnummer 2.A0013069

Modell/Typ	Reifen	Felgen	Einpreßtiefe (mm)	neue Betriebserlaubnis	Schneeketten vorn/hinten
Bus (255)	195 HR 14 C	5½ J × 14	22-39	ja	nein/ja
Kombi (253)	6 PR	6 J × 14	22-30	ja	nein/ja
Kastenwagen (251)	205/70 HR 14	5½ J × 14	22-39	ja	nein/ja
Wohnwagen (253-609)		6 J × 14	22-30	ja	nein/ja
		6 J × 14	22-30	ja	nein/ja

Wem es bei einer möglichen Umrüstung weniger auf Reifendimension und Leichtmetall ankommt, der hat noch eine preisgünstige Möglichkeit, seine Serien-Stahlfelge zu kaschieren: Im Zubehörhandel gibt es Zieraufsätze, wie sie auch beim neuen Westfalia Club Joker verwendet werden. Die Optik läßt sich damit auch aufwerten – und das recht preisgünstig.

6

Gewußt wie, gewußt wo

Selbstausbauer haben gegenüber den Käufern von fertigen Wohnmobilen oder Vans einen großen Vorteil: Vom Ausbau her kennen sie ihr Auto in- und auswendig.

Mangelhafte Betriebsanleitungen

Wer dagegen 30000 Mark und mehr auf den Tisch gelegt und dafür ein ausgestattetes Fahrzeug erstanden hat, ist bei Defekten, die vorzugsweise in abgelegenen Gegenden auftreten, oft überfordert. Ein Umstand, an dem die Anbieter der Autos mit Schuld sind; denn während die VW-Betriebsanleitung gerade noch ausreicht, um einer durchgebrannten Sicherung oder einem verdreckten Luftfilter auf die Schliche zu kommen, geben die Bedienungsanweisungen der Ausbaufirmen in der Regel nur wenig hilfreiche Informationen.

Auslandssorgen

Im folgenden Teil über Fehlersuche, Wartung und Pflege können die möglichen Probleme nur pauschal abgehandelt werden und die Einstellwerte und Tabellen sich nur auf die aktuellen Grundmodelle von VW beziehen – in den meisten Fällen reicht das aber auch, da bei einem vor Reiseantritt genau gecheckten Typ 2 kaum größere technische Probleme auftreten. Und wenn: VW-Werkstätten mit Mechanikern, die einen Transporter von einem Ford Transit unterscheiden können, gibt es auf der ganzen Welt. Qualifiziertes Personal, das die Eigenheiten einer von Tischer verwendeten Wasserpumpe, der Gasanlage von Westfalia, den Elektroinstallationen des Dehler Profi oder des Aufstelldaches von Weinsberg kennt, findet sich im Ausland nur noch selten.
Die auftretenden Probleme sind aber glücklicherweise meist die gleichen: Der Kühlschrank fällt aus, die Wasserversorgung funktio-

Auf einsamen Straßen oder im unwegsamen Gelände kommt es auf die richtige Ausstattung des Transporters an.

niert nicht mehr, in kalten Regionen versagt die Heizung, die Stromversorgung des Wohnbereichs hat Aussetzer.
Wer dann nach der folgenden Fehlersuch-Liste vorgeht, kann sich mit einigem Geschick weiterhelfen. Die offensichtliche Unart der Wohnmobilausbauer besteht meist nur darin, irgendwo eine Sicherung einzubauen, deren Auffinden nicht immer mit einem übersichtlichen Schaltplan erleichtert wird.

Sicherung als Fehlerquelle

Ein guter Tip vor jeder Reise ist es deshalb, sich die Zeit zu nehmen und einmal alle wichtigen Sicherungen zu lokalisieren und dann gleich eine Ersatzsicherung mit Klebeband daneben zu befestigen – viele Ausfälle lassen sich so beheben, wenn der Schaden nur auf Überlastung und nicht auf einen elektrischen Defekt zurückzuführen ist.

Kreativität statt Original-Ersatzteilen

Und selbst wenn wirklich die Wasserpumpe im Wohnbereich kaputt sein sollte und eine neue Sicherung deshalb nichts mehr nützt, ist das kein Grund zum Verzweifeln. Das Original-Ersatzteil

wird es im Ausland zwar nicht geben – aber Pumpe ist Pumpe. Wenn die Schlauchanschlüsse einigermaßen stimmen und die Betriebsspannung bei zwölf Volt liegt, spielt es keine Rolle, ob der Ersatz vom Zoohändler stammt, der damit Aquarienfreunde beliefert oder vom Elektriker, der damit sonst gewerbliche Kaffeemaschinen wieder zum Funktionieren bringt; mit Kreativität läßt sich unterwegs viel reparieren.
Aber wie gesagt – das Problem liegt oft nicht im Beheben des Schadens, sondern allein das Auffinden der Wasserpumpe im Gewühl der Schläuche und Installationen kann schwierig sein. Wer deshalb von vorneherein weiß, wo welche wichtigen Teile wie abgesichert im Fahrzeug untergebracht sind, hat die halbe Lösung.

Werkstatt-Erfahrungen

Dieses Prinzip gilt aber nicht nur für Wohnmobilfahrer. Auch wer mit einem Serien-Bus auf große Reise geht, ist gut beraten, schon zu Hause einmal geschaut zu haben, wo sich Zündung Vergaser, Anlasser und Benzinpumpe befinden. Wer ganz auf Nummer Sicher fahren will und nicht gerade zwei linke Hände hat, kann beim V.A.G.-Partner bescheiden anfragen, ob er nicht während der Inspektion einmal dem Mechaniker über die Schulter schauen kann. Viel Freude löst man mit solchen Anliegen in Werkstätten nicht aus – auf grobe Ablehnung stößt man aber auch kaum. Und wenn in abgelegenen Gebieten dann der Unterbrecherkontakt nicht mehr öffnet oder der Vergaser zerlegt und gereinigt werden muß, weil ein paar tausend Kilometer Sand und Staub nicht spurlos an ihm vorübergingen, ist es von Vorteil, wenn etwas Vorbildung vorhanden ist – und im Zweifelsfall das richtige Ersatzteil.
Was sich lohnt, auf längere Reisen mitzunehmen, steht neben vielen anderen nützlichen Tips auf den nächsten Seiten.

1. CHECKLISTE:
WOHNMOBIL-PACKLISTE ZUM ABHAKEN

Zum Anziehen
- O Warme Kleider
- O Leichte Kleider
- O Regenkleider
- O Wäsche, Strümpfe
- O Schuhe, Gummistiefel

Zum Schlafen
- O Schlafsäcke
- O Kopfkissen
- O Decken
- O Bettwäsche

Für die Küche
- O Eßgeschirr
- O Kochgeschirr
- O Besteck
- O Proviant
- O Dosen- und Flaschenöffner
- O Schweizer Offiziermesser
- O Streichhölzer

Hygiene und Reinigung
- O Toilettenartikel
- O Handtücher
- O Geschirrtücher
- O Spülmittel
- O Waschmittel
- O Schuhputzzeug
- O Kehrbesen mit harten Borsten

In das Fahrerhaus
- O Straßenkarten
- O Reiseführer
- O Bedienungsanleitungen
- O Sprachführer
- O Campingführer

In die Handtasche
- O Reisepässe, Ausweise, Visa
- O Führerschein
- O Fahrzeugschein
- O Grüne Versicherungskarte
- O Impfpaß für Hund oder Katze
- O Krankenscheine
- O Schutzbrief

In die Brieftasche
- O Bargeld, Devisen
- O Reiseschecks
- O Benzingutscheine
- O Fähr- und Mauttickets

In den Gepäckraum
- O Kabeltrommel
- O Wasserkanister mit Füllstutzen
- O Taschenlampe
- O Bordwerkzeug
- O Reservekanister
- O Warndreieck
- O Verbandskasten

Für Camping
- O Campingstühle
- O Campingtisch
- O Sonnenschirm
- O Vorzelt
- O Sonnensegel

Für Sport und Spiel
- O Badeanzüge
- O Sportgeräte
- O Kinderspielzeug
- O Unterhaltungsspiele
- O Radio
- O Fernseher
- O Bücher
- O Zeitschriften

Technische Einrichtungen prüfen
- O Stromversorgung 12/220 V
- O Wasserversorgung
- O Gasversorgung
- O Abwasser
- O Heizung
- O Kühlschrank
- O Gaskocher
- O Innenbeleuchtung

Auffüllen vor Reiseantritt
- O Frischwasser
- O Kraftstofftank
- O Gasbehälter
- O Reservekanister

2. CHECKLISTE:
STÖRUNGSSUCHE AN DER KRAFTSTOFFHEIZUNG

Störung	Abhilfe
Nach dem Einschalten ist kein Gebläsegeräusch zu hören.	Wenn im Anzeigegerät die Leuchtdioden nicht aufleuchten, ist die Motorsicherung im Steuergerät zu kontrollieren. Als Ersatz nur eine Feinsicherung 5 × 20 × 1,25 Ampere, träge, verwenden. Andere Sicherungen können bei Störungen zu Schäden im Steuergerät führen.
Nach dem Einschalten läuft das Gebläse nur für etwa drei Minuten, die Heizung zündet nicht und wird automatisch abgeschaltet.	Das Heizgerät kurz aus- und wieder einschalten (maximal zweimal). Zündet die Heizung dann nicht, Störung in einer Werkstatt beheben lassen.
Während des Betriebs geht die Heizung aus, und die rote Kontrollampe am Raumthermostat leuchtet auf.	Störung durch Überhitzung. Heizung ausschalten. Ursache beseitigen, zum Beispiel Verdämmung der Heizluftleitung. Danach das Gerät wieder einschalten. Die grüne Kontrollampe leuchtet erst fünf Sekunden nach dem Einschalten auf. Das Gerät beginnt zu arbeiten.

3. CHECKLISTE:
STÖRUNGSSUCHE AM KÜHLSCHRANK

Störung	Abhilfe
Kühlwirkung läßt nach. Wagen steht schräg.	Maximal möglich ist eine Schräglage von 15 Grad. Wagen möglichst gerade aufstellen.
Schlechte Kühlleistung bei hoher Außentemperatur.	Bei über 35 Grad Umgebungstemperatur ist keine volle Kühlleistung mehr möglich. Ventilationsgitter und Warmluftaustritt müssen völlig frei sein. Bei hohen Temperaturen den Wohnraum gut belüften.

Störung	Abhilfe
Nach dem Gasflaschenwechsel geht der Kühlschrank aus.	Zündvorgang in kurzen Abständen wiederholen, da beim Flaschenwechsel Luft in die Gasleitung gekommen ist. Zündsicherung längere Zeit halten.
Kühlschrank läuft nicht.	Kontrollieren: Stromversorgung in Ordnung? Gaszufuhr vorhanden? Brennt die Gasflamme? Thermostat auf maximale Leistung?
Starke Eisbildung am Verdampfer.	Abtauen und Kühlschranktür immer gut verschlossen halten. Lebensmittel und Flüssigkeiten gut verschlossen im Kühlschrank aufbewahren. Warme Speisen erst abkühlen lassen. Kühlgut so einlagern, daß die Luft zirkulieren kann.

4. CHECKLISTE: GEBRAUCHTWAGEN-KAUF

Karosserie	JA	NEIN
Lackierung:		
Äußere Beschädigungen (Schrammen, Kratzer, Dellen oder Beulen im Blech)	○	○
Steinschlag oder Blasen (Unterrostung)	○	○
Schlechter Pflegezustand (Wasser perlt nicht ab)	○	○
Farbabweichungen im Lack (Nachlackierte Flächen)	○	○
Nachlackierung (Farbreste an Gummidichtungen)	○	○
Rost:		
Unterbodenschutz beschädigt oder unterrostet (lose Stellen in Schutzschicht)	○	○
Hohlraumkonservierung ohne Nachbehandlung	○	○
Kantenrost an Türen, Hauben und Kotflügeln	○	○

Karosserie	JA	NEIN
Scheinwerfer, Nebelleuchten und Rückleuchten undicht	O	O
Chrom- und Zierteile zeigen Rostnarben	O	O
Innenraum:		
Fußraum und Gepäckraum naß (Matten anheben)	O	O
Verschmutzte Sitzpolster, Gummimatten und Teppiche	O	O
Beschädigungen an Sitzen, Verkleidungen und Armaturen	O	O

Motor	JA	NEIN
Sichtprüfung:		
Motor verschmutzt und verölt (Fehlerquelle feststellen)	O	O
Wasserschläuche porös oder undicht (Kühlmittelverlust)	O	O
Auspuff stark angerostet oder durchgerostet	O	O
Funktionsprüfung:		
Motor springt kalt schlecht an (Kühler muß dabei kalt sein)	O	O
Kompressionsprüfung mangelhaft (Verschleiß oder Motorschaden)	O	O
Klapper- oder Klopfgeräusche im Motor (Verschleiß oder Motorschaden)	O	O
Metallabrieb im Motoröl (Gleitlager defekt)	O	O
Öldämpfe treten im Leerlauf am Öleinfüllstutzen aus (Kolbenringe verschlissen)	O	O
Probefahrt:		
Wagen erreicht nicht die Höchstgeschwindigkeit	O	O
Ölfahne im Schiebebetrieb des Motors (Kolbenringe oder Ventilführungen verschlissen)	O	O
Schwarze Auspuffgase im Leerlauf (Gemisch zu fett)	O	O
Blaue Auspuffgase im Leerlauf (Ölverbrauch zu hoch)	O	O

Fahrwerk	JA	NEIN
Getriebe:		
Getriebe verölt und verschmutzt (Fehlerquelle feststellen)	O	O
Heulende Geräusche im Schiebebetrieb (Ausgleichgetriebe defekt)	O	O
Kratzende Geräusche beim Schalten (Synchronringe defekt)	O	O
Spiel am Kupplungspedal zu gering (Kupplung verschlissen)	O	O
Kupplung rutscht (Verölt oder verschlissen)	O	O
Achsen:		
Poltergeräusche während der Fahrt (Aufhängungen und Stoßdämpfer prüfen)	O	O
Flatterndes Lenkrad (Unwucht an den Rädern)	O	O
Lenkungsspiel zu groß (Lenkgetriebe oder -gestänge ausgeschlagen)	O	O
Reifen einseitig abgefahren (Achsgeometrie verstellt)	O	O
Bremsen:		
Bremse zieht einseitig (Rost, Verschleiß, verölte Beläge)	O	O
Pedalweg zu groß (Luft im Bremssystem oder Verschleiß)	O	O
Ausgleich-Behälter nicht bis zur oberen Marke gefüllt (Bremssystem undicht)	O	O
Scheibenbremsbeläge unter 4 mm (Bremsreparatur wird fällig)	O	O

5. CHECKLISTE:

BORDAUSRÜSTUNG FÜR FERNREISEN

- O Not-Windschutzscheibe
- O Abschleppseil
- O Fußluftpumpe und Luftdruckmesser, oder: Kompressor für Batteriebetrieb
- O Reifenflickzeug für schlauchlose Reifen
- O Schläuche für Reifen
- O Schlauchflickzeug
- O Talkum
- O Ventileinsätze, Staubkappen mit Nippel zum Herausdrehen der Einsätze
- O 20 Liter-Kraftstoffkanister, Anzahl je nach Fahrstrecke und Route
- O Kraftstofftrichter mit Haarsieb
- O Motorenöl, Viskosität nach Route, Menge nach Fahrstrecke
- O Destiliertes Wasser
- O Kontaktspray
- O Isolierband
- O Bindedraht
- O Kleber
- O Klebeband
- O Dichtmasse, flüssig und knetbar
- O Fahrtenmesser
- O Klappspaten und Beil
- O Gekröpfte Ring-Gabelschlüssel, 5 bis 27 mm
- O Hammer, etwa 900 Gramm
- O Montiereisen
- O Schlitz-, Kreuzschlitz- und Madendreher
- O Kerzenschlüssel
- O Zündprüflampe
- O Kombi-, Wasserpumpen- und Spitzzange
- O Dreikantfeile, etwa 150 mm lang
- O Inbus-Schlüssel für Ölverschlußschrauben an Motor und Getriebe
- O Fühlerblattlehre, 0,1; 0,2; 0,4 mm
- O Zusatzwagenheber, Stempelheber oder Hubkissen
- O Hartholzklötze und -bretter als Unterlage für den Wagenheber

Nur für Wüstenfahrten oder Reisen in Sandgebiete erforderlich:

- O Zwei Sandbleche etwa 150 cm lang, 50 cm breit, aus Stahlblech oder Aluminium
- O Kunststoff-Abschleppseil, mit 3000 kg Zugkraft und mindestens 20 m lang

6. CHECKLISTE: ERSATZTEIL-AUSRÜSTUNG

Diese Ersatzteilliste soll beim Zusammenstellen der speziellen Reiseausrüstung helfen. Was im Einzelfall mitgenommen wird, hängt ab vom Reisegebiet und vom freien Raum im Wagen. Grundsätzlich gehört ein Sortiment Schrauben, Muttern, Unterlegscheiben und Splinte an Bord.

Motor:

2 Motorölfilter
3 Luftfiltereinsätze
1 Satz Motordichtungen und zusätzlich einige Dichtungen für Zylinderkopfdeckel und Ölsiebdeckel
1 Ölablaßschraube
2 Kupferdichtungen für die Ölablaßschraube
1 Thermoschalter
1 Thermostat
2 Keilriemen
1 Gaszug
1 Kupplungsseil
1 Kupplungsscheibe
1 Satz Generator-Kohlebürsten
Gummimetallager für die Motoraufhängung
Kühlwasserschläuche und Schlauchbinder
Kraftstoffschlauch und Klemmschellen

Für Benziner zusätzlich:

1 Vergaser-Flanschdichtung
1 Vergaseroberteil-Dichtung
1 Schwimmernadelventil
1 Benzinpumpen-Oberteil
1 Satz Benzinpumpen-Dichtungen
1 Benzinpumpen-Zwischenflansch
1 Benzinpumpen-Membrane
1 Satz Unterbrecherkontakte
1 Verteilerkappe
1 Satz Zündkerzen
1 Zündspule

Für Diesel zusätzlich:

4 Glühkerzen
1 elektromagnetischer Absteller
1 Glühkerzen-Relais

1 Zündanlaßschalter
2 Einspritzventile

Vorderachse, Hinterachse:
1 Dichtring für Vorderradlager
1 inneres Vorderradlager
1 äußeres Vorderradlager
1 Hinterradlager
2 vordere Stoßdämpfer
2 hintere Stoßdämpfer
2 Gleichlaufgelenke
Schraubenfedern vorn und hinten
Gummistaubkappen, Gelenkschutzhüllen,
Kronenmuttern für Bremstrommeln

Getriebe:
1 Ölablaßschraube, vordere und hintere
Gummimetallager

Bremsen:
2 oder 3 Sätze Bremsbeläge für Scheibenbremsen
1 Satz Bremsbacken oder Bremsbeläge mit Nieten für die
Trommelbremsen
1 Dose Bremsflüssigkeit
Bremsschläuche und -leitungen

Elektrik:
1 Zentralelektrik
1 Satz Glühlampen
1 Packung Sicherungen
Scheinwerfergläser, elektrische Leitungen und diverse
Steckverbinder

FERNREISE-TIPS:
FAHREN IM SCHWIERIGEN GELÄNDE

Wer mit seinem Typ 2 in abgelegenen Gebieten Europas, Afrikas oder Asiens unterwegs ist, wird irgendwann einmal asphaltierte Straßen verlassen und sich auf staubigen Pisten fortbewegen müssen. Für den VW-Bus mit dem Motor auf der Antriebsachse und der relativ hohen Bodenfreiheit ist das kein Problem. Um sicher ans Ziel zu kommen, sollten dabei allerdings einige grundlegende Fahrregeln beachtet werden.

Staubstraßen: Sobald der Straßenbelag stark staubt, sollte nicht mehr hinter anderen Fahrzeugen gefahren werden, damit nicht unnötig Verschmutzungen in den Luftfilter gelangen. Bei jeder Rast muß der Luftfilter-Einsatz gereinigt werden.

Wellblech-Pisten: Die Geschwindigkeit sollte immer der Wellenlänge der Piste angepaßt werden. Im kritischen Bereich vibriert das Fahrzeug stark. Die beste Methode ist es, im »überkritischen« Geschwindigkeitsbereich zu fahren, das heißt, über dem Tempo, bei dem es zu dieser Aufbau-Bewegung kommt. Um die Stoßdämpfer zu schonen, empfiehlt es sich, möglichst mit einem Radpaar am Pistenrand zu fahren, wo die Wellen meist nicht so ausgeprägt sind. Außerdem sollten regelmäßig Pausen zum Abkühlen der Dämpfer eingelegt werden. Vorsicht ist geboten, wenn die Fahrbahn auf einmal glatt wird – dann ist damit zu rechnen, daß ein tiefes Schlagloch oder ein Einbruch der Fahrbahn folgt.

Pisten mit lockerem Untergrund: Stets auf lockeren Flugsand achten. Festen Untergrund erkennt man an Steinen, die meist nicht so stark zugeweht sind. Wenn möglich, den Reifenspuren anderer Fahrzeuge folgen. Sind diese schwach eingedrückt, ist der Untergrund fest. Tiefe Spuren weisen auf kritische Stellen hin. Führt der Weg längere Zeit über lockeren Sand, sollte der Reifendruck aller vier Räder auf 0,3 bis 0,4 bar reduziert werden. Vorsicht ist dann vor Steinen und Split geboten, damit die Reifenflanken nicht aufgeschlitzt werden. Zudem sollten Luftlande- oder Sandbleche mitgeführt werden, die unter oder vor die Antriebsräder geschoben werden können, um Sandlöcher zu überqueren.

Wasser-Durchfahrten: Bis 30 Zentimeter tiefe Wasserläufe können mit dem Typ 2 problemlos durchfahren werden. Liegt die Wassertiefe darüber, sollte vor der Furt angehalten werden, damit der Motor abkühlen kann. Vorsichtshalber muß die Zündanlage mit Kontaktspray eingesprüht werden. Der Verteiler läßt sich, wenn öfters Wasserläufe durchfahren werden, am besten in einen Gummihandschuh einpacken. Die Handöffnung wird fest um den Verteilerschaft gelegt und mit Klebeband fixiert, die Zündkabel werden durch die aufgeschnittenen Finger gezogen und ebenfalls abgedichtet. Bei Motoren mit unterdruckgesteuerter Ansaugluftvorwärmung müssen die Steuerschläuche für den Regler im Ansaugluftfilter abgezogen und mit Isolierband verschlossen werden. Zudem sollte der Tachowelleneingang am Achsschenkel mit Knetmasse verschlossen werden.
Vor der Durchfahrt ist dann noch der Ölstand zu kontrollieren. Ist

dieser am anderen Ufer gestiegen, befindet sich Wasser im Kurbelgehäuse. Ein kompletter Ölwechsel ist nicht nötig. Wenn kurz die Ölabschlußschraube aufgedreht wird, läuft erst das Wasser ab. Wenn das oben schwimmende Öl kommt, die Schraube sofort wieder zudrehen.

Felsen und steiniger Untergrund: Prinzipiell sollte bei Fahrten über steinigen Untergrund die Fahrzeugunterseite durch Schutzbleche oder Gitter geschützt werden. Bei Modellen vor dem Baujahr 1979 ist der Stabilisator an der Vorderachse besonders gefährdet. Wird dieser verbogen, läßt er sich mit dem Abschleppseil wieder ausrichten. Besser ist es, den Stabilisator vor solchen Wegstrecken ganz auszubauen.

Schnee und Morast: Für Fahrten durch morastigen Untergrund und Schnee empfiehlt es sich, Ketten mitzuführen. Im Extremfall sorgen vier Kreuzspur-Modelle für eine bessere Spurtreue des Fahrzeugs beim Bremsen und verhindern ein Wegrutschen der Vorderachse. Wer keine Schneeketten mitführt, sollte zumindest einen Sack Sand zum Streuen dabeihaben – Zement ist empfehlenswert, wenn es gilt, Eisstrecken zu überwinden; auch im Morast hilft das Baumaterial weiter, da es den schlüpfrigen Untergrund abbindet.
Grundsätzlich sollte in schwierigem Gelände immer im mittleren Drehzahlbereich gefahren werden. Ein zu kleiner Gang erhöht das Risiko, daß die Räder durchdrehen; wird die Fahrstufe zu hoch gewählt, muß meist ausgerechnet an kritischen Stellen zurückgeschaltet werden.
Zudem empfiehlt es sich stets, unwegsame Passagen oder Wasserdurchfahrten vorher zu Fuß abzugehen – man erspart sich damit größeren Ärger, wenn die Strecke plötzlich zu schmal wird und man alles wieder rückwärts fahren muß, oder wenn ein Wasserloch dafür sorgt, daß die Vorderachse mitten im Fluß festsitzt. Der kurze Fußmarsch war dann stets die kleinere Anstrengung.

FERNREISE-TRICKS: REPARATUR UND WARTUNG UNTERWEGS

Vor der Reise

Der Wagen soll in gutem Allgemeinzustand sein. Deshalb ist eine gründliche Durchsicht in der V.A.G.-Werkstatt empfehlenswert. Folgende Arbeiten sollten dabei ausgeführt werden:

- Der fällige Regelservice mit Öl- und Filterwechsel.
- Dichtigkeitsprüfung von Motor und Getriebe. Das ist bei Fahrten in tropischen Gebieten besonders wichtig. Öl und Sand bilden auf dem Motor einen Belag, der die Wärmeableitung stark behindert.
- Gelenkschutzhüllen prüfen. Auf guten Zustand achten.
- Gleichlaufgelenke älterer Fahrzeuge bei Verschleiß erneuern.
- Alle Gummimanschetten prüfen. Auf guten Sitz und einwandfreien Zustand achten.
- Gummimetallager für Motor- und Getriebeaufhängung prüfen.
- Bremsflüssigkeit wechseln.

Auf der Reise

Reparatur- und Wartungsarbeiten sollten, soweit dies möglich ist, in V.A.G.-Werkstätten ausgeführt werden. Weil das aber nicht in allen Reiseländern möglich ist, sollte man über ausreichende technische Kenntnisse verfügen, um diese Arbeiten auch selbst ausführen zu können. Dabei kann die Hilfe und Ausstattung einer Tankstelle recht nützlich sein.

Aus der Bedienungsanleitung und dem Serviceplan können die Intervalle und Umfänge der erforderlichen Servicearbeiten entnommen werden. Eine detaillierte Beschreibung der Wartungsarbeiten findet man im »Reparaturleitfaden Volkswagentransporter: Instandhaltung genau genommen«. Diese Broschüre hält der Kundendienst der Volkswagenwerk AG bereit. Die Anschrift:

Volkswagenwerk AG
Abteilung Kundendienst
3180 Wolfsburg 1

Detaillierte Reparaturbeschreibung des Transporters mit 1,6 Liter und 2 Liter luftgekühltem Motor findet man in dem Buch »Querschnitt durch die Motor-Technik, Reparaturanleitung« Band 455–457. Zu beziehen über:

Motorbuch Verlag
Postfach 1370
7000 Stuttgart 1

- **Schrauben nachziehen**

Starke Erschütterungen auf den Naturpisten stellen an alle Schraubenverbindungen extrem hohe Anforderungen. Darum sollten alle Schrauben, von denen Fahrsicherheit und Lebensdauer abhängt, in regelmäßigen Abständen überprüft und nachgezogen werden. Alle Gummischutzhüllen sind regelmäßig auf einwandfreien Zustand und guten Sitz zu kontrollieren.

- **Luftkühlung**

Motor und Motorraum sind häufig mit Druckluft auszublasen. Verölte Stellen am Motor sorgfältig säubern. Insbesondere die Verrippungen an Zylinder und Zylinderköpfen kontrollieren und reinigen, um Überhitzung des Motors zu vermeiden. Sie sind von unten durch die Auslaßkanäle der Kühlluft zugängig.

- **Wasserkühlung**

Kühlmittelstand regelmäßig prüfen. Muß Wasser nachgefüllt werden, möglichst VW-Kühlmittelzusatz G 10 beimischen. Damit wird der Siedepunkt beibehalten. Staub und Insekten dürfen den Luftdurchgang des Wasserkühlers nicht behindern. Die Lamellen sollten regelmäßig mit einem Wasserstrahl oder Druckluft vom Ventilator her gereinigt werden.

- **Zündzeitpunkt prüfen**

Bei schlechter Kraftstoffqualität kann der Zündzeitpunkt bis zu 5 Grad zurückgenommen werden. Dazu die optimale Stellung des Zündverteilers markieren, dann den Verteiler in Drehrichtung des Verteilerläufers bis zu 3 mm verdrehen.
Mit dieser Einstellung den Wagen nicht rasant beschleunigen und Fahrten mit Vollgas meiden. Sobald Kraftstoff mit der vorgeschriebenen Oktanzahl nachgefüllt wird, die Zündung auf den vorgeschriebenen Wert zurückstellen.

- **Kraftstoffilter reinigen**

In die Kraftstoffpumpe eingesetzte Filter je nach Qualität des Kraftstoffs wöchentlich prüfen und bei Bedarf reinigen. Vorgeschaltete Kraftstoffilter sind ebenfalls wöchentlich zu prüfen. Bei Verschmutzung oder Wasserablagerung die Filter erneuern.

- **Luftfilter**

Bei längeren Fahrten in staubigen Gebieten ist der Papierluftfilter häufig, unter Umständen sogar täglich, zu überprüfen. Der Papierfiltereinsatz wird ausgeklopft oder erneuert.

- **Keilriemen**

Bei hohen Außentemperaturen ist der Keilriemen täglich zu kontrollieren. Bei beginnenden Verschleißerscheinungen den Keilriemen erneuern. Keilriemenspannung mit Daumendruck prüfen: Durchdrückung etwa 15 mm.

- **Zahnriemen durchgerutscht**

Beim Fahren auf Geröllstrecken kann der Zahnriemen durchrutschen, wenn ein Stein zwischen Riemen und Räder geschleudert

wird. Der Motor läuft unrund oder bleibt stehen, wenn der Zahnriemen mehrere Zähne durchrutscht. Bei einem derartigen Schaden ist zunächst zu überprüfen, ob Kurbelwelle, Zwischenrad und Nockenwelle richtig zueinander stehen.
Dazu Schwungscheibe auf OT (oberen Totpunkt) stellen, das Kennzeichen am Nockenwellenrad muß jetzt an der Trennfläche zwischen Zylinderkopf und Zylinderkopfhaube stehen, das Kennzeichen Zwischenrad in der Kerbe Riemenscheibe. Bei Abweichungen muß der Zahnriemen abgenommen, das Nockenwellenrad und Zwischenrad in die genannte Position gebracht werden. Danach den Zahnriemen wieder auflegen und spannen.

● **Kühlmitteltemperatur steigt plötzlich**

Zunächst den Kühlmittelstand prüfen und falls erforderlich auffüllen. Dann die Kühlertemperatur durch Anfassen kontrollieren. Ist der Kühler kalt, muß der Thermostat erneuert werden. Ist der Kühler heiß, sind die elektrischen Anschlüsse des Thermoschalters am Kühler und Lüfter zu überprüfen. Sind sie in Ordnung, muß der Thermoschalter erneuert werden.

● **Batterie prüfen**

Besonders in tropischen Gebieten ist die Batteriesäure auf der Füllmarke zu halten. Bei Flüssigkeitsverlust durch Verdunsten, darf nur destilliertes Wasser nachgefüllt werden. Die Kontrolle muß spätestens in wöchentlichen Abständen erfolgen. Hohe Temperaturen begünstigen die Selbstentladung, darum wählt man für tropische Länder eine geringere Säuredichte.
Um eine geringe Säuredichte zu erhalten, wird aus der gut geladenen Batterie so viel Säure entnommen, bis ein spezifisches Säuregewicht von 1,23 erreicht ist. Danach die Batterieflüssigkeit bis zur Füllmarke ergänzen.

● **Bereifung reparieren**

Nageldurchstiche und ähnliche Beschädigungen an schlauchlosen Reifen können ohne Demontage mit handelsüblichem Flickzeug repariert werden.
Defektes Rad gegen Reserverad wechseln. Ventileinsatz des defekten Rades mit Reservestaubkappe herausschrauben. Reifen unter die hintere Wagenheberaufnahme legen. Bordwagenheber in die Aufnahme am Fahrzeug stecken, den Wagenheberfuß nahe am Felgenrand ansetzen. Durch Betätigen des Wagenhebers den Reifenwulst mit beiden Montiereisen in das Tiefbett drücken, dies muß unter Umständen an mehreren Stellen des Reifenumfangs durchgeführt werden.

Achtung: Zur Druckverteilung muß beim Reifenabdrücken ein Stück Holz oder ähnliches zwischen Wagenheberfuß und Reifen gelegt werden.
Weitere Reifendemontage in gewohnter Reihenfolge. Zur Unterstützung kann mit dem Hammer auf die Montiereisen oder auf den Reifenwulst geschlagen werden. Eine völlige Demontage ist nur erforderlich, wenn der Reifen gewechselt werden soll.
Ventil mit Zange entfernen. Eine Wulstseite des neuen Reifens montieren. Schlauch einlegen, Ventil durch Ventilbohrung führen und Schlauch leicht aufpumpen. Reifen fertig montieren, Luftdruck leicht erhöhen und das ganze Rad mehrmals aus etwa 30 cm Höhe auf eine feste Unterlage hochkant aufprallen lassen. Anschließend Reifendruck auf gewünschten Wert erhöhen.
Soweit es die Straßenverhältnisse zulassen, sind die in der Betriebsanleitung angegebenen Reifenfülldrücke einzuhalten. Allerdings müssen sie öfter als sonst überprüft werden.

MERKBLATT: UMBAU ZUM WOHNMOBIL

Der Technische Überwachungs-Verein Bayern e.V. gibt zum Umbau eines Kraftfahrzeugs in ein Wohnmobil (SoKfz[1)]-Wohnwagen) folgende Hinweise.
Durch den Umbau eines Kfz (z.B. Lkw) in eine andere Fahrzeugart (z.B. SoKfz-Wohnwagen) erlischt nach §19 (2) StVZO[2)] die Betriebserlaubnis[3)] des Fahrzeuges. Sie kann nach positiver Begutachtung bei einer Technischen Prüfstelle (TÜV) durch die Zulassungsstelle erneuert werden. Wegen der vielfältigen Möglichkeiten kann dieses Blatt nur allgemeine Hinweise geben. Die Entscheidung im Einzelfall z.B. über Vollständigkeit und Ausführung der Einbauten trifft bei Vorführung des vollständig fertiggestellten Fahrzeuges der amtlich anerkannte Sachverständige; dieser wird dann den Fahrzeug-Brief entsprechend berichtigen. Die Änderung des Fahrzeugscheines beantragen Sie anschließend bei Ihrer zuständigen Zulassungsstelle (Landratsamt).

Werkstoff des Aufbaus

– Wird eine bisher mittragende Karosserie durch einen anderen

1) SoKfz = Sonstige Kraftfahrzeuge
2) StVZO = Straßenverkehrszulassungsordnung
3) Betriebserlaubnis ist erteilt mit Aushändigung des Fahrzeugscheines durch die Zulassungsstelle und mit der Abstempelung des amtlichen Kennzeichens.

Aufbau ersetzt (z.B. unter Verwendung anderer Werkstoffe wie Kunststoff, Holz, Aluminium etc.), so ist die schriftliche Zustimmung des Fahrzeugherstellers zum Umbau erforderlich.
– Wenn Sitze im Wohnteil während der Fahrt besetzt werden dürfen, sind für Aufbauten Werkstoffe zu verwenden, die DIN 53438 (F1) genügen. Für Einbauten und Verkleidungen werden Materialien empfohlen, deren Flammenausbreitungsgeschwindigkeit 110 mm/min bei einer Prüfung nach DIN 75200 nicht übersteigt.

Zwischenwände und Verständigungsmöglichkeiten mit Fahrer
– Demontierbare Trenn- oder Zwischenwände dürfen im allgemeinen entfernt werden. Ist zur Erreichung eines Durchganges das Durchschneiden einer original eingeschweißten Zwischenwand notwendig, so ist die Vorlage einer auf die Fahrgestellnummer des Kfz bezogene Unbedenklichkeitsbescheinigung des Fahrzeugherstellers erforderlich.
– Wenn Sitze im Wohnmobil während der Fahrt besetzt werden dürfen, muß eine ausreichende Verständigungsmöglichkeit vom Wohnteil aus mit dem Fahrzeugführer gegeben sein. An die technische Ausführung werden keine hohen Ansprüche gestellt, es genügt z.B. eine Verständigung durch im Führerhaus deutlich hörbare Klopfzeichen. Sofern es sich jedoch um ein Wohnmobil auf Lkw-Fahrgestell mit separatem Wohnaufbau handelt, sind besondere optische oder akustische Einrichtungen zur Verständigung erforderlich.

Fluchtwege
Sollen im Wohnteil zusätzliche Sitzplätze anerkannt und in den Fahrzeug-Brief eingetragen werden, müssen zwei voneinander unabhängige Fluchtwege vorhanden sein, die sich nicht auf derselben Fahrzeugseite befinden dürfen (z.B. 1 Fenster mind. 430 × 600 mm sowie 1 Tür mind. 430 mm breit). Dazu müssen sich die Türen – auch wenn von außen abgeschlossen – von innen öffnen lassen und zwei Raststellungen besitzen.

Hubdach
Werden bei nachträglichem Einbau eines Hubdaches Träger durchschnitten oder entfernt, sind u.U. Versteifungsteile anzubringen. Bei allen Arbeiten ist darauf zu achten, daß scharfkantige Blechteile im Wohnraum entschärft oder abgedeckt sind. Eine Verkleidung der Seitenwände bzw. des Fahrzeugdaches ist jedoch nicht erforderlich. Gegen den Einbau eines Hubdaches bestehen keine technischen Bedenken, wenn mindestens zwei Drittel der Original-Dachfläche erhalten bleiben und keine Holme oder sonstige tragende

Teile entfernt werden. Ansonsten ist das Einverständnis des Fahrzeugherstellers einzuholen.

Fenster

Eine Rundumverglasung wird nicht gefordert. Wenn Sitze im Wohnteil angeordnet sind, die während der Fahrt besetzt werden dürfen, müssen jedoch Fenster an mindestens zwei Fahrzeugseiten (davon mindestens ein Fenster im Wohnbereich) vorhanden sein. Die Scheiben dieser Fenster müssen bauartgenehmigt und als solche gekennzeichnet sein. Ist der Wohnteil nicht vom Führerhaus abgetrennt, genügen ein Fenster in der Rückwand oder ein Fenster seitlich im Wohnbereich. Bei einem vom Führerhaus abgetrennten Wohnteil genügen ein Fenster im Wohnbereich beidseitig oder ein Fenster seitlich im Wohnbereich und ein Fenster in der Rückwand.

Begründete Ausnahmen sind möglich, jedoch müssen dann ausreichende Beleuchtungseinrichtungen oder ein lichtdurchlässiges Oberlicht im Dach mit den Mindestabmessungen 400 × 400 mm vorhanden sein.

Lüftung

Wohnteil und Fahrerplatz müssen sich ausreichend be- und entlüften lassen. Hierauf ist besonders zu achten, wenn der Fahrerplatz in den Wohnteil einbezogen und anders angeordnet bzw. gestaltet ist als im serienmäßigen Fahrerhaus. Wechselwirkungen zwischen Be- und Entlüftung und evtl. vorhandener Flüssiggasanlage sowie der Auspuffanlage des Fahrzeuges müssen ausgeschlossen sein. Wird der Einbau einer Heizung oder Kochgelegenheit geplant, sind die Einbauvorschriften des Gasanlagenherstellers zu beachten (nicht verschließbare Zwangsbelüftung!).

Zusatzheizung

Bei Einbau einer Zusatzheizung in einen mit dem Führerhaus verbundenen Wohnteil muß darauf geachtet werden, daß die Heizung bauartgenehmigt[4)] ist. Flüssiggasanlagen zur Versorgung der Zusatzheizung oder anderer Anlagen wie Herd und Kühlschrank müssen bei erster Inbetriebnahme und dann alle zwei Jahre von sachkundigen Beauftragten der Flüssiggasgroßvertriebe oder durch den VFG (Verband für Flüssiggas) anerkannten Sachverständigen überprüft werden. Eine entsprechende Prüfbescheinigung gem. Absatz 6 des DVGW-Arbeitsblatt G 607 »Flüssiggas-Geräte und -Feuerstellen in Fahrzeugen« ist bei der Begutachtung des Wohnwagens vorzulegen.

4) Bauartgenehmigungspflicht nach $ 22 a Absatz 1 Ziffer 1 StVZO.

Werden Abgase der Heizung unter den Fahrzeugboden abgeleitet, so muß dieser dicht sein. Befindet sich der Gasflaschenschrank im Fahrzeuginneren (mit Entlüftung nach außen) und ist von dort her zugänglich, so muß der Zugang gasdicht (z.B. Türe mit Gummidichtung) sein. Andere Öffnungen im Boden (z.B. Kehröffnungen) sind in diesem Fall unzulässig. Bodenöffnungen für Bedienteile sind mit Gummimanschetten abzudichten.

Achtung

– Der nachträgliche Einbau einer Flüssiggasanlage im mit dem Führerhaus verbundenen Wohnteil oder im Wohnteil mit eingetragenen Sitzplätzen bzw. einer Zusatz- oder Standheizung (mit Benzin oder Diesel betrieben) bringt die Betriebserlaubnis des Fahrzeuges zum Erlöschen. Bei der dann erforderlichen Begutachtung an einer Technischen Prüfstelle sind vorzulegen: die Einbauanweisung des Heizungsherstellers und ggf. die Prüfbescheinigung der Gasanlage. Bei der Hauptuntersuchung des Fahrzeuges nach $ 29 StVZO ist nur die neueste Prüfbescheinigung erforderlich.

Einstiege

Zu den Sitzen im Wohnteil muß ein leichter und sicherer Zugang von außen oder vom Fahrersitz möglich sein. Für die unterste Trittstufe der Einstiege ist eine Maximalhöhe von 400 mm anzustreben.

Einrichtung des Wohnmobils

Es muß ein »wohnlicher« Aufenthaltsraum gegeben sein, der sicher nicht durch alte Klappkisten und unbearbeitete Bretter mit Matratzen hervorgerufen wird. Andererseits kann ein besonderer Wohnkomfort (z.B. Wandauskleidung, Dachhimmel, besondere Polsterung usw.) nicht gefordert werden. Dürfen sich Personen während der Fahrt im Wohnteil aufhalten, so muß dieser so beschaffen sein, daß auch bei Unfällen die Gefahr oder das Ausmaß von Verletzungen möglichst gering ist. Bastler können sich in den Automobil- und Caravan-Zeitschriften oder bei Wohnmobilausstattern informieren, die teilweise komplette Baupläne anbieten. Die Einbauten wie z.B. Sitzgelegenheit, Schrank, Kochstelle usw. müssen fest montiert sein. Tische können auch steckbar oder klappbar sein.
Ausnahme Pkw-Kombi: er kann mit einer Wohneinrichtung ausgestattet werden, die durch Schnellverschlüsse, Flügelmuttern oder Schrauben und sonstige lösbaren Verbindungen befestigt ist. In diesem Fall bleibt jedoch die Fahrzeug-Art »Pkw-Kombi« erhalten; die Vorführung des Fahrzeuges ist in eingerichtetem Zustand erfor-

derlich; im Fahrzeug-Brief kann diese Kombinationsmöglichkeit vermerkt werden.

Sitze

Sitze, die nicht in den Fahrzeugpapieren eingetragen sind, dürfen während der Fahrt nicht besetzt werden. Sollen jedoch Fahrgastplätze im Wohnraum eingetragen werden, so müssen sie folgende Voraussetzungen erfüllen:

- Sitze in Fahrtrichtung hinter Windschutzscheibe oder vorderen Sitzen (wie bei Pkw): Bei »So-Kfz-Wohnwagen« sind zwar keine Sicherheitsgurte erforderlich, jedoch wünschenswert.
- Sitze oder Sitzbänke, die nach vorne frei sind: Hier sind in Fahrtrichtung wirksame Haltevorrichtungen wie gepolsterte Haltestangen oder Sicherheitsgurte (Becken- oder Dreipunktgurte, möglichst an den Original-Befestigungspunkten verankert) erforderlich.
- Sitz oder Sitzbank quer zur Fahrtrichtung: Elastischer Haltegriff, gepolsterte Haltestange oder Beckengurte können erforderlich werden. Verankerung des Gurtes möglichst an vom Hersteller empfohlener Stelle mit dafür (evtl. werkseitig) erhältlichen Zubehörteilen. Bei Sitzplätzen neben einem Schrank ist für seitlichen Kopfschutz zu sorgen.
- Für alle Fahrgastplätze, die eingetragen werden sollen, gilt: Die Sitzfläche (Breite ca. 450 mm, Tiefe ca. 380 mm) und Rückenlehne (Höhe ca. 600–700 mm) muß gepolstert sein; auf gute Befestigung der Polsterung (z.B. mit Klettverschluß, Druckknöpfen, Spannriemen oder dergl.) ist zu achten. Lose Polster auf Sitzen sind nicht zulässig. Maximal können nur acht Fahrgastplätze eingetragen werden.

Schlafmöglichkeiten

Bei der Schaffung von Schlafmöglichkeiten kann die Tischplatte mit einbezogen werden.

Schrank

Ein angemessener Schrank, Stauräume unter den Sitzbänken und ähnliche geschlossene Behältnisse sind zur Aufnahme von Kleidung und Gebrauchsgegenständen erforderlich.

Fußbodenbelag

Ein rutschsicherer Fußbodenbelag im Wohnteil kann nicht gefordert werden. Bei zusammenhängenden Flächen mit Stehhöhe sollte jedoch ein Bodenbelag angebracht sein, der eine bessere Rutschsicherheit als beispielsweise lackierte Bodenbleche besitzt.

ANSCHRIFTEN-VERZEICHNIS

ASS
Röntgenstraße 16
8047 Karlsfeld

ATS
Industriegebiet
6702 Bad Dürkheim

Abt-Auto
Oberwanger Straße 16
8960 Kempten

Arnold Fahrzeugbau
Kanalstraße 7
7980 Ravensburg

Artz
Vahrenwalder Straße 193
3000 Hannover 1

Atiwe
Talstraße 1
6330 Wetzlar 22

Autoform
Kirchstraße 12
6702 Bad Dürkheim 5

Bauer & Flach Fahrzeugbau
Kirchberger Straße 53
7152 Kleinaspach

Fritz Berger
Regerstraße 2
8430 Neumarkt

Bilstein
Postfach 3015
5828 Ennepetal 13

Bimobil
Bahnhofstraße 21
8011 Höhenkirchen

Bischofberger GmbH & Co.
Sulzbacher Straße 193
7150 Backnang

Robert Bosch
Robert-Bosch-Platz 1
7000 Stuttgart 1

Bremshey
Walder Straße 395
4010 Hilden

Brinkmeyer
Kreckenhof 1
4952 Porta Westfalica

Carthago
Henri-Dunant-Straße 48
7980 Ravensburg

Cross-Country-Service
Industriegebiet
7607 Neuried 3

D & W
Stormstraße 4–8
4630 Bochum 6

Dehler
Postfach 3209
5778 Meschede 3

Dekur
Postfach 508
5400 Koblenz

Därr's-Expeditionsservice
Hauptstraße 26
8011 Kirchheim/München

EMU, E. Müller
Alfons-Stauder-Str. 16
8500 Nürnberg-Katzwang

Eberspächer
Eberspächerstraße 24
7300 Esslingen

Fichtel & Sachs
Ernst-Sachs-Straße 62
8720 Schweinfurt

Frigette-Autoklimaanlagen
Gewerbegebiet Maisel
6204 Taunusstein-Neuhof 5

Haas-Reisemobilteile
Höfestraße 27
5000 Köln 91

Hild Top Sleep
Postfach 29
7124 Bönnigheim

Monza: Dr. Höhn GmbH
Künzelsauer Str. 13
7118 Ingelfingen

Interad
Gahlenfeldstraße 8
5804 Herdecke

Intercamp
Föhrenweg 22–24
8011 Vaterstetten/München

Joch Camping
Ikarusallee 10
3000 Hannover 1

Jockey Hebezeugbau
Postfach 200440
5060 Bergisch Gladbach 2

KDM
Backnanger Straße 107
7157 Sulzbach/Murr

KMM, Kick Mobil Mehrnutz
Eberspeck-Str. 27
8058 Reisern/Erding

Wilhelm Karmann
Karmannstraße 1
4500 Osnabrück

Peter Knott
Lenggrieser Straße 83
8170 Bad Tölz

Konvekta
Postfach
3578 Schwalmstadt 1

Lauche & Maas
Alte Allee 28
8000 München 60

Liberty Van Boehm
Richard-Wagner-Straße 90
8192 Geretsried 2

Mahag
Schleibinger Straße 12–16
8000 München 80

Mosel & Co. Anhängerbau
7640 Kehl-Leutesheim

MotoMeter
Daimlerstraße 6
7250 Leonberg

Neckermann
Postfach
6000 Frankfurt 400

Niesmann
Industriestraße 12–16
5403 Mülheim/Kärlich

Autohaus Nordstadt
Vahrenwalder Straße 203
3000 Hannover

Oase
Siriusweg 4
5660 Solingen 11

Oettinger Kraftfahrtechnik
Max-Planck-Straße 1
6382 Friedrichsdorf/Taunus

OVER-VAN, Rainer Schubert
Am Fließhorn 12
7750 Konstanz 18

Quelle International
Postfach
8510 Fürth 500

Recaro
Stuttgarter Straße 73
7312 Kirchheim/Teck

Rubi
Heinkelstraße 11
7312 Kirchheim

Sauer & Sohn
Groß-Zimmerner Straße 51
6110 Dieburg

Scheel-Mann-Sitze
Max-Planck-Straße 15
7257 Ditzingen-Heimerdingen

Scheurmann
Crailsheimer Straße 22
7160 Gaildorf-Winzenweiler

Shapeg-Mobilantennenbau
Postfach 865
8192 Geretsried 2

Sport-Berger
Münchener Straße 88–90
8047 Karlsfeld-Rothschwaige

Sportscraft
Postfach 1665
8032 Gräfelfing

Steinmann-Reisemobile
Emil-Maier-Straße 9
6900 Heidelberg

Syro-Depot
Zur Eisernen Hand 25
6109 Mühltal 2

Taifun-Automobiltechnik
Hanauer Landstraße 151–153
6000 Frankfurt 1

Tec Transeuropa
Paulinstraße 18
5500 Trier

Teca Reisemobile
Braasstraße 24–26
3260 Rinteln 1

Tesch-Globetrottzentrale
Korneliusmarkt 56
5100 Aachen

Thermo King
Kornwestheimer Straße 216
7015 Korntal-Münchingen 2

Thule: Autoteile Ravensburg
Postfach 2240
7980 Ravensburg

Trappe & Goldfuss
Postfach 1133
4355 Waltrop

Truma-Gerätebau
Neumarkter Straße 34
8000 München 80

Turbo Motors
Puderbacher Straße 8
5419 Urbach

Ullrich-Antennen
Postfach 401924
8000 München 40

VDO
Sodener Straße 9
6231 Schwalbach

VSW, Versandhaus Süd-West
Magirusstraße 35
7900 Ulm

VW-Van-Club Deutschland
Manfred Sbrzesny
3016 Seelze

Victoria-Versand
Camberleystraße 71
7120 Bietigheim-Bissingen

Volkswagenwerk
Postfach
3180 Wolfsburg 1

Karosseriefabrik Voll
Tiefe Gasse 11
8700 Würzburg/Heidingsfeld

Webasto-Werk
Postfach 69
8035 Gauting

Karosseriewerke Weinsberg
Postfach
7102 Weinsberg

Westfalia Werke
Postfach 2640
4840 Rheda-Wiedenbrück

Bernd Woick
Hagdornweg 9
7000 Stuttgart 70

Wolfrace CW-Fahrzeugtechnik
Holzwiesenstraße 1
8000 München 83

Oskar Zöllner
Bismarckstraße 84
7921 Gerstetten